松软煤层安全科学钻进关键技术

王永龙 著

U0318801

应急管理出版社

·北 京·

图书在版编目（CIP）数据

松软煤层安全科学钻进关键技术 / 王永龙著 . --北京：应急管理出版社，2023

ISBN 978-7-5020-8991-7

Ⅰ.①松…　Ⅱ.①王…　Ⅲ.①软煤层—钻孔—研究
Ⅳ.①TD823.2

中国国家版本馆 CIP 数据核字（2023）第 183872 号

松软煤层安全科学钻进关键技术

著　　者　王永龙
责任编辑　成联君　杨晓艳
责任校对　赵　盼
封面设计　安德馨

出版发行　应急管理出版社（北京市朝阳区芍药居 35 号　100029）
电　　话　010-84657898（总编室）　010-84657880（读者服务部）
网　　址　www. cciph. com. cn
印　　刷　北京四海锦城印刷技术有限公司
经　　销　全国新华书店

开　　本　710mm×1000mm 1/16　**印张**　15　**字数**　285 千字
版　　次　2023 年 9 月第 1 版　2023 年 9 月第 1 次印刷
社内编号　20230983　　**定价**　58.00 元

前　　言

煤矿瓦斯（煤层气）抽采利用对保障煤矿安全高效生产、增加清洁能源供应、减少温室气体排放具有重要意义。施工抽采钻孔是瓦斯防治与利用的有效和常用措施。受地应力、瓦斯压力、构造应力及钻进扰动等因素影响，松软煤层钻孔塌孔、喷孔动力现象频繁，导致抽采钻孔深度浅、效率低、事故多，影响瓦斯抽采效率，制约煤矿安全高效开采。因此，研究松软煤层安全高效钻进问题，对我国矿山安全与灾害防治具有重要意义。

本书较系统地阐述了近年来相关基础理论和最新研究成果，围绕钻进排渣问题，研究了影响钻进排渣主要因素、钻屑运移堵塞机理，以及钻孔堵塞的时间效应；提出了降阻增排和压差涡流两种高效排渣钻进方法，以及分层切削钻进方法、护孔卸压钻进方法；阐明了护孔卸压钻进工艺方法实现卸压、降阻的力学机制；开发了多种高效排渣钻杆和孔底组合阻尼钻具；构建了螺旋护孔钻杆模型和多孔结构护孔钻杆模型；形成了松软煤层钻孔工艺理论工程应用方法，结合施工地点地质条件和钻孔施工工艺参数，对煤矿现行钻进工艺存在的问题进行了详尽的工程理论分析，并提出了相应的改进技术措施。

本书在编写过程中，得到了河南理工大学深井瓦斯抽采与围岩控制技术国家地方联合工程实验室的大力支持，在此表示衷心的感谢，同时对参阅的有关文献作者表示诚挚的谢意。

松软煤层钻进是井下瓦斯抽采技术领域公认的技术难题，如何提高松软煤层钻进深度和效率、减少孔内事故、降低钻孔偏斜等是一个需要持续研究的课题。今后还需要开展更为深入的研究来充实松软煤层钻进工艺理论及配套装备，以便更好地服务煤矿现场。由于水平所限，书中难免存在不妥之处，敬请读者批评指正。

著　者

2023 年 7 月

目　　录

1 绪　论

1.1 引言

我国50%以上的煤矿赋存有松软高瓦斯煤层或突出煤层，煤层以Ⅲ类碎粒煤（煤的坚固性系数$f=0.25\sim0.5$）和Ⅳ类糜棱煤（$f<0.3$）为主，因煤体强度低，故称为“软煤层”。松软煤层是瓦斯事故易发、频发区域，瓦斯防治与利用非常困难，目前主要依靠井下钻孔抽采。井下瓦斯抽采以钻孔施工为前提，水力冲孔、水力压裂、水力割缝、高能气体压裂等卸压增透措施同样以施工钻孔为前提，钻孔施工效果（深度、效率、偏斜情况）决定着瓦斯抽采的范围和效率，也间接影响煤层的开采效率、安全生产及经济效益。

松软煤层钻进，通常采取空气钻进工艺方式。相对于水力排渣和螺旋排渣方式，空气钻进排渣效率高，对孔壁冲击力小，不影响瓦斯解吸和释放。钻进过程中，受地应力、瓦斯压力及钻杆扰动等因素影响，钻屑量是常态钻进时的数倍，且钻孔壁变形量大、局部破坏严重，钻屑排出的摩擦阻力增大、流体压力损耗增加，钻屑易在钻孔内堆积、堵塞。钻孔堵塞后，如未能及时发现和疏通，钻杆旋转阻力剧增，将会形成卡钻、断钻、钻孔一氧化碳中毒及钻孔瓦斯燃烧等事故。我国一些矿区曾因打钻过程中未及时疏通钻孔而发生过多起钻孔一氧化碳中毒、钻孔瓦斯燃烧事故，造成多名矿工遇难。

松软煤层钻孔塌孔、喷孔动力现象频繁，导致抽采钻孔深度浅、效率低、事故多，影响瓦斯抽采效率，制约煤矿安全高效开采。尽管目前已经发展了提高钻孔壁强度、保护排渣空间、提高钻具排渣效率、提高钻机功率、气动定向钻探等塌孔、喷孔防治技术，但伴随着煤矿开采深度的增加，煤岩瓦斯、应力场环境更加复杂，抽采钻孔失稳塌孔、喷孔等钻孔动力现象导致的钻孔长距离堵塞仍然是制约钻孔施工效果的工程难题。

本书针对松软煤层气力输送方式排渣钻进工艺，围绕钻进排渣问题，在充分分析影响钻屑运移主要因素的基础上，对钻孔钻屑运移堵塞机理进行深入分析。在此基础上，先后发展了松软煤层安全高效排渣钻进技术、分层切削阻尼防喷钻进技术、护孔卸压钻进技术，并发明了刻槽钻杆、双动力低螺旋钻杆、等离子熔涂钻杆、棱状刻槽钻杆和非对称异型截面钻杆等系列新型钻杆。系列新型钻杆已在山西、河南等省的矿区推广应用，特别是在松软煤层、软硬复合煤层等复杂条件煤层，系列新型钻杆已基本取代了传统的圆钻杆和高叶片螺旋钻杆。

1.2 国内外研究现状及发展动态

1.2.1 松软煤层钻进塌孔机制及钻进工艺现状

1.2.1.1 松软煤层钻进塌孔机制

钻孔施工一直是突出煤层瓦斯防治的重要难题之一。受地应力、瓦斯压力及煤体构造应力等因素影响，突出煤层钻孔变形量大、易失稳塌孔，钻屑易在钻孔内堆积、堵塞，断钻、喷孔、钻孔瓦斯燃烧等事故频发，造成钻孔深度浅、钻进效率和成孔率低。钻进过程中塌孔导致排渣通道堵塞是突出煤层钻进困难的主要原因。科研人员围绕钻孔变形、失稳及塌孔机制等方面开展了诸多研究。孙玉宁、王永龙等提出“钻穴”概念，“钻穴”是指在煤层打钻的过程中，由地应力、瓦斯压力、钻杆扰动力和煤体力学性能4个因素共同作用造成的钻孔局部直径远远大于钻孔理论直径的准充填型洞穴。根据现场观察和推断，认为“钻穴”是本煤层瓦斯抽采钻孔成孔困难的根本性原因，“钻穴”是“塌孔”的另一种表达方式，较为系统地解释了塌孔的形成机理。MANSHAD A K、AGHAYARI M 等使用 Mogi 失效准则和多轴测试数据的非线性形式来估计在不同钻井轨迹和地应力状态下钻孔稳定所需的塌陷和破裂压力，结果表明在各种地应力状态下，钻孔倾角和方位角对钻进过程中的钻孔稳定性具有重要作用，该结论对于煤层抽采钻孔参数设计与优化有一定的参考价值。韩颖、张飞燕等基于 Hoek-Brown 强度准则及地质强度指标（GSI）探讨了煤层钻孔失稳破坏的类型，结果表明对于强度较低的突出煤层，失稳破坏的主控因素为煤体力学性质及瓦斯内能。刘厚彬、刘腾等研究了裂缝地层对钻孔稳定性的影响，结果表明裂缝对地层的力学强度影响很大，含裂缝地层的平均抗压强度比基岩低30%左右，不同的裂缝走向对钻孔稳定性的影响各不相同，40°~60°裂缝方位影响最大。赵洪宝、李金雨等利用自主研发的瓦斯抽放钻孔稳定性动态监测装置，对稳态垂向载荷下钻孔三维变形特性进行了试验研究，结果发现在稳定载荷作用下，模拟瓦斯抽放钻孔的力学变形路径逐渐趋于复杂，进而提出钻孔轴向应变衰减是钻孔失稳塌陷预测预警的重要表征。丁立钦、王志乔等研究对比了3种模型分析层理面对钻孔稳定性的影响，很好地解释了含层理地层钻孔失稳破坏的机制，有助于理解层理裂隙极为发育的突出煤层钻孔稳定性差的原因。

上述研究成果从不同角度揭示了突出煤层钻进塌孔机制，进一步完善了突出煤层钻进塌孔的基本规律，总结了突出煤层钻进塌孔的几个重要因素，即地应力、瓦斯压力、煤体强度、构造应力和钻杆扰动力。

1.2.1.2　松软煤层钻进工艺现状

受地质条件限制，定向钻机难以在松软突出煤层大范围推广应用，钻孔施工仍然以常规液压钻机为主。进入21世纪以来，我国对突出煤层钻进技术与装备的开发不断深入，特别是在突出煤层钻进塌孔防护技术方面取得了一定的进展，并且已应用到生产实践中。张杰、王毅等研究了气动螺杆钻具定向钻进技术，开发了由气动螺杆钻具、窄体定向钻机、随钻测量系统等组成的煤矿井下气动定向钻进技术装备，试验钻孔30个，最大孔深300 m，平均见煤率92.9%，并全孔段安设筛管。姚亚峰、姚宁平等针对煤矿井下碎软煤层及过断层、陷落柱探查等破碎岩层的钻孔施工需求，开发了一种采用双动力头护孔定向钻进的钻机。刘建林、方俊等通过集成稳定高效发泡、“机械+泡沫”复合排渣和“空气+泡沫”复合钻进等关键技术，开发了碎软煤层空气泡沫复合定向钻进技术，显著提高了顺煤层定向钻孔成孔深度。吴晋军、罗华贵等为解决松软破碎煤层顺层钻孔水排渣钻进工艺钻孔施工效率较低、深孔钻进困难等技术难题，开展了顺层钻孔氮气排渣复合定向钻进试验，提高了钻进深度和效率。殷新胜、刘建林等开发了中风压空气钻进工艺技术，包括压缩空气与螺旋钻杆复合排渣工艺、多级除尘技术、筛管护孔工艺技术等，应用结果表明，采用中风压空气钻进技术与装备后，平均成孔深度普遍提高1倍左右，钻进效率提高35%左右。冀前辉、董萌萌等提出采用煤矿井下泡沫灌注系统及宽翼螺旋钻杆进行高效泡沫钻进的技术方案，结果表明，相对于中风压空气钻进工艺，钻进回转阻力降低了42%～48%，表现出高效的排粉效果，可提高煤矿井下碎软煤层钻孔深度和成孔率。王凯、娄振等针对瓦斯抽采钻孔塌孔问题开发了一种用于煤层瓦斯抽采钻孔的钻井液，该钻井液有利于钻屑的排出，同时增强了钻孔壁的承载能力，现场试验表明煤层瓦斯抽采钻孔的抗塌性得到显著提升。伍清、牛宜辉配置了一定密度的悬浮液并进行排渣试验，试验结果表明，悬浮液排渣能够排出钻孔中残留的钻屑，清洗钻孔，避免钻屑填埋煤层段，延长钻孔有效深度。

现有的研究主要从改进钻机结构与功能、提高排渣动力、保护排渣空间及提高孔壁强度等方法提高钻孔稳定性和排渣效果，以降低钻孔塌孔对钻进的影响。从预防原理来看，改进钻机结构与功能、提高排渣动力具有较好的现场应用效果；保护排渣空间与提高孔壁强度对于预防钻屑堆积堵塞效果明显，但较为被动。

1.2.2　松软煤层钻进喷孔及防护方法

1.2.2.1　松软突出煤层钻进喷孔机制

伴随着煤矿开采向纵深发展，突出煤层钻进喷孔动力现象发生频繁，通常会导致钻孔孔口瓦斯超限，甚至会诱发煤与瓦斯突出事故，松软突出煤层钻进喷孔已成为威胁矿井安全生产的重大隐患之一。梁运培、王振等较早对喷孔动力现象的类型及发生机理进行了系统的论述，把钻孔施工过程视为微型巷道掘进过程，并提出喷孔多发生在钻孔峰后应力集中区，认为喷孔与钻孔位置、钻孔直径、钻进速度等因素有关。周红星认为喷孔发生的前提条件是钻孔内部富含高压瓦斯的煤体突然暴露并形成突出，暴露后煤体能否发生突出取决于瓦斯压力和煤体的力学性能等因素，暴露时孔壁内外存在较高的瓦斯压力梯度，煤壁在径向处于受拉状态，当压力梯度超过了钻孔周围煤体某一区域抗拉强度时，喷孔就会发生。姚倩、林柏泉等建立了高突煤层钻孔喷孔理论模型，将喷孔过程中喷出的煤粉量化，推导出钻孔喷孔过程中煤体喷出速度和喷出量的解析解，定义了一种通过喷孔时间及相关可测参数计算实际喷煤量的方法。黄旭超、程建圣等认为穿层钻孔发生喷孔，首先是煤层具备发生突出的能量，再者煤层受钻孔施工的扰动影响，加之钻孔周围煤体失稳，从而导致钻孔喷孔，并将穿层钻孔喷孔分为钻孔见煤喷孔、煤孔段喷孔和钻孔施工完喷孔。浑宝炬、程远平等利用 FLAC3D 软件及相关理论对喷孔孔洞周围煤岩体的应力场、位移场进行数值模拟，结果表明，突出孔洞周围煤体内形成卸压区、破裂区、弹性应力区，煤体内部裂隙萌生、扩展、贯通，周围煤体产生指向孔洞中心的径向位移，喷孔的影响范围与喷孔孔洞半径、煤层埋藏深度、煤层厚度正相关。武世亮、翟成等分析了喷孔机理及过程，并探究温度、水灰比及孔径对喷孔的影响，结果表明，喷孔过程可分为 3 个阶段：能量蓄积阶段、快速喷孔阶段、稳定阶段，低温会抑制喷孔的发生，水灰比越大越容易发生喷孔，孔径增大也易引发喷孔。王超杰、杨胜强等研究了突出煤层钻进卡钻、喷孔原因及二者之间的联动关系，结果表明，随着煤层突出危险性程度的增加，钻屑量会突然增大，同时喷孔、卡钻现象发生频率增多，预示有突出危险性的卡钻现象往往和喷孔现象是相伴而生的，它们之间构成了联动体系，是相继触发的。李胜、杨鸿智等开展了煤岩钻孔喷孔试验，发现只有当煤样加载压力超过某一临界值后，才会发生钻孔喷孔现象，加载压力越大，煤试件的钻屑量越多，钻孔喷孔次数越多，可见，钻进过程中钻屑量波动对于预测孔内动力现象具有重要的参考价值。沈春明、林柏泉等探讨了水射流增渗诱发孔内煤与瓦斯失稳喷出机制，提出了水力切槽区域地应力与瓦斯压力综合作用高于失稳区域煤体的断裂韧度与阻滞力是煤体失稳喷出的必要条件，切槽煤体失稳受水射流水压、煤层原始瓦斯压力和钻孔瓦斯排放时间的影响。

从喷孔的发生机理分析，喷孔是塌孔在瓦斯参与下的气固耦合体从钻孔内剧烈喷出的动力现象。上述研究表明除了塌孔形成的几个要素外，钻孔面积、钻孔周围瓦斯压力梯度也是钻孔发生喷孔的重要因素。

1.2.2.2 钻进喷孔防护方法

喷孔对于钻孔周围煤体具有良好的卸压增透效果，但必须是在有效控制喷孔的前提下发生的，目前采用水力诱导喷孔增透的工艺方式居多。由于喷孔动力现象具有突发性、非线性等特征，施工人员难以精准判断发生的时间和强度，严重威胁矿井安全生产，喷孔防护工作仍然是突出矿井面临的重大难题。

张继周、李剑锋等针对煤与瓦斯突出区域进行钻孔施工时易发生钻孔喷孔现象，提出了增加巷道供风量、优化瓦斯喷出缓冲装置、提高钻孔抽采负压等综合防喷孔措施。周二元研究了穿层钻孔防喷孔工艺，通过采取“预抽卸压掩护、递进顺次施工”的工序，使用防喷孔装置、配套防喷抽采系统，采取孔内下筛管措施，有效降低了喷孔强度。孟战成、王胜利等针对现场穿层钻孔喷孔问题，提出了全封闭式“三防”装置、采用钻尾抽采和防延时喷孔技术等措施，提高了防喷效果和施工效率。赵发军、郝富昌等提出了突出煤层先注后冲防喷孔消突技术，煤体含水率增加后，瓦斯解吸的初速度下降，游离瓦斯量和煤的渗透率增加，瓦斯流动更容易，二者的共同影响减少了瓦斯喷孔发生概率。刘东、马耕等通过含水率对煤层喷孔影响的试验，证明了通过向突出煤层注水对预防喷孔有一定的作用。侯红、金新等提出将套管护孔钻进技术应用于强突出煤层钻孔施工，采用套管护孔钻进技术穿越强突出煤层时，钻孔的实际钻屑量与计算钻屑量的比值接近 1，表明钻孔喷孔强度显著减弱，一次穿煤成功率提高了 30%。郝殿、李学臣等从容易漏气的孔口防喷装置、钻杆防喷装置、集气箱排渣处、钻杆水尾等关键点入手，研发了孔口防喷装置，并配套设计了瓦斯缓冲装置，形成了穿层钻孔防超限技术及系列化装备。程合玉、刘小华等设计了一种无须人工现场安装，且具有自动封堵功能的瓦斯自动防控系统，制造样机并开展了试验，结果表明瓦斯自动防控系统完成孔口封堵的平均反应时间为 3 s，提高了瓦斯防喷装置的有效性。

已有的钻孔防喷方法主要有孔口设置不同结构的防喷装置、孔内注水、增加钻具对喷出气流的阻力等，这为科研与工程人员确定防喷工艺关键参数及拓展防喷方法提供了参考。基于对塌孔、喷孔发生机制及防护方法的认识，塌孔与喷孔具有伴生关系，突出煤层塌孔、喷孔防治需围绕提升钻孔稳定性、降低钻孔周围煤体瓦斯释放强度等方面开展详细的实验和理论研究。

1.2.3 松软煤层钻进技术存在的问题

1.2.3.1 松软煤层钻进钻孔浅、效率低、事故多

1. 松软煤层钻孔变形、塌孔现象严重导致钻孔施工十分困难

松软煤层钻孔施工时，受地应力、瓦斯压力及煤体构造应力等因素影响，钻孔变形量大，局部易失稳塌孔（图 1-1）。在钻孔变形、破坏的情况下，若不能

将堵塞、堆积在孔内的钻屑及时疏通，将会形成卡钻、断钻等事故，严重时将造成施工人员一氧化碳中毒、钻孔瓦斯燃烧等事故（图 1-2）。

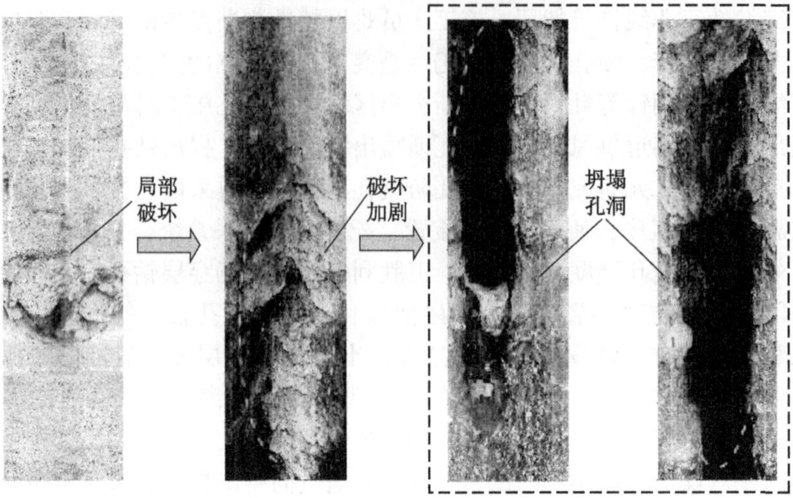

图 1-1 钻孔破坏平面展开图

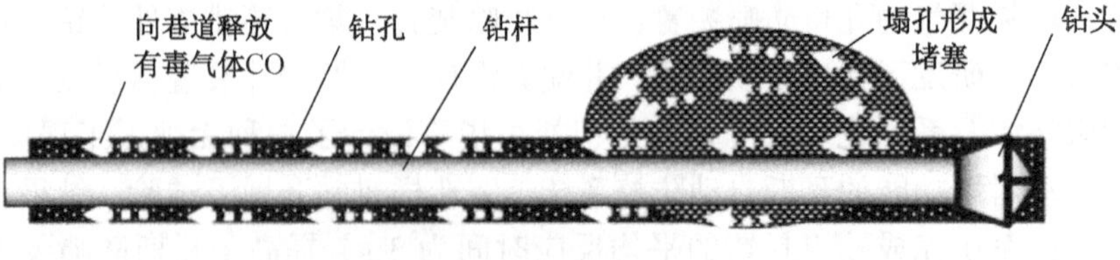

图 1-2 堵塞区热量聚积煤不完全燃烧产生有毒气体 CO

2. 松软煤层钻进钻孔轨迹偏斜严重

松软煤层煤质松软、软硬夹层多，施工穿层钻孔时，在煤层段易滑移变向。根据多个矿区现场钻孔测斜结果，很多钻孔偏斜程度超过 15 m/hm。钻孔偏斜区域将产生抽采盲区，在后期煤炭开采过程中，有可能诱发煤与瓦斯突出事故。钻孔偏斜现象将导致钻具处于拉、扭、摩擦及动态冲击耦合的复杂应力场环境，钻具磨损严重，如图 1-3 所示，常规钻头、钻杆损耗较大。

3. 松软煤层钻进易发生喷孔瓦斯超限

喷孔是钻进过程中大量瓦斯携带煤渣高速涌出的钻孔动力现象，其形成机理类似于煤与瓦斯突出，亦可称为“微型巷道”煤与瓦斯突出。当钻孔进入软煤

（a）低螺旋钻杆叶片脱落

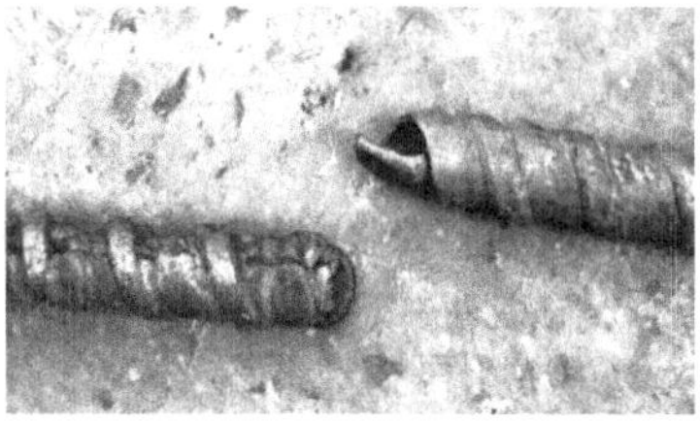

（b）低螺旋钻杆断裂

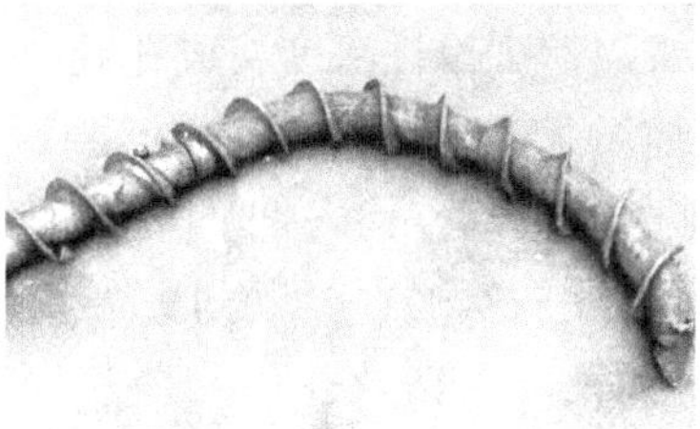

（c）高叶片螺旋钻杆弯曲磨损

（d）三棱钻杆断裂

图 1-3　钻杆破坏形式

层时，钻头的旋转对软煤产生冲击和破碎力，使煤体破碎，瓦斯迅速解吸，煤体瓦斯的快速解吸使流入钻孔中的瓦斯涌出量增加几倍甚至几十倍。这时钻孔前后方出现了较大的瓦斯压力，有明显的瓦斯流涌出。高压瓦斯流对破坏的煤颗粒起着边运送边粉化的作用，同时还继续向钻孔周边扩大影响范围。由于钻孔孔径小和钻孔堵孔，瓦斯流和粉化了的煤颗粒难以顺利地向孔外排出，进一步增加了钻孔内外的瓦斯压力，使瓦斯涌出变成了爆发性的外喷，发生喷孔。近 3 年的统计资料表明，瓦斯喷孔超限事故在瓦斯超限事故中的占比已超过 50%，钻进过程中的瓦斯喷孔超限已成为煤矿安全生产重大隐患之一，钻进过程中的喷孔现象是一把双刃剑，一方面喷孔在快速释放煤层瓦斯的同时对煤体具有卸压作用；另一方面喷孔产生的高速瓦斯气流非常容易造成瓦斯喷孔超限。

4. 松软煤层钻进粉尘污染问题严重

松软煤层钻进通常采用风力排渣或风水联动排渣方式，其中风水联动排渣也是以风排为主，加入少量水起辅助降尘作用。由于煤层松软、破碎，且很多矿区煤层中赋存小断层、夹矸带，再加之钻孔容易偏斜，很多钻孔都可能存在不同长短的岩孔段，因此，钻进排出的粉尘以煤尘为主，同时存在不同岩性的岩粉。由于岩粉的疏水性，难以与水混合并被水捕捉，当钻孔进入岩孔段时，大量的岩粉从钻孔喷出，瞬间恶化钻场环境。由于松软煤层钻进产生的粉尘存在大量粒径小于 5 μm 的尘粒，并难以被捕捉，它能通过人体上呼吸道进入肺部，导致肺病，对人体危害最大。此外，当煤尘悬浮在空气中不断聚积时，也存在煤尘爆炸的潜在风险。

1.2.3.2 装备研发与工艺理论脱节

基于国内外装备研究现状及工艺理论分析，近10年煤层钻进装备得到了迅猛发展，国外许多先进装备得到引进，同时我国也自主研制了适合我国煤层条件的先进钻进装备，整体上，钻进装备趋于大功率、高扭矩，且机械化程度高，能够实现孔内钻进路线动态实时跟踪。通过上述分析，对于松软突出煤层钻进，仍然存在诸多问题，许多矿区煤层钻孔施工难以达到设计深度，成孔效率很低。

对于松软突出煤层钻进，受煤层复杂地质条件限制，钻孔变形严重、孔壁易失稳塌孔，排渣空间缩小或孔内排渣空间直接堵塞，孔内钻屑易出现堆积堵塞现象。当克服堆积长度形成的摩擦阻力所需要的吹通风压超过了管路风压上限时，钻孔发生完全堵塞，当处理不当时，掉钻、断钻及孔内瓦斯燃烧等事故伴随发生。可见，对于复杂煤层钻进，先进的钻机装备未能充分发挥作用，钻进效果并不完全决定于钻机装备，它与孔内钻屑运移情况、钻具结构具有重要的关系。

基于上述分析，为便于分析影响松软突出煤层钻进核心问题，绘制了成孔工艺系统分析图，如图1-4所示。

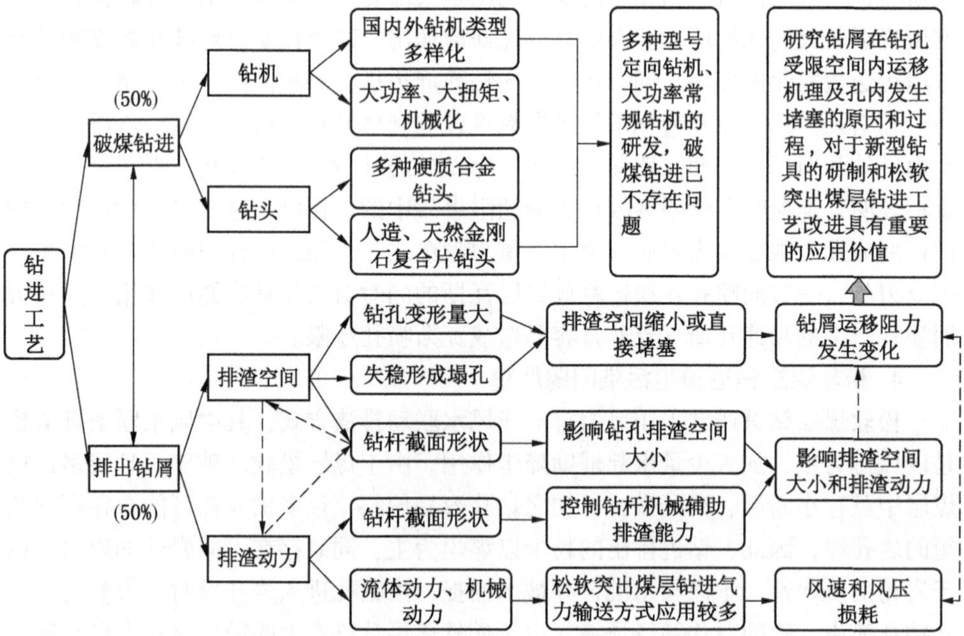

图1-4 成孔工艺系统分析图

基于图 1-4，松软突出煤层钻进工艺体系存在如下问题。

1. 过于侧重破煤钻进装备在钻进中的作用

煤矿企业和钻进装备生产单位过于侧重钻进装备在松软煤层钻进中的作用，许多煤矿企业为解决松软突出煤层钻进问题，消耗大量资金，引入国外定向钻机，但使用效果并不理想。当前，我国也具备了生产定向钻机、大功率常规钻机的能力，但许多煤矿企业遇到难题，首先盲目选择更新设备，结果消耗大量资金，但收效甚微。

结合图 1-4，成孔过程包括破煤钻进和排出钻屑两个重要环节，不同煤层条件，两个环节的权重有所不同，对于煤体强度条件较好的煤层，钻进排渣相对容易，孔内一般不会堵塞，该情况下，破煤钻进起决定作用；对于煤体强度较低的松软突出煤层，孔内变形、破碎严重，排渣困难，孔内极易发生钻屑堆积堵塞，该情况下，破煤钻进和排出钻屑的权重相当，特别是在煤层条件很差的三软煤层，排出钻屑环节更为重要，因为钻屑无法排出时，孔内必然堵塞，钻进被迫终止。

因此，对于松软突出煤层钻进，排出钻屑工艺理论和相关技术研究显得尤为重要。

2. 对钻屑运移核心问题研究不够深入

如图 1-4 所示，钻屑排出受排渣空间和排渣动力两个主要因素影响。排渣空间受钻孔变形、孔壁破坏情况影响，排渣空间发生缩小或堵塞，钻屑运移阻力增大，孔内钻屑易堆积堵塞；排渣动力受流体动力和钻杆截面形状影响。对于松软突出煤层，以气力输送方式为主，流体动力的影响因素包括风速和风压，因此，钻屑能否被及时排出，与风速、风压有直接关系；当钻孔堵塞并形成堵塞段时，在系统风压作用下，堵塞段被及时疏通，有利于预防孔内完全堵塞的被动局面；通过上述逻辑关系，钻杆截面形状变化对钻孔排渣空间大小及控制钻杆机械辅助排渣能力有着重要的影响。因此，研究钻屑在受限空间中的运移机理及钻孔堵塞的原因和过程，对于配套钻具研制和松软突出煤层钻进工艺改进具有重要的理论和指导意义。

综上分析，松软突出煤层钻进技术存在诸多问题，钻孔深度浅、效率低、事故多和钻进工艺理论研究不够深入是制约瓦斯抽采的瓶颈问题，不仅为煤层的安全回采带来危害，而且严重影响煤层的回采进度，间接造成经济损失。因此，针对煤矿钻进技术存在的问题，对松软突出煤层成孔理论及相关技术装备进行深入研究具有重大的现实意义和应用价值。

2 松软煤层钻进钻屑运移特征

2.1 影响钻屑运移主要因素分析

钻头破煤形成的钻屑必须及时排出孔外，避免在孔内积聚，否则孔内很快形成堵塞。对于气力方式输渣的钻进工艺，钻屑运移主要受以下因素制约。

2.1.1 排渣空间

钻屑向孔外输送的通道仅为钻杆与钻孔直径之间形成的圆环空间，这个圆环空间大小对于钻屑运移是否顺畅具有重要影响。对于突出煤层钻进，地质条件复杂、煤体坚固性系数低、地应力大、瓦斯压力大等诸多因素导致钻孔变形量大或孔壁失稳破坏，使排渣空间变小或堵塞，其结果使钻屑运移阻力增大，钻屑排出困难。对于孔内排渣空间变化情况，本章基于煤岩力学理论，从钻孔变形形成的“收缩”和孔壁破坏形成的“钻穴”两个方面展开分析。

2.1.2 孔内风速

风速包括启动速度和临界风速，启动速度是指使钻屑颗粒群能够滑动的最小风速，临界风速是指钻屑颗粒群能够稳定输送的最小风速。孔内风速决定钻屑能否被及时排出，同时钻孔直径、钻孔倾角、钻屑粒径、钻头破煤形成的质量流量等因素都对钻屑排出所需的风速具有重要影响。

2.1.3 供风压力

随着钻孔深度的增加，摩擦阻力随之增加，为保证正常排渣所需风速及所需风量，需要足够的风压。应用气力输送方式的成孔工艺，施工一定深度的钻孔，基于钻孔直径、钻孔深度及钻屑粒径等参数求解成孔过程中正常排渣所需风压具有重要意义。

综上所述，本章将围绕排渣空间、孔内风速和供风压力三个影响钻屑运移的因素展开分析，对于深入认识突出煤层钻进困难的本质原因、优化压风管路、研究钻屑运移及堵塞机理具有重要意义。

2.2 孔内排渣空间

2.2.1 瓦斯抽采钻孔收缩比分析

2.2.1.1 钻孔收缩形成原因

在钻孔实际施工过程中，对于深埋地下几百米甚至上千米的煤层，钻孔开挖后，钻孔空间处于一个动态卸荷、变形状态。钻孔开挖使煤岩体在某一方面的应力得到释放，从而破坏了原有的力学平衡状态，使煤岩体产生新的变形，甚至破裂、破碎。因此，煤层钻进施工，随着钻头不断向煤层深部延伸，钻孔的实际截面形状也在不断发生变化。

如图 2-1a 所示，当钻孔发生变形时，钻孔排渣空间 d_a 呈逐渐缩小趋势，结合图 2-1b，钻屑在收缩区受阻，造成钻屑运移路线更加曲折，排渣阻力及风压损耗更大，同时，大颗粒钻屑易在收缩区堆积，如风压不稳，造成收缩区堵塞时，排渣通道很容易发生完全堵塞。

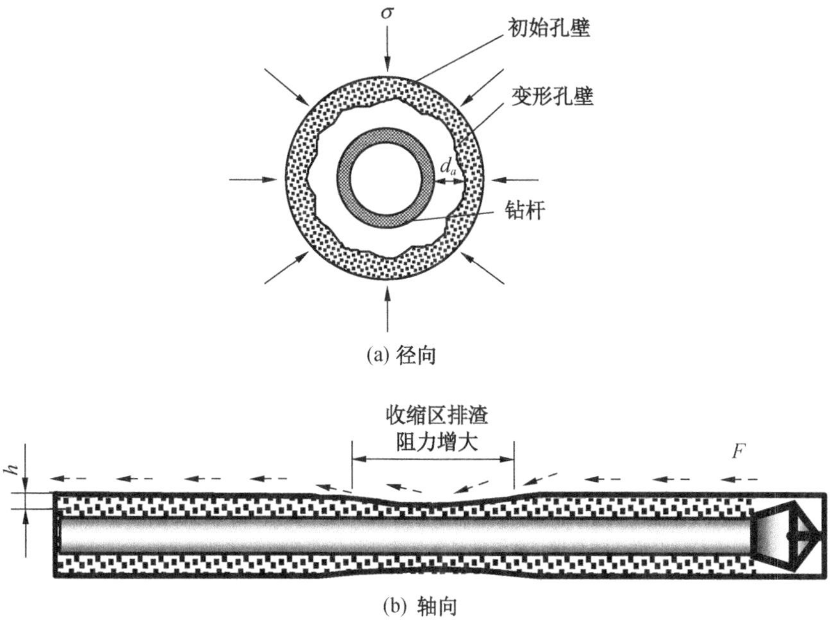

图 2-1 钻孔收缩示意图

我国许多突出矿井煤层为三软煤层或强度很低的糜棱煤，在这些煤层施工钻孔时，钻孔收缩现象更为严重。成孔过程中，钻孔变形速度快，可能在较短时间内，孔内排渣空间完全被钻孔变形填充，如图 2-2a 所示，变形孔壁已经将钻杆包裹，其结果造成排渣通道完全堵塞，如图 2-2b 所示。钻孔内侧压力上升，当风管供压上限足够且收缩区较小时，堵塞段可能被吹通，否则将造成钻孔发生完全堵塞，使钻进无法进行，如未及时处理或处理不当，将出现卡钻、断钻，甚至发生孔内 CO 中毒、瓦斯燃烧等事故。

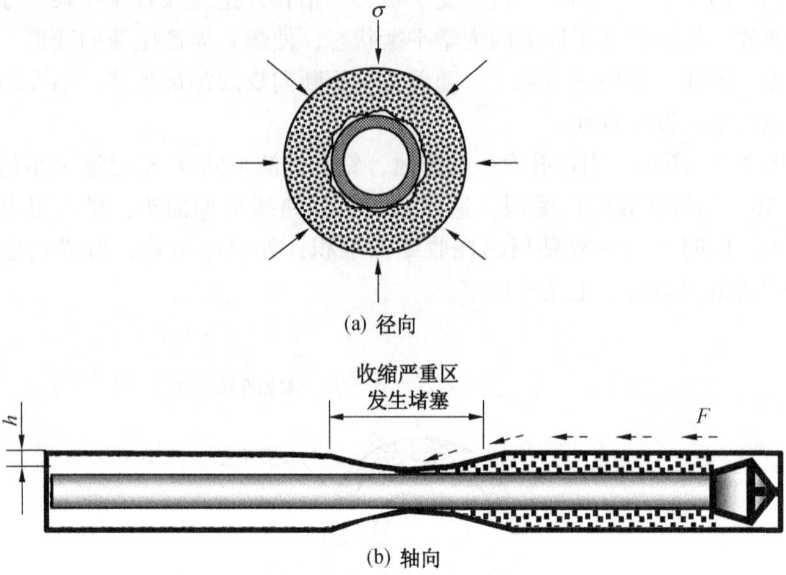

图 2-2 钻孔收缩严重区域示意图

2.2.1.2 钻孔收缩比分析方法

1. 钻孔开挖变形特性分析

当钻孔形成后，钻孔处于自由变形状态，如图 2-3 所示，钻孔内变形具有如下特征：

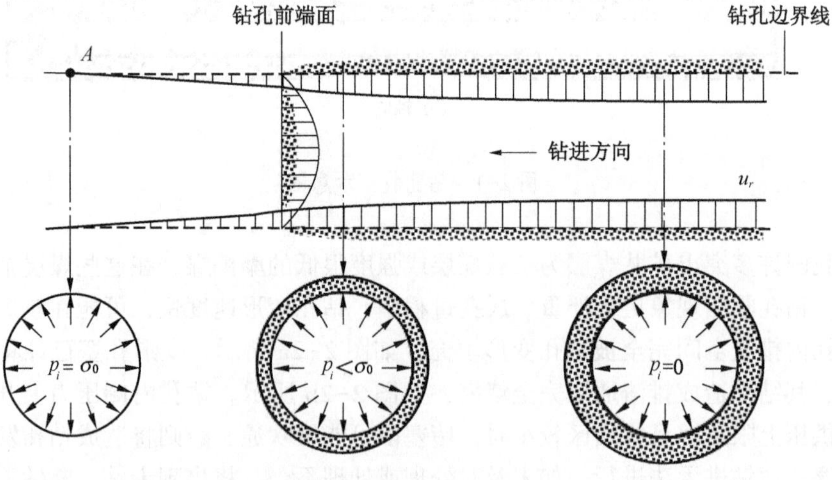

图 2-3 钻孔壁变形分析图

(1) 位于钻孔前端面前方未开挖区域，大约距离前端面2.5倍钻孔直径长度的位置A点，在A点及以内区域形成$p_i=\sigma_0$，此时A点及以内区域变形为0，A点及以内区域处于原岩应力区。从A点向外，沿钻孔边界线区域，煤体变形逐渐增大，到达与钻孔前端面处，变形量约为钻孔开挖区域最大变形量的1/3。

(2) 沿钻孔前端面向外的钻孔开挖区，受钻孔前端面影响，孔壁两侧形成一个减小钻孔变形的支撑压力p_i，到达距离钻孔前端面4倍钻孔直径左右位置之前，$p_i<\sigma_0$，煤体变形逐渐呈增大趋势，并在短时间内维持该值。

(3) 距离钻孔前端面4倍钻孔直径之外区域，钻孔变形量达到最大值，此时，$p_i=0$，当然，伴随着时间的延长，钻孔会继续发生变化，也可称为蠕变过程。

(4) 在钻孔前端面上，对称面上的变形呈以中心变形最大的弧形分布。

综上分析，钻孔开挖后，钻孔发生自由变形，沿钻孔前端面向外，钻孔变形后，钻孔剩余的排渣空间由内向外呈“锥形”。可见，在高应力的突出煤层施工钻孔时，钻孔的变形特征，对于钻孔排渣空间具有很大的影响，钻孔在不失稳-破坏形成钻穴区的情况下，钻孔的整体缩小，会缩小钻孔的排渣空间，增大风流损耗，因此，钻孔缩小的比率对于分析钻孔排渣具有重要意义。

2. 钻孔收缩比

钻孔收缩比是指钻孔在自由变形状态下，钻孔径向平面上孔壁向钻孔中心轴线缩小的最大位移u_p与原始钻孔半径r_0的比值。

基于上述分析，除钻孔前端面很短的距离外，钻孔其余部分$p_i=0$，其变形量基本达到最大值，设钻孔壁变形平均位移为u_p、钻孔直径为D，钻孔收缩比D_c计算公式如下：

$$D_c=\frac{2u_p}{D} \tag{2-1}$$

2.2.1.3 钻孔收缩比弹塑性求解

1. 钻孔周围煤体弹塑性分析

钻孔施工，实际上相当于小直径圆形巷道开挖问题。将巷道和围岩视为均质、无重量的有孔平板的平面应变问题，平板所受到的外力处于二向等压原岩应力区。钻孔上部和下部的初始应力不相等，但当巷道埋深大于其高度的20倍时，这种应力差可忽略。由于应力重新分布，钻孔周围煤岩中形成塑性区和弹性区，在考虑内压的情况下，可应用弹塑性支护理论，将“支护-围岩”作为一个体系，通过分析围岩的弹塑性，获得围岩应力、变形和塑性区半径的计算方法。图2-4为钻孔周围应力分布示意图。

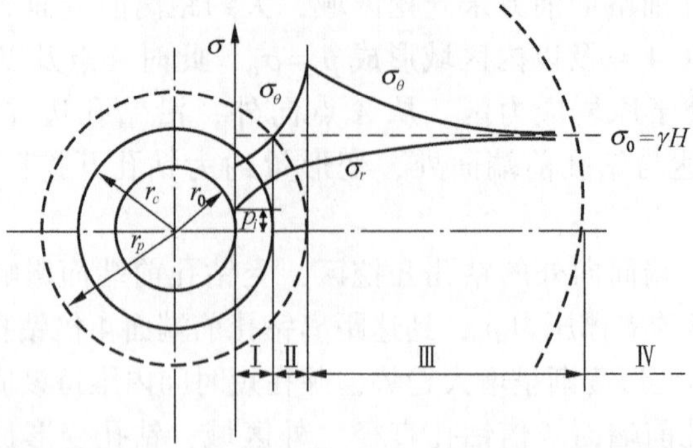

Ⅰ—塑性破坏区（松动圈）；Ⅱ—塑性承压区；Ⅲ—弹性承压区；Ⅳ—原岩应力区

图 2-4 钻孔周围应力分布示意图

基于上述假设条件，岩体屈服强度服从莫尔强度条件，采用弹塑性理论的研究方法：塑性区应符合应力平衡方程和塑性条件；弹性区应满足应力平衡方程和弹性条件；弹塑性区交界处，既满足塑性条件又满足弹性条件。随着距孔壁距离的增大，径向应力 σ_r 由零逐渐增大，应力状态由孔壁的单向应力状态逐渐转化为双向应力状态，围岩也就由塑性状态逐渐转化为弹性状态。围岩中形成塑性破坏区Ⅰ、塑性承压区Ⅱ、弹性承压区Ⅲ、原岩应力区Ⅳ。塑性破坏区Ⅰ为应力降低区，一般称为“松动圈”，设其半径为 r_c，塑性松动圈的出现，使圈内一定范围内的应力因释放而明显降低，而最大应力集中由原来的洞壁移至塑性圈、弹性圈交界处，使弹性区的应力明显升高。塑性承压区Ⅱ与弹性承压区Ⅲ相当于原岩应力为应力升高区，一般称为“承载区”。

库仑提出了材料断裂的剪应力准则，认为岩土类材料破坏属于剪切破坏，剪切破坏力用以克服介质内部的黏聚力，以及破坏面上正应力产生的摩擦力，库仑判据可用下述公式表示：

$$\tau_f = c + \sigma\tan\varphi \tag{2-2}$$

式中 τ_f——剪切面上的临界剪应力；

σ——剪切面上的法向应力；

c——内聚力，数值上等于 $\sigma = 0$ 时的抗剪强度；

φ——材料的内摩擦角。

用大小主应力 σ_1 和 σ_3 表示莫尔-库仑方程式：

$$\sigma_1 = \frac{1 + \sin\varphi}{1 - \sin\varphi}\sigma_3 + \frac{2c\cos\varphi}{1 - \sin\varphi} \tag{2-3}$$

式中 σ_1——岩体破坏时的最大主应力；

σ_3——岩体破坏时的最小主应力。

基于式（2-3），若 $\sigma_3 = 0$，可得单轴抗压强度 σ_{ci} 的公式：

$$\sigma_{ci} = \sigma_1 = \frac{2c\cos\varphi}{1 - \sin\varphi} \tag{2-4}$$

令

$$N_\varphi = \frac{1 + \sin\varphi}{1 - \sin\varphi} \tag{2-5}$$

则式（2-3）可转化为

$$\sigma_1 = N_\varphi \sigma_3 + \sigma_{ci} \tag{2-6}$$

设钻孔围岩发生塑性破坏的判据压力为 σ_{rpe}，σ_{rpe} 即为弹性区与塑性区交接面上的径向应力。基于式（2-4）、式（2-5）σ_{rpe}可定义为

$$\sigma_{rpe} = \frac{2\sigma_0 - \sigma_{ci}}{1 + N_\varphi} \tag{2-7}$$

为求解钻孔收缩比，本书仅对钻孔周边塑性区的位移变形情况进行分析，如内压 p_i 大于 σ_{rpe} 时，钻孔周围煤体未发生破坏，钻孔周围煤体的变形及应力变化按弹性区的位移及应力计算公式进行计算；当内压 p_i 小于 σ_{rpe} 时，钻孔周围煤体发生破坏并形成塑性区，该区域按塑性区的位移及应力计算公式进行计算。

1）塑性区半径

根据岩石力学塑性区围岩平衡条件，可求得塑性区半径。

(1) $p_i < \sigma_{rpe}$ 区域。

为方便分析，工程及软件应用常用 N_φ、σ_{ci} 表示塑性区半径：

$$r_p = r_0 \left\{ \frac{2[\sigma_0(N_\varphi - 1) + \sigma_{ci}]}{(N_\varphi + 1)[(N_\varphi - 1)p_i + \sigma_{ci}]} \right\}^{\frac{1}{N_\varphi - 1}} \tag{2-8}$$

式中 r_0——钻孔半径；

σ_0——初始原岩应力。

(2) $p_i = 0$ 区域。

$$r_p = r_0 \left\{ \frac{2[\sigma_0(N_\varphi - 1) + \sigma_{ci}]}{(N_\varphi + 1)\sigma_{ci}} \right\}^{\frac{1}{N_\varphi - 1}} \tag{2-9}$$

钻孔形成后，$p_i = 0$，按式（2-9）求解塑性区半径。塑性区半径大小，对于钻孔的稳定性十分重要。对于施工较为困难的松软煤体，钻孔塑性区半径相对较大，钻进过程中，在瓦斯释放过程及钻杆扰动作用下，孔壁松弛区煤体很容易剥落，形成钻孔扩孔，孔径变大，在瓦斯压力较大区域，受瓦斯释放形成的梯度压力影响，钻孔易变形、失稳，最终形成塌孔，影响钻进。

2）塑性区位移分析

（1）$p_i<\sigma_0$ 区域。

设

$$N_\psi=\frac{1+\sin\psi}{1-\sin\psi} \tag{2-10}$$

式中 ψ——剪胀角。

$$u_p=\frac{r}{2G}\left\{(2\nu-1)\left(\sigma_0+\frac{\sigma_{ci}}{N_\varphi-1}\right)+\frac{(1-\nu)(N_\varphi^2-1)}{N_\varphi+N_\psi}\left(p_i+\frac{\sigma_{ci}}{N_\varphi-1}\right)\left(\frac{r_p}{r_0}\right)^{(N_\varphi-1)}\left(\frac{r_p}{r}\right)^{(N_\psi+1)}+\left[\frac{(1-\nu)(N_\varphi N_\psi+1)}{N_\varphi+N_\psi}-\nu\right]\left(p_i+\frac{\sigma_{ci}}{N_\varphi-1}\right)\left(\frac{r}{r_0}\right)^{(N_\varphi-1)}\right\} \tag{2-11}$$

式中 ν——泊松比；

G——剪切模量。

（2）$p_i=0$，$r=r_0$ 区域。

$$u_p=\frac{r_0}{2G}\left\{(2\nu-1)\left(\sigma_0+\frac{\sigma_{ci}}{N_\varphi-1}\right)+\frac{(1-\nu)(N_\varphi^2-1)}{N_\varphi+N_\psi}\left(\frac{\sigma_{ci}}{N_\varphi-1}\right)\left(\frac{r_p}{r_0}\right)^{(N_\varphi+N_\psi)}+\left[\frac{(1-\nu)(N_\varphi N_\psi+1)}{N_\varphi+N_\psi}-\nu\right]\left(\frac{\sigma_{ci}}{N_\varphi-1}\right)\right\} \tag{2-12}$$

煤层中形成钻孔后，钻孔塑性区位移非常重要，分析煤层力学参数对钻孔塑性区位移的影响具有重要意义。

2. 钻孔收缩比计算公式

基于式（2-1）、式（2-12），可得钻孔收缩比 D_c 求解公式：

$$D_c=\frac{r_0\left\{(2\nu-1)\left(\sigma_0+\frac{\sigma_{ci}}{N_\varphi-1}\right)+\frac{(1-\nu)(N_\varphi^2-1)}{N_\varphi+N_\psi}\left(\frac{\sigma_{ci}}{N_\varphi-1}\right)\left\{\left\{\frac{2[\sigma_0(N_\varphi-1)+\sigma_{ci}]}{(N_\varphi+1)\sigma_{ci}}\right\}^{\frac{N_\varphi+N_\psi}{N_\varphi-1}}\right\}+\left[\frac{(1-\nu)(N_\varphi N_\psi+1)}{N_\varphi+N_\psi}-\nu\right]\left(\frac{\sigma_{ci}}{N_\varphi-1}\right)\right\}}{DG} \tag{2-13}$$

2.2.1.4 钻孔收缩案例分析

设煤层埋深 500 m，岩石容重 $\gamma=2.7\ \mathrm{g/cm^3}$，钻孔直径 $D=120$ mm，不考虑

剪胀角 ψ 对钻孔收缩比的影响，泊松比 $\nu=0.3$，弹性模量、黏聚力及内摩擦角见表 2-1，将相应参数代入式（2-13），可求解钻孔收缩比。表 2-1 为钻孔收缩比评估表。

表 2-1 钻孔收缩比评估表

编号	弹性模量/MPa	黏聚力 c/MPa	内摩擦角/(°)	G/MPa	u_p/mm	D_c/%
1	1736	0.81	24.32	668	3.7	6.21
2	1126	0.622	20.06	433	14.7	24.49

基于表 2-1，计算 2 组钻孔收缩比参数，当煤体强度较高时，钻孔收缩比较小；当煤体强度较低时，钻孔收缩比较大；当弹性模量为 1126 MPa 时，孔壁最大变形量为 14.7 mm，钻孔收缩比为 24.49%。此条件下，当应用 ϕ73 mm 钻杆时，钻孔环状排渣空间环形间距由 23.5 mm 缩小为 8.8 mm，孔内钻屑摩擦阻力及风压损耗将增大，钻孔发生卡钻和堵塞的概率将提高，钻孔施工将更加困难。

2.2.2 钻穴成因及对钻进的影响分析

钻穴不同于钻孔收缩，是指孔内局部失稳破坏形成对钻孔排渣空间的填充过程，钻穴的形成，使孔内排渣通道发生瞬间堵塞，沿钻孔轴向长度较小的钻穴，在风压作用下，快速疏通；相反，较大的钻穴则会使孔内失去排渣通道，孔口不出渣，钻屑不断在堵塞位置堆积，造成孔内完全堵塞。钻穴的形成原因复杂，其空间大小及形态非线性强，因此，本节基于喷孔现象对钻穴的形成原理进行简要分析，并探讨钻穴的频发位置及形成过程、分类及不同类型钻穴对钻进排渣的影响。

2.2.2.1 基于喷孔现象形成钻穴原理

由于钻穴多形成于突出煤层，因此，钻穴形成后，通常伴随着喷孔发生，即大量瓦斯伴随煤渣向孔外运移，当然，这并不意味着喷孔发生就一定会形成钻穴，相反钻穴形成也不一定会形成喷孔，也可能直接造成孔内发生完全堵塞，因此，喷孔与钻穴的形成有着密切的关联。

1. 喷孔发生机理探讨

钻进喷孔现象，是突出煤层钻进过程中经常出现的一种动力现象，喷孔发生时，伴随着大量的煤与瓦斯从孔口高速喷出。喷孔发生时，常伴随着卡钻现象，往往造成钻进无法进行，因此，现场钻进工人，往往以喷孔为标志。当出现喷孔时，便会采取一些措施，正确的措施，能够保证喷孔后继续钻进；不当的措施，会造成断钻或丢钻事故。如当喷孔后出现卡钻时，急于退钻，高扭旋转，很容易造成钻孔瓦斯燃烧或钻杆被扭断，因此，正确的方法应该是喷孔后停止给进钻进，原位慢速旋转，防止钻杆被卡死，若喷孔严重，应采取退钻措施，不应强制继续钻进。

科研人员对喷孔机理进行了分析，典型观点如下：

（1）姚倩、林柏泉等对喷孔的发生机理有如下认识：

①喷孔可以看作是钻孔中的动力现象，是高压瓦斯、集中应力、煤质较软等因素共同作用的结果，喷孔之后钻孔内形成远大于钻孔平均直径的孔洞，孔洞形状的不规则性更是无章可循，孔洞的不规则性是煤与瓦斯喷出后煤质较软煤体塌落导致的。

②喷孔时间从几分钟到几十分钟不等，喷出量也不等，喷出的煤粉在孔口附近堆积，而喷孔带来的塌孔、卡钻、巷道瓦斯超限、诱发瓦斯突出等问题又影响钻进过程。

（2）黄旭超等认为喷孔发生在钻头破煤处，并对其进行了分析，认为在不考虑煤体蠕变变形的情况下，钻孔周围应力变化导致煤体破坏具有一个失稳阶段，当煤壁所受垂直支承压力无法向钻孔深部转移时，煤体不断被削弱并最终导致煤壁被压垮。钻孔周围煤体径向应力的释放，必然造成煤壁在水平方向向外挤出，加之煤体本身的重力影响，使得煤壁上下方的塑性剪应变不断增加，煤壁逐渐失去抵抗水平方向外挤力的能力，同时在瓦斯压力的作用下，煤壁完全失稳并被抛出。

综上分析，科研人员对喷孔发生机理的阐述不尽相同，但其发生本质基本相同，即在瓦斯、地应力的参与下，局部应力集中造成孔壁失稳、破坏形成喷孔。孔内发生喷孔后，钻孔周围大量煤体被抛出，孔内形成形状各异的孔洞区，本书称为“钻穴”。“钻穴”区被疏通时，孔内的松散煤渣被完全排出；“钻穴”区出现堵塞时，孔内将处于填充或半填充状态。

2. 钻进排渣量分析

钻进排渣量受煤体瓦斯含量、瓦斯压力影响，不同矿区、不同煤层差异较大，由于钻进过程中，排渣量的变化与孔内动力现象息息相关，即当孔内排渣量突然增多时，孔内局部必然出现“钻穴”。钻屑量大小，理论上决定于4个因素：地应力、瓦斯含量、煤体结构破坏程度和钻头直径。对于低瓦斯条件常规煤层，钻头直径决定着钻屑量多少；对于高瓦斯及突出煤层，受地应力、瓦斯含量、煤体结构破坏程度的影响，会产生附加钻屑量，例如，在突出煤层中打钻，实际排出的钻屑量为理想状态钻孔体积计算钻屑量的3~6倍。钻屑量大小可综合反映影响突出发生的主要因素，即单位孔长的钻屑量越大，则发生突出的危险性越高。

(1) 附加钻屑质量流量 Q_A。基于图 2-4，钻孔破坏首先发生在塑性区的破坏区，该区域煤体已被裂隙切割，越靠近钻孔周边越严重，煤体强度呈降低趋势，该区域煤体应力低于原岩应力，其物理现象是黏聚力趋近于零，内摩擦角有所降低。塑性区的切向应力小于或等于原岩应力 σ_0，即 $\sigma_\theta \leqslant \sigma_0$，可得到破坏区半径 r_c：

$$\sigma_\theta = (p_i + c\mathrm{ctg}\phi)\left(\frac{r}{r_0}\right)^{\frac{2\sin\phi}{1-\sin\phi}} \frac{1+\sin\phi}{1-\sin\phi} - c\mathrm{ctg}\phi = \sigma_0 \tag{2-14}$$

$$r_c = r_0\left[\frac{(\sigma_0 + c\mathrm{ctg}\phi)(1-\sin\phi)}{p_i + c\mathrm{ctg}\phi(1+\sin\phi)}\right]^{\frac{1-\sin\phi}{2\sin\phi}} \tag{2-15}$$

钻孔破坏区的煤体在瓦斯压力与钻杆扰动作用下很容易剥落，假设钻孔初次形成破坏区的煤体完全剥落，钻孔壁由新形成的塑性区支撑保持稳定，基于式 (2-15)，钻孔的破坏区半径 r_c 与钻孔半径 r_0 成正比，比例系数为 k_A（也称为“剥落比”），则附加钻屑质量流量计算公式为

$$Q_A = \pi(r_c^2 - r_0^2)\rho v_d = \pi r_0^2(k_A^2 - 1)\rho v_d \tag{2-16}$$

式中 Q_A——附加钻屑质量流量，kg/s；

r_c——钻孔破碎区半径，m；

r_0——钻孔初始半径，m；

k_A——破坏区半径与钻孔半径比值，$k_A > 1$；

v_d——钻头破煤平均速度①，m/s；

ρ——煤真密度，kg/m³。

基于式 (2-16)，可得附加钻屑质量流量 Q_A 与钻孔理想钻屑质量流量比值为 $k_A^2 - 1$，k_A 仅与煤体力学参数有关。这表明，同一煤层钻进，钻孔原始半径越大，钻孔的附加钻屑质量流量越大，但 Q_A 与原始钻屑量比值不变，该结论仅限钻孔初次形成破坏区的煤体完全剥落。而在实际钻孔工程中，不同钻孔直径，破坏区的煤体不一定完全剥落，剥落比例（钻孔周边煤体破坏区剥落后半径与原始半径比值）有可能增大，也有可能减小，但伴随着钻孔直径的增大，钻孔周边煤体的暴露面积增大，破坏区的整体截面积增大，因此，附加煤体总量有增大的趋势。

---

① 钻头破煤平均速度 v_d 是指正常钻进时钻头的平均破煤速度，用于计算钻屑量 Q_s，不包括处理卡钻、断钻等钻进事故时所耗费的时间，因此，它是衡量钻屑质量流量大小的一个参数，不能用以衡量钻进速度。

(2) 煤层钻进排渣质量流量 Q_s。根据《防治煤与瓦斯突出规定》要求，钻屑指标法通常应用 ϕ42 mm 钻杆测试，钻孔瓦斯涌出初速度临界值 $q=5$ L/min，钻屑量临界值 $S=6$ kg/m，由于煤层条件复杂多变，有些矿区煤层对钻孔瓦斯涌出初速度 q 较为敏感，对钻屑量 S 不敏感。例如郑煤集团白坪矿，对钻孔瓦斯涌出初速度 q 较为敏感，在 4~13 L/min 范围内波动；对钻屑量不敏感，仅为 2.8~3.5 kg/m。

为确定煤层钻进排渣质量流量 Q_s，引入钻屑量附加系数 k_D（相同钻孔段煤层实际排出钻屑量与按理想钻孔体积计算的煤屑重量的比值），钻屑量附加系数 k_D 受地应力、瓦斯压力、煤体力学性质影响较大，非突出煤层 k_D 值较小，对于煤与瓦斯突出煤层 k_D 取较大的值。此外，钻杆扰动力和钻头破煤平均速度 v_d 也对钻屑量附加系数 k_D 具有一定的影响，理论上钻头破煤平均速度 v_d 提高，在一定程度上会减小钻头破煤对孔壁的破坏程度，但由于煤层钻孔多为近水平钻孔或小倾角钻孔，钻孔变形破坏的主控因素为地应力和瓦斯压力。因此，钻头破煤平均速度 v_d 对钻屑量附加系数 k_D 影响不大，过高的钻头破煤平均速度 v_d，会导致钻进排渣质量流量 Q_s 增大，因此，应适当控制钻头破煤平均速度 v_d 不宜过大。国内煤矿用液压坑道钻机的给进速度一般为 0~1.5 m/min，通过液压系统的调节，可实现更高速度的快进快退。由于我国煤层条件复杂多变，在实际破煤钻进过程中，钻头破煤平均速度 v_d 一般为 0.3~0.8 m/min。

取煤密度为 1400 kg/m^3 时，不考虑附加钻屑量，ϕ42 mm 钻孔，理想实芯煤钻屑量为 1.9 kg/m，按钻屑指标法临界值计算，当 $k_D>3.16$ 时煤具有突出危险性，由于很多矿区煤层钻屑量 S 指标不敏感，因此，当 $k_D<3.16$ 时，煤层也可能具有突出危险性。当施工较大直径钻孔时，钻杆对钻孔扰动作用大，同时在钻进过程中，喷孔现象非常频繁，因此，不同钻孔钻屑量的差距较大，非线性强，根据对附加钻屑质量流量 Q_A 的分析，假设不同直径钻孔破坏区剥落比相同，理想状态下可依据钻屑量指标法计算 k_D 并应用到大直径钻孔施工中。在实际应用中，计算 k_D 应以钻屑量指标法的测量结果为参考，综合考虑钻孔施工工艺参数、应用钻具情况、煤岩力学强度等因素，k_D 取值应高于钻屑量指标法计算值。将钻屑量附加系数 k_D 引入，可得到煤层钻进排渣质量流量计算公式：

$$Q_s=\frac{1}{4}k_D\pi D^2\rho l=\frac{1}{4}k_D\pi D^2\rho v_d \tag{2-17}$$

式中 Q_s——煤层钻进排渣质量流量，kg；

D——钻孔直径，m；

k_D——钻屑量附加系数。

3. 喷孔后孔内状态分析

当不考虑地应力、瓦斯含量、煤体结构破坏程度等因素产生的附加钻屑量时，拟采用 ϕ20 mm 钻头施工煤层钻孔，设成孔平均直径为 120 mm，煤的平均密度为 1400 kg/m^3，基于式（2-17），取 $k_D = 1$，施工 1 m 钻孔，产生的钻屑量为 15.83 kg；当考虑附加钻屑量时，对于高瓦斯煤层及突出煤层，钻屑量增长为原始状态的 1~6 倍。当钻孔发生喷孔时，短时间内有大量煤渣排出，排出的钻屑量已不能应用上述公式进行计算，大量煤渣是孔内局部发生塌孔，而非正常破煤形成的钻屑。根据姚倩、林柏泉等在义马孟津矿本煤层打钻喷孔出煤量的实测数据，共测试 6 个钻孔，平均喷孔时间 21 s，平均喷孔出煤量为 2.58 t。基于上述数据，转化成体积，在喷孔位置平均喷出 1.8 m^3 煤，因此，可以反推，在喷孔位置必然发生大面积塌孔，除钻孔本身及塌孔位置煤体破裂膨胀所占体积外，形成空间至少能够达到 1 m^3。

可见，发生喷孔后，在喷孔位置出煤渣 1 t 甚至几吨，其出渣量远远大于正常钻孔的出渣量。因此，反向推导，喷孔发生后，孔内大量煤渣排出时，孔内必然形成一定体积的空洞，空洞的形状虽然无法判断，在喷孔位置的前方或上方一定出现了较大面积的塌孔区。

2.2.2.2 钻孔壁失稳破坏发生位置及过程分析

发生钻孔喷孔，将伴随发生煤体的失稳破坏，煤体破坏主要分为内因作用和外因作用两类：内因作用是指煤体在所受地质应力（如地应力、瓦斯压力等）作用下的失稳破坏；外因作用主要是打钻所引起的外部载荷对煤壁的扰动。在钻孔施工过程中，外力扰动对钻孔壁的稳定性有重要影响。

本节分析在内因作用下钻孔壁失稳问题，从而探寻钻孔壁失稳破坏形成钻穴的力学因素。

1. 钻孔壁失稳破坏发生位置分析

1）煤层施工钻孔位置的宏观受力分析

煤层施工瓦斯抽放钻孔直径多为 75~200 mm，钻孔施工初期，受采掘活动影响，原岩煤体应力平衡状态遭到破坏，巷道周围应力大小和方向将发生较大变化。在煤壁前方产生应力升高区，根据到煤壁距离的变化，煤体应力状态有所不同，可将其分为如图 2-5 所示的 4 个区域。

（1）Ⅰ为破裂区。该区域位于煤壁前方，煤体经历了极限应力，屈服后发生塑性变形，平均应力低于原岩应力，应力集中系数 $0.4 < k < 1$。该区域距离煤壁长度与煤层埋深 H 和煤层采厚 h 成正比关系，一般为 5~12 m，是钻孔施工段应力最小区域，一般不会出现卡钻、顶钻现象，钻孔施工相对容易。

（2）Ⅱ为塑性应力升高区。煤体发生了强度破坏，微裂纹开始大量产生，

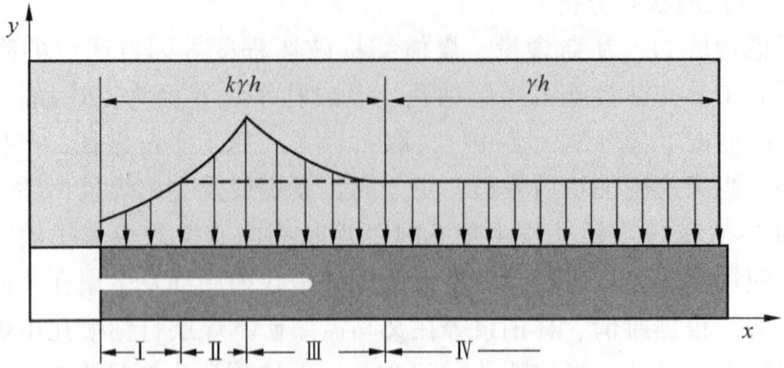

k—应力集中系数；γ—岩石容重；h—煤层埋深

图 2-5 工作面前方垂直应力分布图

并相互搭接、交叉和合并，以至成宏观裂缝，应力集中系数 $1<k<3$。该区域距离煤壁长度一般为 8~20 m，该区域垂直应力逐渐升高。当煤体强度较低时，钻孔变形量大，孔壁易失稳破坏形成塌孔，卡钻、顶钻现象较为严重，同时产生的煤粉较多，当瓦斯压力、瓦斯含量较高时，时常伴随着喷孔现象发生，钻孔施工较为困难。

（3）Ⅲ为弹性区。弹性区位于应力集中峰值位置前端区域，煤体所承受的垂向应力由峰值逐渐降低，应力集中系数依然在 $1<k<3$ 范围之内。该区域宽度从应力集中峰值位置计算，一般为 2~5 m，当钻孔穿越应力集中峰值位置后，由于钻孔前端面应力集中系数呈逐渐下降的趋势，钻孔施工逐渐进入应力稳定区域。

（4）Ⅳ为原岩应力区。该区域煤体力学状态和瓦斯赋存情况均未受到采掘应力的影响，钻孔施工处于稳定钻进状态。

2）钻孔前端面宏观受力分析

基于上述分析，煤层钻孔施工受采掘活动影响范围一般仅为距煤壁 20 m 左右。钻进过程实际上是在煤体中开挖微型巷道的过程，当钻进达到稳定状态时，钻孔上方一定范围内的煤体在钻孔前端面前后同样会形成钻孔卸压区、钻孔前端面峰后应力升高区、钻孔前端面峰前应力降低区和原岩应力区 4 个区域。由于钻孔施工速度较快，即微型巷快速向前延伸，4 个区域可看成动态前移过程，具体分析如下：

（1）钻孔卸压区。钻孔形成后，形成钻孔卸压区，它的主要作用是形成径向影响范围，即抽采半径。抽采半径受煤体力学性质、瓦斯压力、煤体透气性及抽采时间等客观因素制约。根据刘清泉等对皖北煤矿某煤层钻孔抽采半径的数值解，钻孔抽采1年时间有效抽采半径约为3.9 m。根据肖俊贤等对发耳矿井抽采半径的测定，抽采13天后，其影响半径约为2 m。

（2）钻孔前端面峰后应力升高区。钻孔前端面应力峰值位置一般出现在钻孔前端面2倍钻孔直径距离，在应力峰值点前端，环绕钻孔前端面，形成球状塑性区。在此区域，由于裂隙的发生发展和围压的控制作用，积存了较高的瓦斯内能；当失稳产生以后，由于游离瓦斯的排放和大量孔裂隙的存在，为吸附瓦斯的瞬间解吸创造了条件。所以在钻孔前端面峰后应力升高区域，尤其是在应力峰值附近易垮孔，同时，当垮孔沿孔底出现球状循环扩展时，瓦斯压力较大时有可能引发喷孔。

（3）钻孔前端面峰前应力降低区。钻孔经过峰值点到达钻孔前端面峰前应力降低区域，随着钻孔钻进，应力逐渐降低。该区域煤体处于弹性变形阶段，应力梯度、瓦斯压力梯度逐渐减小直至不变，难以积蓄足够的能量，经过峰值区域以后，煤体发生失稳破坏喷孔概率降低。

（4）原岩应力区。该区域处于煤体应力平衡状态。

综上所述，钻孔向前推进过程中，分析钻孔周围煤体应力变化情况，钻穴最容易发生位置如下：

（1）开孔后距离煤壁8~20 m的应力峰值区域内。该位置形成的钻穴距离煤壁近，被煤渣包裹钻杆较短，形成的摩擦阻力相对较小，钻机动力、风压损耗小，因此，该位置形成的钻穴容易克服。

（2）钻孔前端面位置。该位置形成的钻穴距离煤壁的距离难以判断，伴随钻孔向前推进，钻孔前端面应力峰值动态向前转移，钻穴发生位置距离煤壁较近时，容易克服；相反，则容易造成卡钻、掉钻等事故。

前两种钻穴发生位置是突出煤层钻进过程中钻穴发生频发区，由于我国许多矿区煤层条件复杂多变，当遇构造带、煤层厚度突变区、软硬夹层带等区域时，同样是钻穴多发区。可见，在实际工程中，钻穴发生位置非线性强，发生位置难以判断，因此，基于施工地点的煤层地质条件，分析钻穴易发生区域、钻穴对钻屑的运移阻力及增加钻进阻力等进行较为深入的研究，对于合理减小钻穴频发区对钻进的影响，降低孔内事故，具有重要的现实意义。

2. 钻孔壁失稳破坏形成钻穴过程分析

基于钻穴发生位置，钻穴的空间拓展方式主要有两种：一种是沿钻孔周边径向拓展方式；另一种是发生在钻孔前端面时，沿钻孔轴心线，在钻孔前端面形成喷出式拓展方式。

1）钻孔周边径向拓展方式

钻孔形成后，沿径向由煤体深处延伸向孔壁形成压力梯度，煤体强度相对较低时，较高的瓦斯压力梯度将独立激发孔壁失稳破坏，在自然条件下，由于地应力作用，较低的瓦斯压力梯度可导致孔壁破坏。图 2-6 为钻孔周边径向拓展方式，可向钻孔周边的任意方向拓展，图 2-6 仅表示向钻孔上方拓展过程。

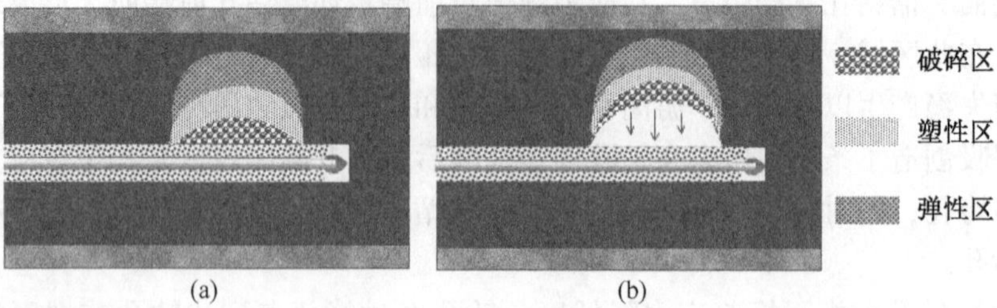

图 2-6 钻孔周边径向拓展方式

基于图 2-6，钻孔周边径向拓展方式过程分析如下：

（1）在钻孔壁失稳破坏形成钻穴过程中，瓦斯压力与地应力配合连续地剥离破碎煤体使孔壁破坏向深部传播。

（2）当瓦斯压力梯度较小时，钻穴区周围煤体很快形成稳定的受力平衡区，钻孔周边将形成较小的钻穴区；当瓦斯压力梯度较大时，伴随破碎区不断扩大，膨胀的具有压头的瓦斯不断把破碎的煤运走并沿钻孔排渣空间高速度排出，新暴露破碎区孔壁附近保持较高的地应力梯度与瓦斯压力梯度，为连续剥离煤体准备必要条件。

（3）随着钻穴空间不断扩大，钻穴周边煤体瓦斯压力梯度迅速降低，煤体强度提高，当破碎区煤渣不能被及时运走时，煤渣逐渐在钻穴周边堆积，钻孔被破碎的煤渣快速填充，此时，钻穴区不会继续扩大。通过合理地调节压风排渣，当破碎区煤渣被及时运走时，伴随钻穴周边煤体瓦斯压力梯度迅速降低，钻穴区周围煤体逐渐形成稳定的受力平衡区，钻孔周边将形成一个被吹通的空洞钻穴。

2）钻孔前端面喷出拓展方式

图 2-7 为钻孔前端面喷出式拓展方式示意图。

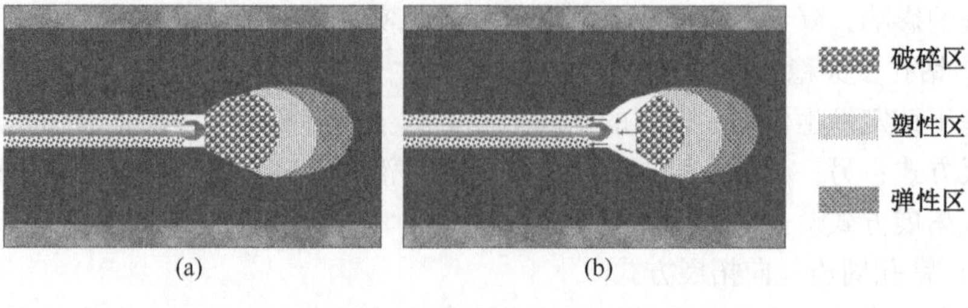

图 2-7 钻孔前端面喷出式拓展方式示意图

钻孔前端面喷出式拓展方式与钻孔周边径向拓展方式的形成过程的力学原理相同，但存在以下两点不同：

（1）钻孔周边径向拓展方式，受钻孔壁的阻挡，在一定程度上缓解了钻穴区动力现象的发生强度，但钻孔前端面喷出式拓展方式的压力梯度方向直接与钻孔排渣通道相通，瞬间膨胀的瓦斯能量与煤渣爆破式喷出，一般会在孔口处形成强有力的喷射流，即形成喷孔。

（2）钻孔前端面喷出式拓展方式，破碎区集中在钻头位置，当煤渣得不到及时排出时，钻头处压风通道很容易堵塞，并且堵塞段迅速沿排渣通道向钻头后方延伸，因此，钻孔前端面喷出式拓展方式未及时处理时，极易形成钻头周边区域失风导致钻孔堵塞，使钻进被迫终止。

2.2.2.3　钻孔空间形态

基于上述分析，钻孔施工过程中，钻孔变形、破坏将伴随发生，特别是煤与瓦斯突出煤层，钻孔空间变形、破坏更为严重，伴随煤体卸压、瓦斯压力释放，钻孔空间变形、破坏具有后滞特征。由于我国煤层地质条件复杂多变，同一煤层、同一钻孔，不同位置受地应力、瓦斯压力、煤层厚度变化等多种客观因素影响，钻孔实际变形破坏情况极其复杂。当前，科研人员采用电子窥视仪观测孔内形态，常用的孔内观测设备为摄像式钻孔窥视仪和数字式全景钻孔摄像系统两种。

1. 摄像式钻孔窥视仪孔内观测效果

为了解煤岩体中层理、节理、裂隙等结构面的分布及其力学特性，研究人员应用钻孔窥视仪观测钻孔内壁变形及破坏特征并做了大量的工作。康红普、苏波等对晋城、潞安、大同、平庄、重庆等矿区钻孔进行了大量观测，其中以顶板煤岩孔居多，很多钻孔裂隙发育、变形破坏严重，如图 2-8 所示。

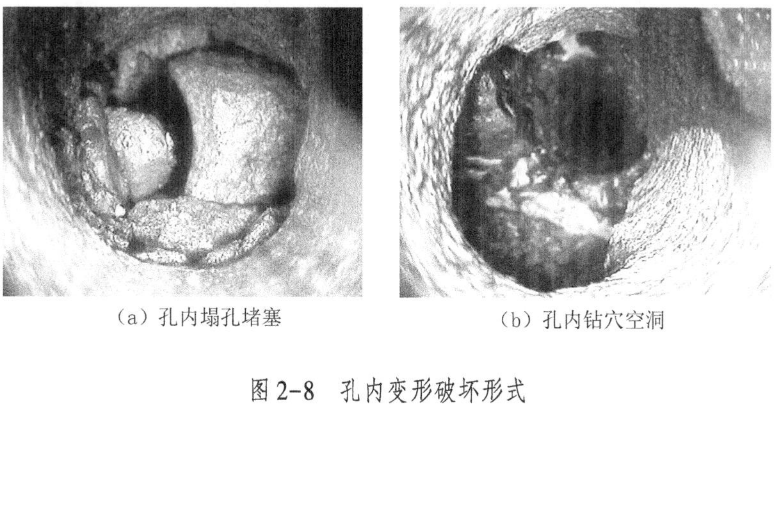

（a）孔内塌孔堵塞　　（b）孔内钻穴空洞

图 2-8　孔内变形破坏形式

图 2-8a 为顶板泥岩孔内塌孔堵塞状态、图 2-8b 为孔内右上方破坏形成较大面积的空洞。

2. 数字式全景钻孔摄像系统孔内观测效果

采用 DSP 原理的钻孔窥视仪对孔内破坏情况的观测效果较为理想，通过调研多个矿井，应用 CXK6 矿用本安型钻孔成像仪对钻孔进行现场观测，观测到钻孔内部存在大量破坏区。

图 2-9 为孔内不同形态钻穴，1 号-N~4 号-N 为无钻穴区钻孔段，1 号-Y~4 号-Y 为同一观测孔钻穴区，1 号-Y、2 号-Y 钻穴区沿轴向长度为 0.8 m 左右，3 号-Y、4 号-Y 钻穴区沿轴向长度达到 1.2 m。根据孔内平面展开图，可大概判断钻穴的形成位置，例如 2 号-Y 钻穴还原为空间状态，其位置在钻孔中心轴线正上方；3 号-Y 钻穴还原为空间状态，其位置在钻孔中心轴线偏左上方。

结合电子窥视仪对钻孔空间形态的观测结果，对于综合力学强度较低的煤体及软弱岩体，孔内裂隙发育、破碎带分布面积大、孔壁膨胀变形大、局部存在塌孔，其结果造成孔壁摩擦系数增大、排渣空间减小、钻屑在孔内运移的阻力和风压耗损增大。

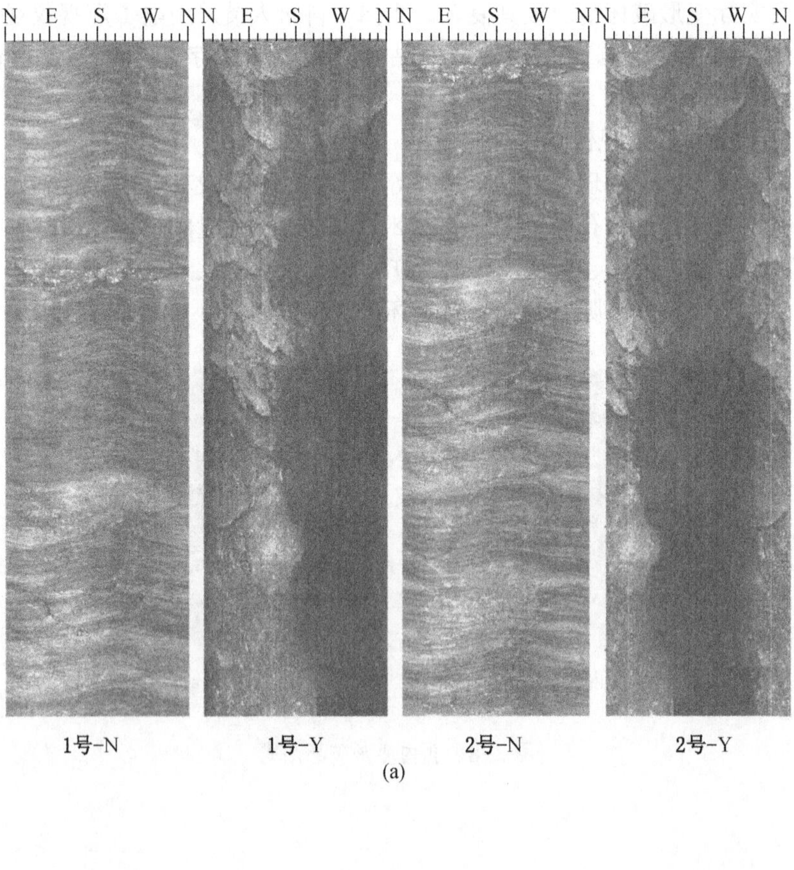

1号-N　　1号-Y　　2号-N　　2号-Y

(a)

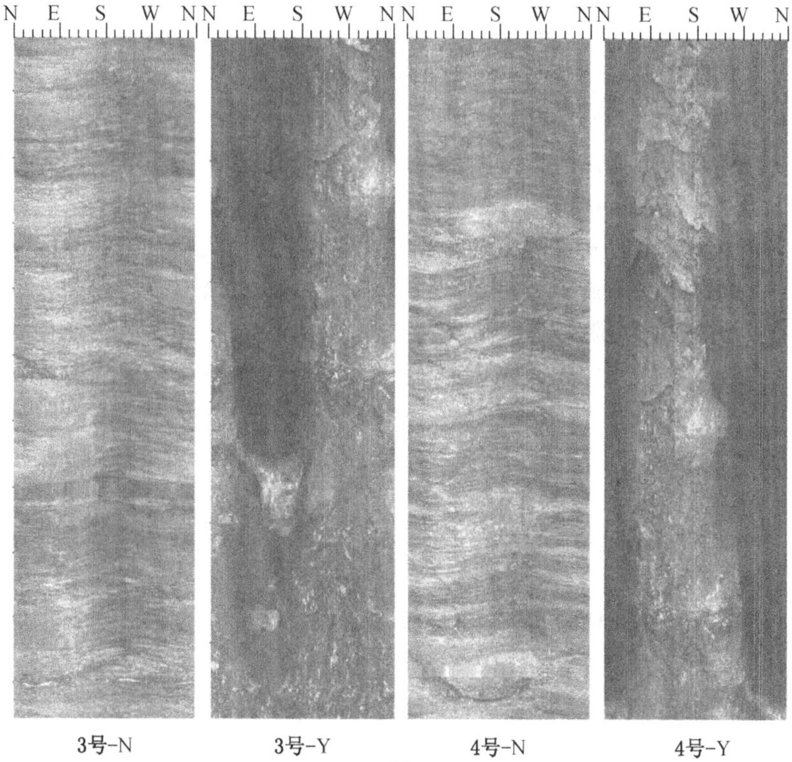

(b)

N—孔内未发生破坏；Y—孔内发生破坏

图 2-9 孔内不同形态钻穴

2.2.2.4 钻穴分类

孙玉宁基于主要成因将钻穴分为松塌类钻穴、突出类钻穴；基于危害程度将钻穴分为非危害型钻穴和危害型钻穴。该分类方法概括性强，但并未体现出地应力、瓦斯压力、钻杆扰动力及煤体破坏程度四大主导因素的主导作用。由于形成钻穴的四大因素在钻穴成因中所起作用的权重不一样，产生的钻穴及对钻进排渣的影响存在较大差异，因此，基于钻穴成因四大因素，进行钻穴分类并分析其对排渣的影响。

1. 基于主要成因的钻穴分类

1）地应力（In-situ Stress）为主导作用形成的钻穴（以下简称 IS 钻穴）

IS 钻穴是以地应力为主导因素形成的钻穴，多形成于埋深较大的低瓦斯煤层区、煤层厚度不均引起的应力突变带。钻孔施工类似微型巷道不断推进，伴随钻孔延伸，钻孔前端面前方高应力区会不断前移，因此，钻孔径向的应力变化状态实际上是一个由升高到降低的过程。当应力升高区的应力超过煤体强度时，煤体会发生变形破坏，由此推断，当施工钻孔煤层地应力较大、煤体强度较低时，在高应力迅速回落区域会发生钻孔变形破坏，形成钻穴。

IS 钻穴多发于孔内高应力区，钻穴形成时，以地应力为主导，可能会因孔壁周边瓦斯压力梯度或钻孔扰动力的诱发，致使孔壁失稳发生破坏。因此，该类型钻穴发生后，煤渣迅速充填钻孔附近排渣空间，不会形成喷孔，堵塞段完全依靠风压疏通，小型钻穴易疏通；相反，当形成较大面积钻穴时，管路最高风压难以克服堵塞段形成的摩擦阻力时，钻孔将发生致命堵塞。IS 钻穴是否在孔内发生难以判断，当孔内出现较大变形、形成较长段收缩时，同样可造成孔内排渣通道堵塞，因此，较大面积 IS 钻穴在孔内发生时，由于不易被发现，往往会对钻进造成非常严重的后果。

2）瓦斯压力（Gas Pressure）为主导作用形成的钻穴（以下简称 GP 钻穴）

GP 钻穴是以瓦斯压力为主导因素形成的钻穴，形成于煤与瓦斯突出煤层。GP 钻穴也称为钻孔内小型煤与瓦斯突出，以瓦斯为能量源，孔壁周围形成的瓦斯压力梯度不断造成孔壁破坏，并不断被快速释放的带压瓦斯气体和钻杆回风压力及时带走，因此，GP 钻穴相对容易判断，绝大多数 GP 钻穴以煤炮、喷孔孔内动力现象为表现形式。

GP 钻穴的形成具有突发性，瞬间形成的钻穴有充填和流动两种状态，当 GP 钻穴发生伴随煤炮响声时，钻穴区煤渣瞬间充填钻孔排渣空间，且填充距离要远大于 IS 钻穴，因此，该类型钻穴表现为孔内出现直接抱死钻杆和丢钻的事故。当 GP 钻穴发生伴随严重喷孔时，钻穴区煤渣及时被带压瓦斯和回风气体排出，此时，不要盲目钻进，待喷孔结束后，配合供风管路压力，将孔内残余钻屑排尽后，再钻进。

3）煤体综合力学性能（Mechanical Property of Coal）较低形成的钻穴（以下简称 MC 钻穴）

MC 钻穴取决于煤体的综合力学性能，具体体现在松散煤层、松软突出煤层和裂隙发育煤层，局部特征体现在软硬夹层、构造鸡窝煤、小断层等条件下，由于煤层强度很低、整体性差，以地应力和钻杆扰动力为诱发作用，钻孔前端或钻孔上部的煤体松散塌落而形成钻穴。

MC 钻穴形成过程类似于 IS 钻穴，一般没有煤炮、喷孔等动力现象伴生，钻穴的形成过程不具备突发性。

4）钻杆扰动作用（Disturbance of Drilling Rod）为主导作用形成的钻穴（以下简称 DR 钻穴）

DR 钻穴取决于钻杆扰动作用，钻杆扰动作用相比地应力、瓦斯压力及煤体综合力学性能，一般以辅助作用为主，但一些特殊情况下，钻杆扰动作用将成为主导作用。例如钻进过程中，钻杆相对于钻机卡盘中心轴线弯曲角度较大时，钻杆在孔内将对孔壁产生强有力的扰动作用，在地应力、瓦斯压力诱发作用下，孔壁发生失稳破坏的概率将提高，该条件下形成的钻穴，可以认为是以钻杆扰动作用为主导形成的钻穴。

2. 基于孔内堵塞情况的钻穴分类

无论何种原因形成的钻穴，其共同点是在孔内迅速形成填充，形成堵塞段，影响排渣，包裹钻具，增大旋转阻力，对钻进及排渣造成非常严重的影响。基于钻进原理，钻头破煤形成的钻屑能够排出，即孔内存在排渣通道，就能够保证钻进正常进行，而钻穴堵塞排渣通道，因此，在钻穴区形成的堵塞段是否被及时吹通或钻穴疏通情况决定钻孔能否继续进行。基于钻穴被疏通情况将钻穴分为三类。

（1）封闭型钻穴。能够使钻孔排渣空间瞬间被煤渣填充，排渣通道被完全堵塞，钻杆被完全包裹，排渣系统失效。如图 2-10 所示，圆钻杆在封闭型钻穴区，当钻穴区未被及时发现并进行疏通处理时，钻头破煤形成的钻屑在钻穴区无法排出，堵塞段由钻穴区向里堆积增长，钻穴将更加难疏通，此时将出现卡钻；当处理不当时，严重的将发生断钻、孔内瓦斯燃烧等事故。

图 2-10 封闭型钻穴排渣路线示意图

（2）填充型钻穴。在钻穴区存有一条排渣通道，由于煤渣重力填充作用，排渣通道一般形成于钻穴上方，该类型钻穴对钻进的影响表现为钻屑运移阻力和风压损耗增大。如图 2-11 所示，钻穴形成初期，钻屑沿钻穴顶部通道排出，当风压不稳或出现大颗粒煤颗粒时，钻穴上部排渣通道易堵塞，未及时处理情况下，填充型钻穴易转为封闭型钻穴。

（3）开放型钻穴。钻穴区形成的附加煤渣被疏通后，形成远大于钻孔截面的立体空间，钻屑与气流耦合体一般会在该区域形成较强的涡流效应，钻屑在该区域形成循环碰撞，摩擦阻力增大，相应的也会造成一定的风压损耗。如图 2-12 所示，开放型钻穴是已被疏通的钻穴，仅对排渣阻力和风压损耗有一定的影响，基本不会对打钻造成非常严重的影响。

图 2-11 填充型钻穴排渣路线示意图

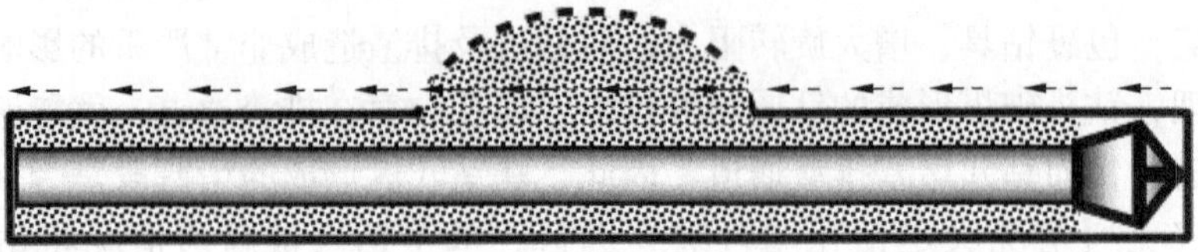

图 2-12 开放型钻穴排渣路线示意图

2.3 孔内钻屑颗粒群启动速度

2.3.1 单颗粒钻屑悬浮速度

2.3.1.1 理想球形体颗粒悬浮速度

在钻孔施工过程中，要实现煤颗粒的气力输送，则要求气流速度首先满足煤颗粒在排渣空间能够处于自由悬浮的平衡状态。设气流速度 v_0 存在一个临界值使煤颗粒处于上述动态平衡状态，这一定值称为煤颗粒输送的临界悬浮速度，假设煤颗粒为均匀的球形体，空气中球状颗粒的自由悬浮速度：

$$v_0 = \sqrt{\frac{4g}{3C}\frac{\rho_s - \rho_a}{\rho_a}d_s} \tag{2-18}$$

式中 v_0——理想球状颗粒自由悬浮速度，m/s；

g——重力加速度，m/s^2；

d_s——球体直径，m；

ρ_s——煤颗粒密度，kg/m^3；

ρ_a——空气密度，kg/m^3；

C——阻力系数。

上述计算公式中，阻力系数 C 是一个重要的待定参数，根据气力输送理论，它与 Re 相关，对于煤层钻孔施工，采用风力排渣时，正常输送煤渣风速为 10~25 m/s，其 $Re \geqslant 500$，颗粒处于压差阻力区，此时，$C=0.44$。

2.3.1.2 钻孔空间限制对颗粒悬浮速度的影响

煤层施工钻孔，排渣受钻孔直径大小的限制，属于有限空间内的颗粒悬浮问题。关于受管壁空间限制的问题，乌斯品斯基对自由悬浮速度进行了大量的实验研究，对式（2-18）进行了修正：

$$v_0' = \sqrt{\frac{4g}{3C}\frac{\rho_s - \rho_a}{\rho_a}d_s\left[1 - \left(\frac{d_s}{D - d}\right)^2\right]} \tag{2-19}$$

式中 D——钻孔直径，m；

d——钻杆直径，m。

2.3.1.3 煤颗粒不规则形状对悬浮速度的影响

钻头破煤形成的煤颗粒是不规则形状颗粒群，对于等重物料，以球形颗粒悬浮速度最大，其他不规则形状颗粒悬浮速度相对较小，原因是不规则颗粒阻力系数较大。因此，需要对不规则几何形状颗粒的悬浮速度进行修正，设修正系数为 K_s， 在钻孔施工中，钻屑在钻孔中的自由悬浮速度为

$$v_0'' = \sqrt{\frac{4g}{3CK_s}\frac{\rho_s - \rho_a}{\rho_a}d_s\left[1 - \left(\frac{d_s}{D - d}\right)^2\right]} \tag{2-20}$$

考虑钻孔空间限制和钻屑颗粒的不规则特点，煤颗粒的运动处于压差阻力区，因此，阻力系数 $C=0.44$，对于不规则煤颗粒，$K_s=1.2$，此时，钻屑在钻孔中的自由悬浮速度公式可简化为

$$v_0'' = 4.98\sqrt{\frac{\rho_s - \rho_a}{\rho_a}d_s\left[1 - \left(\frac{d_s}{D - d}\right)^2\right]} \tag{2-21}$$

综上分析，风力排渣钻进施工过程中，单个煤颗粒的输送速度首先要大于颗粒自由悬浮速度，具体的气体输送速度计算还要考虑输送长度、钻孔倾角、颗粒群的摩擦碰撞等众多因素。

2.3.2 钻屑颗粒群启动速度

2.3.2.1 钻屑颗粒群力学模型求解

在实际工程中，钻头破煤形成的钻屑，以颗粒群形式沿孔底向外运移，建立相应颗粒群钻屑孔内自由悬浮数学模型，图 2-13 为施工俯孔时钻屑颗粒群受力分析图。

1. 气流推力

设钻孔中某一段长度有 n_s 个粒子，从整体上分析，所受浮力是单个粒子的 n_s 倍，气流以相对速度 $v_a - v_s$ 推动煤颗粒运动，此时，单个煤颗粒所受的气动推力为

$$F_R = C\frac{\pi}{4}\rho_a d_s^2\frac{(v_a - v_s)^2}{2} \tag{2-22}$$

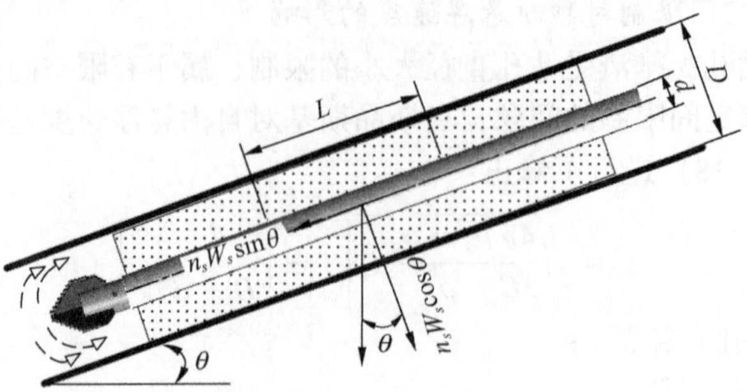

图 2-13　施工俯孔时钻屑颗粒群受力分析图

可得 n_s 个粒子所受的气动推力为

$$n_sF_R = \frac{n_sW_s(v_a - v_s)^2}{v_0^2} \tag{2-23}$$

2. 考虑钻孔壁摩擦力

钻孔中的煤颗粒在风流作用下，运动极其复杂，确切表达粒子群对管壁的作用是不可能的，可假设摩擦力与作用于 n_s 个粒子重力在垂直方向上的分力成正比，设摩擦系数为 f_s，则在流动方向上的摩擦力 f'_s 为

$$f'_s = -f_sn_sW_s\cos\theta \tag{2-24}$$

3. 重力作用

基于图 2-13（以水平线为参照，俯孔为负角，仰孔为正角），俯角在 $-\pi/2 < \theta < 0$ 范围内，钻屑颗粒群重力在流动方向上的分力 $f_{分}$ 为

$$f_{分} = n_sW_s\sin\theta \tag{2-25}$$

基于式（2-23）至式（2-25），可得方程：

$$\frac{n_sW_s(v_a - v_s)^2}{v_0^2} - f_sn_sW_s\cos\theta + n_sW_s\sin\theta = \frac{n_sW_s}{g}\frac{\mathrm{d}v_s}{\mathrm{d}t} \tag{2-26}$$

设颗粒速度与气流速度比 ϕ' 为

$$\phi' = \frac{v_s}{v_a} \tag{2-27}$$

用 ϕ' 表示式（2-26）可得

$$\frac{\mathrm{d}\phi'}{\mathrm{d}t} = g\frac{v_a}{v_0^2}\left\{\phi'^2 - 2\phi' + \left[1 - \left(\frac{v_0}{v_a}\right)^2(f_s\cos\theta - \sin\theta)\right]\right\} \tag{2-28}$$

2.3.2.2　固气速度比分析

在实际气力输送工程中，当被输送的粒子被加速到一定速度后，则呈现稳定的输送状态，此时，$\mathrm{d}\phi'/\mathrm{d}t = 0$，代入式（2-28）可得

$$\phi'^2 - 2\phi' + \left[1 - \left(\frac{v_0}{v_a}\right)^2 (f_s\cos\theta - \sin\theta)\right] = 0 \tag{2-29}$$

由于 $\phi<1$，可解方程：

$$\phi' = 1 - \frac{v_0}{v_a}\sqrt{f_s\cos\theta - \sin\theta} \tag{2-30}$$

考虑各种因素对颗粒自由悬浮速度的影响，将 v_0'' 代替 v_0 代入式（2-30）可得

$$\phi' = 1 - \frac{4.98\sqrt{\dfrac{\rho_s - \rho_a}{\rho_a}d_s\left[1 - \left(\dfrac{d_s}{D-d}\right)^2\right]}}{v_a}\sqrt{f_s\cos\theta - \sin\theta} \tag{2-31}$$

基于式（2-31），在倾角 $-\pi/2<\theta<\pi/2$ 范围内，需要满足 $f_s\cos\theta - \sin\theta \geqslant 0$，即在 $-\pi/2<\theta<\arctan f_s$ 区间内，ϕ' 具有数学意义，即当施工仰孔且 $\theta = \arctan f_s$ 时，$\phi'=1$，表明在该倾角条件下，钻屑颗粒速度瞬间与气流速度相同，施工仰孔时，大于该角度，钻屑颗粒群在重力沿倾向分力作用下，自行滑落。

设钻孔直径 $D=120$ mm，钻杆直径 $d=73$ mm，钻屑颗粒平均直径 $d_s=2$ mm，煤密度 $\rho_s=1400$ kg/m^3，气体在空间中处于不可压缩状态，取空气密度 $\rho_a=1.225$ kg/m^3，设摩擦系数 $f_s=0.3$，对于钻孔倾角 $\theta=10°$、5°、0°、-5°、-10°情况下，不同钻孔倾角下气流速度 v_a 与固气速度比 ϕ' 之间的关系曲线，如图 2-14 所示。

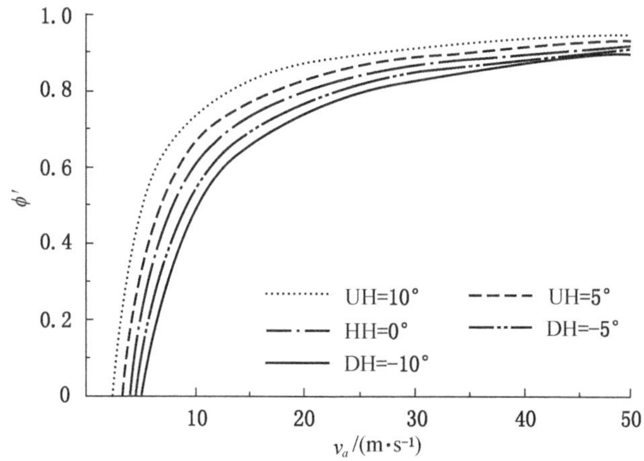

UH—仰孔；HH—水平孔；DH—俯孔

图 2-14 不同钻孔倾角下气流速度与固气速度比之间的关系曲线

基于图 2-14，分析如下：

（1）气流速度增大，颗粒速度逐渐升高，相应固气速度比 ϕ' 同样呈增大趋

势，由于颗粒形状、空间限制及摩擦系数等多因素的影响，固气速度比 ϕ' 难以达到最大值 1。

（2）以水平角 HH=0°为参照，对于仰孔，相同气流速度条件下，伴随倾角的增大，钻屑颗粒固气速度比相对较大，对于仰孔类型的钻孔，相同气流速度条件下，倾角越大，钻屑颗粒更容易获得较大的速度，表明仰孔更有利于钻屑排出。

（3）对于俯孔，相同气流速度条件下，伴随俯孔倾角绝对值的增大，钻屑颗粒固气速度比相对较小，对于俯孔类型的钻孔，相同气流速度条件下，俯孔倾角绝对值越大，钻屑颗粒获得的运移速度越小，表明俯孔不利于钻屑排出。

2.3.2.3 钻屑启动最小气流速度

对于输送所需要的钻屑启动最小气流速度，可以假设，无论经过多少时间，粒子发生滑动瞬间，即粒子由静止到开始运动的瞬间，此时气流速度为理论上输送所需钻屑启动最小气流速度，因此，可令 $\phi'=0$，可得理论上输送所需最小气流速度：

$$v_a = v''_0\sqrt{f_s\cos\theta - \sin\theta} \tag{2-32}$$

将式（2-21）代入式（2-32）可得

$$v_a = 4.98\sqrt{\frac{\rho_s - \rho_a}{\rho_a}d_s}\left[1 - \left(\frac{d_s}{D - d}\right)^2\right]\sqrt{f_s\cos\theta - \sin\theta} \tag{2-33}$$

2.4 钻进系统风压损耗

2.4.1 风压损耗涵盖范围

煤矿井下采用风力排渣方式施工钻孔时，钻头破煤形成的渣体依靠气流排出，气流和钻屑所消耗的各种能量，都是由气流的压力能量来补偿的。在钻屑排出过程中，流动方式为气固两相流，即气流与钻屑所损耗的能量来源于气流的压力能。在煤矿井下现场施工钻孔时，一般直接将巷道中的风管接入钻杆尾部的供风器，实施钻孔，其具体连接方式如图 2-15 所示。

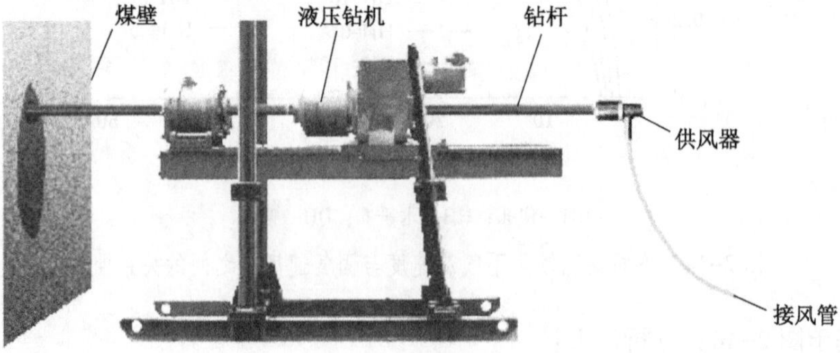

图 2-15 钻进供风系统

由于煤巷风管通过管道与地面压风机连接，连接线路长，中间环节复杂，风流损耗大，进入煤巷的风管压力有时难以达到钻孔供风压力要求，因此，有时会根据实际需要调节连接管路、去掉中间连接管路，不能达到要求的要更换大功率地面压风机。根据现场调研，对于条件较好的煤层，通过调整管路，提高风管供风压力，供风压力保持在 0.5~0.85 MPa 范围内，基本能够满足排渣需求，能够满足煤层钻进需要。对于一些煤体松软、瓦斯压力大、钻孔易变形失稳的煤层，钻进施工过程中，排渣阻力大，钻进困难，很多钻孔深度难以突破 15 m，钻孔便发生严重堵塞，工程技术人员认为此现象为供风压力不足，所以盲目提高供风压力。很多煤矿管路风压较低，钻孔施工困难，因此，引入了井下移动式防爆空压机（图 2-16），使供风压力提高了 1.2 MPa，现场工人施工钻孔时，在一定程度上提高了钻孔深度。但由于空压机使用管理不当引发了多起煤矿井下火灾事故，因此，相关部门颁布了关于加强煤矿用空压机安全管理的通告，对空压机的选择、管理及维护提出了较为明确的规定，例如，要优先选用螺杆空压机，不得选用滑片式空压机。

图 2-16 移动空压机

如上所述，供风压力大小对于煤层钻进非常重要，但也并不意味着供风压力越大越好。过大的风压，一方面，耗能大、粉尘多；另一方面，对于松软煤层钻进，过大的风压会加大钻杆体及对煤壁的扰动作用，容易诱发和加剧钻孔失稳、塌孔，造成钻孔堵塞。因此，计算风流和煤渣的压力损耗，对于改善煤层钻进工艺具有重要意义。钻孔风力排渣的压力损失主要包括以下部分：

（1）气固两相流在钻孔排渣空间产生的孔底钻屑加速压损、摩擦压损、钻屑悬浮提升的重力压损和气流的局部压损。

（2）带压气体在钻杆腔体中产生的摩擦压损。

（3）考虑钻孔收缩和钻穴对风压损耗的影响。

2.4.2 风压损耗求解方法

2.4.2.1 孔底钻屑加速压损 $\Delta p_{c\to a}$

1. 钻屑加速压损求解

钻头破煤后，煤渣被钻头外气流加速，煤颗粒被加速时的压力损失为 $\Delta p_{c\to a}$：

$$\Delta p_{c\to a} = \left[1 + m\left(\frac{v_s}{v_a}\right)^2\right]\rho_a \frac{v_a^2}{2} \tag{2-34}$$

2. 固气混合比确定

1）孔内排渣质量流量

结合式（2-17），在不考虑钻屑量附加系数 k_D 的情况下，理想状态下钻头破煤质量流量求解公式如下：

$$Q_D = \frac{1}{4}\pi D^2 \rho v_d \tag{2-35}$$

根据现场调研情况，钻进效率客观上主要决定于煤层地质条件，主观上与采用的钻机和工人的技术水平有一定的关系。钻进效率的影响因素较多，钻进效率的差异较大，一般正常钻进破煤速度为 0.3~0.8 m/min，根据施工瓦斯抽采孔使用的钻杆、钻头外径不同，常规钻孔直径 D 为 0.09~0.15 m。由于煤体处于原始状态，煤取真密度计算，ρ_s = 1400 kg/s，基于式（2-35）计算，可得理想状态下孔内排渣质量流量为 0.045~0.33 kg/s。

当综合考虑孔壁破坏对排渣量的影响时，钻孔端面后方钻孔段不断变形、破碎，使孔内排渣量不断动态累计增加，增加幅度一般为 1.5~6 倍。可见，对于高瓦斯及突出煤层钻进，孔内排渣质量流量扩大为 0.07~1.73 kg/s。

2）气流质量流量

气流质量流量求解公式如下：

$$Q_a = \rho_a S_d v_a = \rho_a \frac{\pi}{4}(D^2 - d^2) v_a \tag{2-36}$$

设风流速度为 10~25 m/s，常用钻杆直径为 0.042~0.089 m，由式（2-36）计算气流质量流量 Q_a = 0.04~0.35 kg/s。

因此，固气混合比 m 的计算公式为

$$m = \frac{Q_s}{Q_a} \tag{2-37}$$

基于孔内排渣质量流量与气流质量流量计算方法，可评估钻孔施工固气混合比 m。根据钻头破煤质量流量、气流质量流量范围，当考虑因地应力、瓦斯压力引起的附加钻屑量时，正常钻进过程中，固气混合比范围为 1~10。可见，固气

混合比 m 的范围较为宽泛，矿方实际煤层地质条件复杂多变，施工钻孔直径大小不一，以及井下供风管气流量没有统一的标准，致使固气混合比 m 有较大的变化范围。

2.4.2.2 气固两相流的摩擦压损 $\Delta p_{c\to f}$

1. 供风气流的沿程摩擦压损 $\Delta p_{a\to f}$

供风气流的沿程摩擦压损 $\Delta p_{a\to f}$ 主要包括两部分：一是气流沿钻杆内腔到钻头处的摩擦压损 Δp_{af1}；二是气流沿孔底到孔口的摩擦压损 Δp_{af2}，即

$$\Delta p_{a\to f} = \Delta p_{af1} + \Delta p_{af2} \tag{2-38}$$

根据达西-魏斯巴赫公式可得

$$\Delta p_{af1} = \lambda_{a1} \frac{L}{d_0} \frac{\rho_a v_a^2}{2} \tag{2-39}$$

式中 λ_{a1}——钻杆腔体沿程阻力系数，一般由实验确定；
L——气流在钻孔中的运动距离；
d_0——钻杆内腔直径。

$$\Delta p_{af2} = \lambda_{a2} \frac{L}{D-d} \frac{\rho_a v_a^2}{2} \tag{2-40}$$

式中 λ_{a2}——钻孔内沿程阻力系数，一般由实验确定。

综上所述，在煤层钻进过程中，供风气流的沿程摩擦压损为

$$\Delta p_{a\to f} = \frac{L\rho_a v_a^2}{2}\left(\frac{\lambda_{a1}}{d_0} + \frac{\lambda_{a2}}{D-d}\right) \tag{2-41}$$

2. 钻屑颗粒群的附加摩擦压损 Δp_{n-f}

设钻孔施工深度为 L，同样可得

$$\Delta p_{n-f} = \lambda_s \frac{L}{D-d} \rho_n \frac{v_s^2}{2} = m \frac{v_s}{v_a} \lambda_s \frac{L}{D-d} \rho_a \frac{v_a^2}{2} \tag{2-42}$$

综上所述，在煤层钻进过程中，两相流的摩擦压损为

$$\Delta p_{c\to f} = \Delta p_{a\to f} + \Delta p_{n\to f} = \lambda_{a2} \frac{L}{D-d} \frac{\rho_a v_a^2}{2}\left(1 + \frac{\lambda_s}{\lambda_{a2}} \frac{v_s}{v_a} m\right) + \lambda_{a1} \frac{L}{d_0} \frac{\rho_a v_a^2}{2} \tag{2-43}$$

令

$$K_m = \frac{\lambda_s}{\lambda_{a2}} \frac{v_s}{v_a} \tag{2-44}$$

则

$$\Delta p_{c\to f} = (1 + K_m m)\lambda_{a2} \frac{L}{D-d} \frac{\rho_a v_a^2}{2} + \lambda_{a1} \frac{L}{d_0} \frac{\rho_a v_a^2}{2} \tag{2-45}$$

摩擦压损附加系数一般由实验获得，取值可根据表 2-2 确定，对于粉状物料，较为松散取较小值；对于黏性较大的物料，可选取较大值。

表 2-2 摩擦压损附加系数

物料	$v_a/(\mathrm{m\cdot s^{-1}})$	m	K_m
细粉状物料	25~35	3~5	0.5~1
粒状物料	16~22	1~4	0.5~1.5
纤维状物料	15~18	0.1~0.6	0.5~1.5

3. 沿程阻力系数 λ 确定

沿程阻力系数 λ 与风管管壁的粗糙度和管内空气的流动状态有关，在煤层钻进过程中，摩擦阻力系数与空气在风管内的流动状态和风管管壁的粗糙度有关，沿程阻力系数求解公式如下：

$$\frac{1}{\sqrt{\lambda}}=-2\lg\left(\frac{K}{3.71D}+\frac{2.51}{Re\sqrt{\lambda}}\right) \tag{2-46}$$

式中 Re——雷诺数；

K——风管内壁粗糙度，mm；

D——风管直径，mm。

本书根据实际需要，只需要计算实际钻进施工时的 λ_{a1}、λ_{a2}，在压力 $P_0=101.3$ kPa、温度 $t_0=20$ ℃、气体密度 $\rho_0=1.204\ \mathrm{kg/m^3}$、运动黏度 $v_0=1.51\times10^{-5}\ \mathrm{m^2/s}$、已知管壁粗糙度 K 的情况下，可以求得 λ_{a1}、λ_{a2}。

根据钻孔的实际工况，其风流路径为钻杆腔体和钻孔，其中钻杆腔体粗糙度低，较为光滑，K 一般取 0.15~0.18 mm；钻孔内风流与煤壁直接接触，粗糙度高，假设钻孔未出现较大面积破裂时，K 平均取 4~7 mm。

2.4.2.3 钻屑悬浮提升的重力压损 $\Delta p_{c\to g}$

钻屑悬浮提升的重力压损公式如下：

$$\Delta p_{c\to g}=\Delta p_{cg1}+\Delta p_{cg2}=\rho_a gmdL\frac{v_a}{v_s}\left(\frac{v_n+v_s\sin\theta}{v_a}\right) \tag{2-47}$$

2.4.2.4 气流的局部压损

煤层钻进工艺体系中，风源与钻杆尾部连接，气流从钻杆内腔流入孔底，钻进过程中所使用的钻杆通过接头丝扣顺序连接起来，受巷道宽度的影响，通常采用的钻杆长度为 0.8~1.5 m。在每根钻杆的接头处存在变径，如图 2-17 所示，单根钻杆接头处形成的压降并不大，由于煤层钻进深度都在几十米以上，特别在本煤层瓦斯抽采中，很多矿区都在 100 m 以上，因此风流在进行排渣作用之前，要通过 100 次以上的变径接头，累计压损不容忽视。因此，气流的局部压损主要考虑钻杆接头变径处、钻头处形成的局部压损，不考虑气固两相流的局部压损。

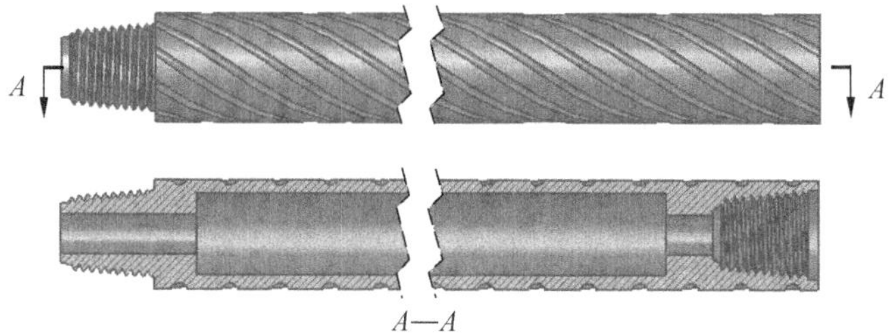

图 2-17 钻杆结构剖面图

1. 钻杆接头处气流局部压损 $\Delta p_{a\to j}$

根据钻杆结构剖面图，钻杆接头处气流转变包括气流突然收缩、突然扩大两个过程。

1）突然收缩

设钻杆的第一个变径接头连接到第 n 根钻杆，由于接头形成的压损分别为 Δp_{a1}、Δp_{a2}、Δp_{a3}、…、Δp_{an}，因此，施工时使用 n 根钻杆形成的压损为

$$\Delta p_{an} = \zeta_{a1}\rho_a \frac{v_n^2}{2}$$

式中 ζ_{a1}——气流在接头处突然收缩的局部阻力系数。

$$\Delta p_{a\to j1} = \sum_1^n \Delta p_{an} = \frac{\zeta_{a1}\rho_a}{2}\sum_1^n v_n^2 \tag{2-48}$$

2）突然扩大

基于上述公式，对于突然扩大位置，同样可得：

$$\Delta p_{a\to j2} = \sum_1^n \Delta p_{an} = \frac{\zeta_{a2}\rho_a}{2}\sum_1^n v_n^2 \tag{2-49}$$

式中 ζ_{a2}——气流在接头处突然扩大的局部阻力系数。

2. 局部阻力系数 ζ 确定

气流在钻杆接头处的风流变化为突然收缩与突然扩大，根据钻杆接头处的尺寸，突然收缩时局部阻力系数 ζ_{a1} 见表 2-3，突然扩大时局部阻力系数 ζ_{a2} 见表 2-4。

表 2-3 突然收缩时局部阻力系数 ζ_{a1} 对照表

A_0/A_1	0.0	0.1	0.2	0.3	0.4	0.5	0.6	0.7	0.8	0.9	1.0
ζ_{a1}	0.50	0.47	0.42	0.38	0.34	0.30	0.25	0.20	0.15	0.09	0.00

注：A_1 为进气口截面积，A_0 为出气口截面积。

表 2-4 突然扩大时局部阻力系数 ζ_{a2} 对照表

A_0/A_1	0.0	0.1	0.2	0.3	0.4	0.5	0.6	0.7	0.8	0.9	1.0
ζ_{a2}	1.00	0.81	0.64	0.49	0.36	0.25	0.16	0.09	0.04	0.01	0.00

注：A_0 为进气口截面积，A_1 为出气口截面积。

2.4.2.5 考虑钻孔收缩比形成的压损

根据钻孔收缩比的求解方法，基于施工地点的煤岩力学参数，可以计算钻孔收缩比 D_c。孔壁变形膨胀使钻孔发生收缩，排渣空间变小，其本质相当于钻孔直径 D 减小到 $D(1-D_c)$，将考虑钻孔收缩比 D_c 所得钻孔直径代入各环节压损求解公式，使其总压损更接近真实值。

2.4.2.6 考虑孔内钻穴形成的压损

不同类型钻穴形成的压损差别较大，本书主要讨论开放型钻穴、填充型钻穴压损求解方法。

1. 开放型钻穴压损

开放型钻穴的本质是钻孔局部形成远大于钻孔截面的立体空间，如图 2-12 所示。因此，将开放型钻穴考虑为突然扩大区，设钻穴区平均截面积为 S_a，可以求解 A_0/A_1：

$$\frac{A_0}{A_1}=\frac{\pi(D^2-d^2)}{4S_a} \tag{2-50}$$

基于式（2-50）计算结果，参照表 2-4 选择局部阻力系数 ζ_{a2}，代入式（2-49）可求解开放型钻穴压损 Δp_{cave-s}。

2. 填充型钻穴压损

图 2-18 为填充型钻穴排渣模型，其排渣路线类似于弯管，沿轴线钻穴截面积最大，向钻穴两侧延伸钻穴截面积逐渐减小，设弯管沿中心轴线排渣空间平均距离为 L_D。

总压损 Δp_{cave-b} 为气流通过钻穴区空气附加压损 Δp_{air-b} 和钻屑运动通过钻穴区形成的附加压损 Δp_{coal-b} 之和，即

$$\Delta p_{cave-b}=\Delta p_{air-b}+\Delta p_{coal-b}$$

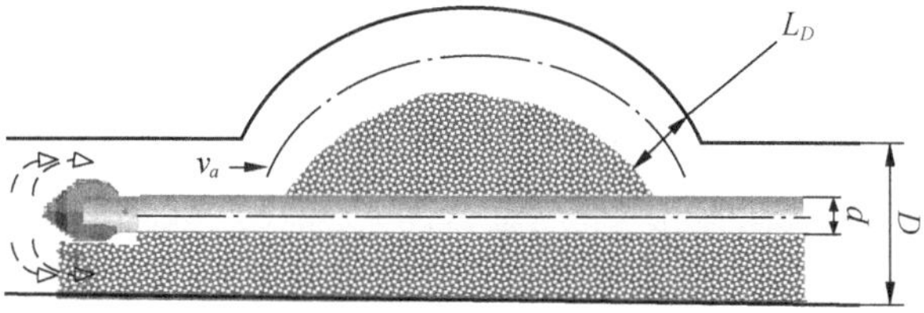

图 2-18 填充型钻穴排渣模型

空气通过钻穴区时的压损为

$$\Delta p_{air-b}=\lambda_{a2}\frac{L_b}{L_D}\rho_a\frac{v_a^2}{2}$$

钻屑运动通过钻穴区形成的附加压损为

$$\Delta p_{coal-b}=\lambda_b m\frac{L_b}{L_D}\rho_a\frac{v_a^2}{2}$$

式中 L_b——沿中心轴线展开长度，m；

λ_b——钻穴区附加压损系数。

填充型钻穴总压损：

$$\Delta p_{cave-b}=\lambda_{a2}\frac{L_b}{L_D}\rho_a\frac{v_a^2}{2}+\lambda_b m\frac{L_b}{L_D}\rho_a\frac{v_a^2}{2} \tag{2-51}$$

当考虑钻孔收缩比及钻穴时，设孔底到孔口存在 n_1 个开放型钻穴、n_2 个填充型钻穴，总压损 Δp_c 为

$$\begin{aligned}\Delta p_c &= \Delta p_{c\to a}+\Delta p_{c\to f}+\Delta p_{c\to g}+\Delta p_{a\to j}+\Delta p_{cave-s}+\Delta p_{cave-b}\\ &=\left[1+m\left(\frac{v_s}{v_a}\right)^2\right]\rho_a\frac{v_a^2}{2}+\left[\lambda_{a2}\frac{L}{D(1-D_c)-d}\frac{\rho_a v_a^2}{2}\left(1+\frac{\lambda_s}{\lambda_{a2}}\frac{v_s}{v_a}m\right)+\lambda_{a1}\frac{L}{d_0}\frac{\rho_a v_a^2}{2}\right]+\\ &\quad\rho_a gmL\frac{v_n}{v_a}\left(\frac{v_s}{v_a}\right)^{-1}+\rho_a gmL\sin\theta+\left[\frac{\zeta_{a1}\rho_a}{2}\sum_1^n v_n^2+\frac{\zeta_{a2}\rho_a}{2}\sum_1^n v_n^2\right]+\\ &\quad\left[\frac{\zeta_{a2}\rho_a}{2}\sum_1^{n_1}v_n^2+\frac{\lambda_{a2}\rho_a}{2}\sum_1^{n_1}\left(\frac{L_{b_{n_1}}}{L_{D_{n_1}}}v_{n_1}^2\right)+\frac{m\lambda_b\rho_a}{2}\sum_1^{n_2}\left(\frac{L_{b_{n_2}}}{L_{D_{n_2}}}v_{n_2}^2\right)\right]\end{aligned} \tag{2-52}$$

2.4.3 钻屑临界风速

2.4.3.1 钻屑颗粒度对临界风速的影响

钻屑输送所需临界风速是使物料在输送管道内达到稳定的悬浮流动所要求的最小气流速度，通常也称为“经济风速”。该速度的准确判断决定着气力输送供风系统输送的经济性。钻屑颗粒度对临界风速的影响具有以下两个特点：

(1) 钻屑颗粒度非均匀时，由于细颗粒的输送速度比大颗粒的输送速度高，

在输送过程中，小颗粒群绕过大颗粒并簇拥着大颗粒向前运动，使颗粒度不同的钻屑都能正常输送。结合工程实践，采用比粒度分布占比最大颗粒群测得的悬浮速度大1倍的气流速度作为该物料的合理输送速度。

(2) 钻屑颗粒度均匀且呈粉状时，尽管其悬浮速度较低，但钻屑容易停留或附着于钻孔内壁，必须有足够的气流速度才能将其冲散，因而，该情况下，往往需要采用比悬浮速度高数倍的气流速度才能够正常输送，最典型例子为水泥的气力输送，其悬浮速度一般为0.2 m/s，稳定输送气流速度为9~25 m/s。

2.4.3.2 临界风速求解方法

在实际工程中，工程技术人员重点关注钻孔等速段的压损与临界风速，依据钻孔等速段的压损，可得钻孔等速段临界风速理论求解公式：

$$v_k = \left[\frac{mgv_n(D-d)}{\phi'\lambda_{a2}\left(1+\dfrac{\lambda_s}{\lambda_{a2}}\phi' m\right)}\right]^{\frac{1}{3}} \tag{2-53}$$

由式（2-53），钻进排渣所需临界风量为

$$Q_k = \frac{\pi}{4}(D^2-d^2)\left[\frac{mgv_n(D-d)}{\phi'\lambda_{a2}\left(1+\dfrac{\lambda_s}{\lambda_{a2}}\phi m\right)}\right]^{\frac{1}{3}} \tag{2-54}$$

临界风速也可根据经验公式求解：

$$v_k = 0.01a\sqrt{\rho_s g} + \beta L \tag{2-55}$$

式中 v_k——临界速度，m/s；

a——与被输送物料粒度有关的系数；

β——与被输送物料特性有关的系数，$\beta=(2\sim5)\times10^{-5}$，对于干燥的粉状物料取较小值；

L——输送距离，m。

a 值与钻屑颗粒平均直径有关，其取值见表2-5。

表2-5 a 取值

钻屑状态	钻屑颗粒平均直径/mm	a
粉状	0~1	10~16
均质粒状	1~10	16~20
细块状	10~20	20~22
中块状	40~80	22~25

煤层钻进过程中，钻屑颗粒直径一般为0~10 mm，a 取10~20，βL 值相对较小，可忽略不计，设煤密度 ρ_s = 1400 kg/m^3，将上述数据代入式（2-55），可得相应方程为

$$v_k = 1.171a \tag{2-56}$$

基于式（2-56），可得钻屑输送临界速度与 a 的相关曲线，如图2-19所示。

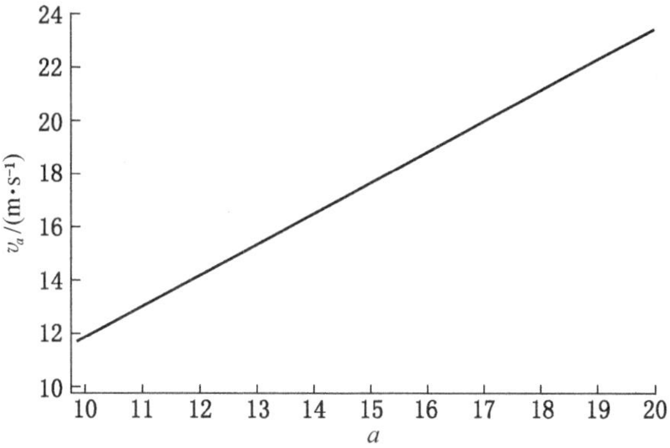

图2-19 钻屑输送临界速度

由图2-19可知，松软突出煤层的临界速度一般为8~23 m/s。

3 松软煤层钻进钻屑运移堵塞机理

3.1 钻孔堵塞段形成过程

对于风力排渣形式的钻进工艺，钻屑能否排出标志着钻孔施工是否可以继续进行。在正常钻进过程中，钻孔收缩、风压不稳、大块煤体阻挡以及煤体含水形成钻屑黏结等众多因素，都会造成孔内钻屑堆积，如未能及时处理、疏通，都会形成钻孔堵塞。图 3-1 为常态钻孔形成堵塞段 L，大颗粒钻屑可能是孔壁破碎落煤，也可能是小的矸石块。对于突出煤层钻进，基于第 2 章的分析，钻进过程中，孔壁失稳、坍塌形成钻穴非常频繁，较大面积的钻穴区，瞬间将钻孔排渣空间封堵，较小的钻穴若未及时疏通，也会形成堵塞段 L，图 3-2 为钻穴堆积形成堵塞段 L。可见，钻孔施工过程中，无论何种原因形成孔内局部堵塞，都会造成钻屑无法排出，并在孔内形成继续堆积的趋势。

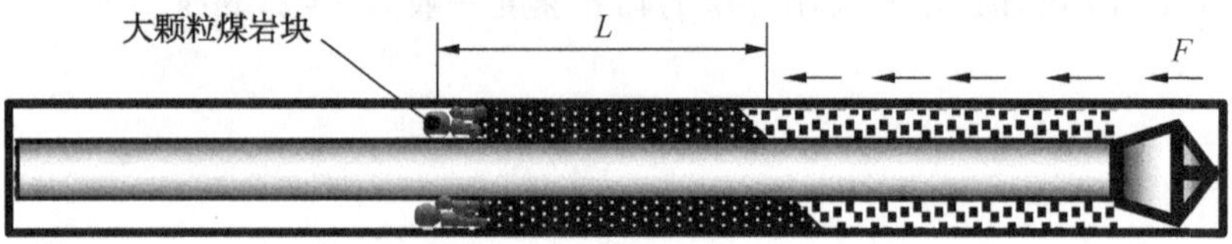

图 3-1 常态钻孔形成堵塞段

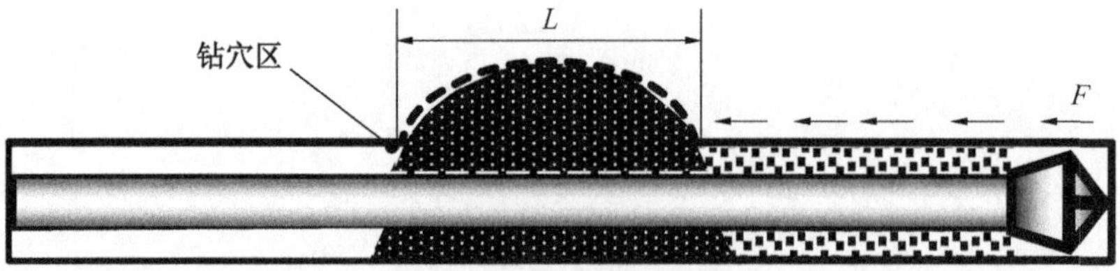

图 3-2 钻穴堆积形成堵塞段

因此，可以认为，当钻屑排出困难时，钻孔内出现钻屑堆积，并形成一定长度的堵塞段 L，供风压力 p 能否及时吹通堵塞段 L，使堵塞段 L 不再增长，决定着钻孔能否继续钻进。对于突出煤层钻孔施工，受地应力、瓦斯压力及钻杆扰动力等因素影响，孔壁变形、破坏频繁发生，单个钻孔在多个位置将形成堵塞段，较短的堵塞段，能够被及时疏通，不影响钻进排渣。当较长的堵塞段形成时，如未及时发现处理，产生的摩擦阻力远远超出管路供风压力极限时，钻孔将发生完全堵塞，卡钻、断钻及丢钻现象将伴随发生。

因此，钻孔施工过程中，孔内堵塞段 L 的形成和在相应风压 p 作用下疏通，该过程频繁发生。因此，堵塞段 L 与吹通压力 p 是极为重要的参数，分析钻孔堵塞段 L 与吹通压力 p 的关系，对于研究钻孔堵塞机理及指导工程实践具有重要意义。

3.2 常态钻孔堵塞段力学分析

3.2.1 常态钻孔堵塞段力学模型

3.2.1.1 力学模型建立

根据钻孔施工工况，建立相应钻孔堵塞段力学模型，以水平线 H 为基准，钻孔倾角 $\theta=-\pi/2\sim\pi/2$，仰孔倾角 $\theta=0\sim\pi/2$，水平孔时 $\theta=0°$，俯孔倾角 $\theta=-\pi/2\sim0$，具体如下。

1. 仰孔堵塞段力学模型

施工仰孔，钻屑在自重作用下，有克服摩擦力向外排出的趋势，即重力沿轴向分力方向与风流压力方向同向，有利于钻屑排出。仰孔相对于水平线 H，向上施工钻孔，钻孔倾角 θ 定义为正角，其倾角范围为 $0\sim\pi/2$，图 3-3 为仰孔钻孔堵塞段力学模型。

水平孔时钻孔倾角 $\theta=0°$，根据煤层条件，钻孔设计以仰孔优先，其次为水平孔、俯孔，受煤层倾角限制，许多矿井无法实现仰孔施工，因此，根据煤层厚度，尽量实现近水平钻进。

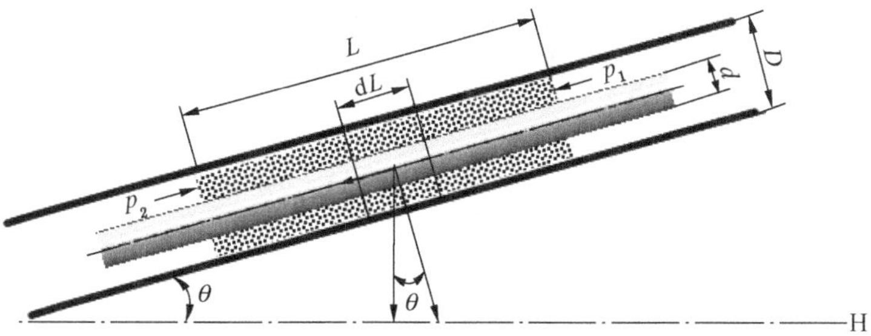

L—堵塞段长度；θ—施工钻孔倾角；D—钻孔直径；d—钻杆直径；
p_1—堵塞段钻孔内部的气体压力；p_2—堵塞段钻孔外部的气体压力

图 3-3 仰孔钻孔堵塞段力学模型

2. 俯孔堵塞段力学模型

图 3-3 中，俯孔相对于水平线 H 为向下施工的钻孔，钻孔倾角 θ 定义为负角，其倾角范围为 $-\pi/2 \sim 0$，与实际工程意义相符。俯孔是钻孔施工中，施工难度相对较大的钻孔类型。该类型钻孔施工，堵塞段渣体重力沿轴向的分力方向与风流压力方向相反，钻屑的重力加大了风流压力损耗，因此，施工俯孔对风流压力要求较高。

3.2.1.2 力学方程

根据常态钻孔堵塞段的受力情况，假设形成的钻孔为标准的圆形，钻杆轴线始终与钻孔轴线重合，不考虑钻杆弯曲或扰动。基于上述条件，应用粉体力学理论，需要建立的方程包括重力引起的摩擦阻力和堵塞段断面上侧压引起的摩擦阻力。图 3-4 为堵塞段断面受力示意图。

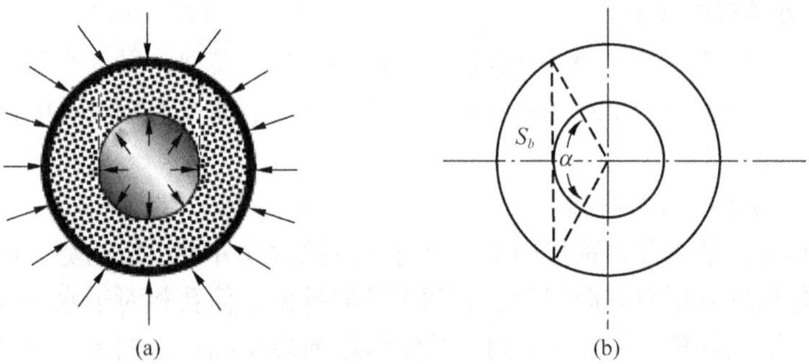

S_b—弓形面积；α—夹角

图 3-4 堵塞段断面受力示意图

1. 重力引起的摩擦阻力 F_1

重力引起的摩擦阻力主要包括两部分，如图 3-4a 所示，虚线包含部分重力作用于钻杆表面形成摩擦力，钻孔其他部分煤体重力作用于钻孔壁形成摩擦力。

钻杆周围煤体圆环面积 S_r：

$$S_r = \frac{\pi}{4}(D^2 - d^2) \tag{3-1}$$

式中 D——钻孔直径，m；

d——钻杆直径，m。

如图 3-4b 所示，弓形面积 S_b：

$$S_b = \frac{\pi\left(\frac{D}{2}\right)^2 \alpha}{360^\circ} - \frac{D^2}{8}\sin\alpha \tag{3-2}$$

如图 3-4a 所示，钻杆上方虚线所围面积 S_d：

$$S_d = \frac{S_r - 2S_b}{2} \tag{3-3}$$

设钻孔段长度微元 dL，因重力引起摩擦阻力 F_1，基于堵塞段力学模型，仰孔为正角，俯孔为负角，因此，重力引起的摩擦阻力 F_1 可以统一表达为

$$F_1 = \rho_b g[S_d\cos\theta f_1 + (S_r - S_d)\cos\theta f_2 - S_r\sin\theta]\mathrm{d}L \tag{3-4}$$

式中 S_r——钻杆周围煤体圆环面积，m^2；

S_d——钻杆上方虚线所围面积，m^2；

L——堵塞段长度，m；

θ——施工钻孔倾角，(°)；

ρ_b——堵塞处煤的堆积密度，kg/m^3；

f_1——堵塞段煤与钻杆表面的摩擦系数；

f_2——堵塞段煤与孔壁的摩擦系数。

2. 侧压引起的摩擦阻力 F_2

当钻孔堵塞时，基于粉体力学理论，风压对堵塞段的轴向压力形成对钻孔壁的径向压力，径向压力与轴向压力的比值称为侧压系数。如图 3-4a 所示，堵塞段形成后，在轴向风流压力作用下，在堵塞段的两个接触面上形成侧压力，包括堵塞段与钻孔壁接触面和堵塞段与钻杆外表面接触面。

设钻孔段长度微元为 dL，则侧压引起的摩擦阻力 F_2 为

$$F_2 = (f_1 d + f_2 D)kp\pi\mathrm{d}L \tag{3-5}$$

式中 p——堵塞段钻孔内轴向气体压力，Pa；

k——侧压系数。

3. 堵塞段力学方程

基于上述分析，根据堵塞段的受力情况，以堵塞段的煤体为研究对象，建立如下方程：

$$S_r\mathrm{d}p = F_1 + F_2 \tag{3-6}$$

即

$$S_r\mathrm{d}p = \rho_b g[S_d\cos\theta f_1 + (S_r - S_d)\cos\theta f_2 - S_r\sin\theta]\mathrm{d}L + (f_1 d + f_2 D)kp\pi\mathrm{d}L$$

由上式整理可得

$$\mathrm{d}L = \frac{S_r}{(f_1 d + f_2 D)kp\pi + \rho_b g[S_d\cos\theta f_1 + (S_r - S_d)\cos\theta f_2 - S_r\sin\theta]}\mathrm{d}p$$

两边积分：

$$\int_0^L \mathrm{d}L = \int_0^L \frac{S_r}{(f_1 d + f_2 D)kp\pi + \rho_b g[S_d\cos\theta f_1 + (S_r - S_d)\cos\theta f_2 - S_r\sin\theta]}\mathrm{d}p$$

根据上述公式，D、d、ρ、f、θ、k 为常数，当 $L=0$ 时，$p=p_2$，当堵塞段长度增大到 L 时，$p=p_1$，可得

$$L=\int_{p_2}^{p_1}\frac{S_r}{(f_1d+f_2D)kp\pi+\rho_b g[S_d\cos\theta f_1+(S_r-S_d)\cos\theta f_2-S_r\sin\theta]}\mathrm{d}p$$

整理得

$$L=\frac{S_r}{(f_1d+f_2D)k\pi}\ln\frac{(f_1d+f_2D)k\pi p_1+\rho_b g[S_d\cos\theta f_1+(S_r-S_d)\cos\theta f_2-S_r\sin\theta]}{(f_1d+f_2D)k\pi p_2+\rho_b g[S_d\cos\theta f_1+(S_r-S_d)\cos\theta f_2-S_r\sin\theta]}\tag{3-7}$$

当钻孔堵塞时，堵塞段钻孔外部的气体压力 p_2 与大气压力相同，计算中以大气压力为参考压力，因此，可取 $p_2=0$，p_1 取钻孔内部排渣风力形成的表压力 p，因此，可得

$$L=\frac{S_r}{(f_1d+f_2D)k\pi}\ln\frac{(f_1d+f_2D)k\pi p+\rho_b g[S_d\cos\theta f_1+(S_r-S_d)\cos\theta f_2-S_r\sin\theta]}{\rho_b g[S_d\cos\theta f_1+(S_r-S_d)\cos\theta f_2-S_r\sin\theta]}\tag{3-8}$$

整理得

$$\frac{(f_1d+f_2D)k\pi p}{\rho_b g[S_d\cos\theta f_1+(S_r-S_d)\cos\theta f_2-S_r\sin\theta]}=\mathrm{e}^{\frac{(f_1d+f_2D)k\pi}{S_r}L}-1$$

根据以上公式，可求得钻孔吹通压力 p 的表达式：

$$p=[\mathrm{e}^{\frac{(f_1d+f_2D)k\pi}{S_r}L}-1]\frac{\rho_b g[S_d\cos\theta f_1+(S_r-S_d)\cos\theta f_2-S_r\sin\theta]}{(f_1d+f_2D)k\pi}\tag{3-9}$$

施工水平孔时 $\theta=0°$，方程为

$$p=[\mathrm{e}^{\frac{(f_1d+f_2D)k\pi}{S_r}L}-1]\frac{\rho_b g[S_df_1+(S_r-S_d)f_2]}{(f_1d+f_2D)k\pi}\tag{3-10}$$

3.2.2 钻孔倾角对钻孔堵塞的影响

在钻孔施工中，钻孔倾角 θ 是钻孔设计的重要参数，对钻孔施工具有重要影响，工程人员结合现场实践，仅能做出宏观判断，例如，俯孔的倾角越大，钻屑越难排出。但随着钻孔倾角的变化，不同钻孔施工方式、堵塞段长度与吹通压力的具体关系难以判断，研究不同倾角下堵塞段长度与吹通压力的关系，对于指导工程实践具有重要意义。

3.2.2.1 侧压系数选择

本书探讨的侧压系数与常规地质学中的侧压系数有所不同，当钻孔堵塞时，由于风压对堵塞段的轴向压力作用而形成对钻孔壁的径向压力，径向压力与轴向

压力的比值称为侧压系数。本书引用的侧压系数 K 源于粉体力学理论，在理想状态下，侧压系数 K 决定于堵塞段煤颗粒的内摩擦角，其计算公式见式（3-11），该公式也称为主动兰金系数。

$$K = \frac{1 - \sin\phi}{1 + \sin\phi} = \mathrm{tg}^2\left(\frac{\pi}{4} - \frac{\phi}{2}\right) \tag{3-11}$$

应用主动兰金系数计算散体的侧压系数，只有在敞开堆积的无黏散体内，或者静止堆积于边壁光滑容器内，散体与边壁间的摩擦角 $\phi_w = 0$ 的无黏散体内才是准确的，这仅是一种理想情况。实际工程中不能忽略边壁摩擦角的影响，根据戴兴国等的研究，垂直于边壁的侧压系数按式（3-12）计算。

$$K = \frac{1 - \cos(2\beta)\sin\phi}{1 + \cos(2\beta)\sin\phi} \tag{3-12}$$

式中 ϕ——煤散体内摩擦角，(°)。

$$\beta = \frac{1}{2}\left(\arcsin\frac{\sin\phi_w}{\sin\phi} - \phi_w\right) \tag{3-13}$$

式中 ϕ_w——煤边壁内摩擦角，(°)。

在钻孔施工中，钻孔壁十分粗糙，设 $\phi_w = \phi$ 时，式（3-12）可简化为式（3-14）。

$$K = \frac{1 - \sin^2\phi}{1 + \sin^2\phi} \tag{3-14}$$

基于实验研究，解本铭等发现应用主动兰金系数计算散体的侧压系数理论值小于实际值，可以利用式（3-14）进行修正，接近实际值。

$$K = 1.1(1 - \sin\phi) \tag{3-15}$$

根据煤的类型及煤颗粒度的不同，煤散体内摩擦角一般为 25°~35°，基于上述分析，在 25°~40°范围内，侧压系数计算见表 3-1。

表 3-1 侧压系数计算

散体内摩擦角	$K = \frac{1 - \sin\phi}{1 + \sin\phi}$	$K = \frac{1 - \sin^2\phi}{1 + \sin^2\phi}$	$K = 1.1(1 - \sin\phi)$
25°	0.41	0.69	0.64
27°	0.38	0.65	0.61
29°	0.35	0.62	0.57
31°	0.32	0.57	0.53

表3-1(续)

散体内摩擦角	$K=\frac{1-\sin\phi}{1+\sin\phi}$	$K=\frac{1-\sin^2\phi}{1+\sin^2\phi}$	$K=1.1(1-\sin\phi)$
33°	0.30	0.54	0.51
35°	0.27	0.50	0.47
37°	0.25	0.47	0.44
39°	0.23	0.43	0.41

基于上述分析，对比三种计算方法，侧压系数选择0.4~0.7进行分析。

3.2.2.2 煤的堆积密度ρ_b取值

煤的密度有三种表示方法：煤的真密度、煤的视密度和煤的散密度。煤的真密度是单个煤粒的质量与体积（不包括煤的孔隙体积）之比，褐煤的真密度为1.30~1.4 g/cm^3，烟煤的真密度为1.27~1.33 g/cm^3，无烟煤的真密度为1.40~1.80 g/cm^3；煤的视密度（又称为煤的假密度）是单个煤粒的质量与外观体积（包括煤的孔隙体积）之比。褐煤的视密度为1.05~1.30 g/cm^3，烟煤的视密度为1.15~1.50 g/cm^3，无烟煤的视密度为1.4~1.70 g/cm^3；煤的散密度（又称为煤的堆积密度）是装满容器的煤粒的质量与容器容积之比，煤的散密度一般为0.5~0.95 g/cm^3。

钻屑在钻孔内堆积形成堵塞段，其密度应以煤的堆积密度为参照，而对于不同类型的煤，煤的堆积密度差别较大，无烟煤的堆积密度为0.7~1.0 g/cm^3，烟煤的堆积密度为0.8~1.0 g/cm^3，褐煤的堆积密度为0.6~8 g/cm^3，而泥煤的堆积密度仅为0.29~5 g/cm^3。当考虑钻孔堵塞时，钻屑堆积、压实，煤的堆积密度会有所增大，但一般不会超过煤的捣固密度，而煤的捣固密度一般可达到0.9~1.2 g/cm^3，因此，综合考虑不同类型的煤，本书计算煤的堆积密度ρ_b在0.6~1.1 g/cm^{3}范围内取值。

3.2.2.3 初始条件

当前钻机向大功率、高扭矩发展，主流钻机为ZDY3200S、ZDY4000S（L）、ZDY6000S（L）、ZDY8000S（L），钻杆直径以73 mm为主。对于中硬煤层钻进，与该型号钻杆相匹配的钻头可选择ϕ89 mm、ϕ94 mm、ϕ113 mm、ϕ133 mm复合片钻头；对于较为松软煤层和软岩，与该型号钻杆相匹配的钻头可选择ϕ120 mm、ϕ130 mm、ϕ153 mm三翼合金钻头。钻孔收缩比的求解方法仅能揭示煤体综合力学特征参数对钻孔收缩的影响，钻孔的收缩比较大，减小了钻孔排渣空间。但现场钻孔施工中，钻杆扰动作用、孔壁松弛区煤体不断剥落等，都会影响钻孔直径的大小，突出煤层钻孔沿轴向钻孔直径波动较大，可能有些位置存在严重收缩区，钻孔直径小于钻头外径，而有些位置存在扩孔区，钻孔直径远大于钻头外径。

通过对多个矿井钻孔施工的现场调研，应用 ϕ73 mm 钻杆时，多采用 ϕ113 mm 复合片钻头和 ϕ120 mm 三翼合金钻头，实际成孔直径与理论计算存在一定的差异。钻孔直径并非一个恒定的值，距离孔口不同位置，钻孔直径也会有所差异，钻孔直径一般为 100~130 mm。根据钻孔堵塞段力学模型，本书旨在研究相关参数对钻进的影响，设钻孔直径沿轴向是恒定的，取 $D=120$ mm，堵塞段煤与钻杆表面的摩擦系数 $f_1=0.1$，堵塞段煤颗粒与孔壁的摩擦系数 $f_2=0.3$，侧压系数取 0.5，煤的堆积密度取 800 kg/m^3。

3.2.2.4 钻孔倾角 θ 变化条件下俯孔、水平孔及仰孔堵塞规律分析

钻孔为水平孔时，取钻孔施工角度为 0°；钻孔为仰孔时，取钻孔施工角度为 5°、10°；钻孔为俯孔时，取钻孔施工角度为−5°、−10°，将参数代入相应力学模型，可得相应方程为：

（1）仰孔情况下，钻孔施工角度为 5°、10°时的相应方程为

$$p=106(e^{9.55L}-1) \quad p=33(e^{9.55L}-1)$$

（2）水平孔情况下，钻孔施工角度为 0°时的相应方程为

$$p=178(e^{9.55L}-1)$$

（3）俯孔情况下，钻孔施工角度为−5°、−10°时的相应方程为

$$p=249(e^{9.55L}-1) \quad p=319(e^{9.55L}-1)$$

基于上述方程，应用 Maple 软件，可以得到同一坐标系中，不同钻孔倾角条件下吹通压力 p 与堵塞段长度 L 的关系曲线，如图 3-5 所示。

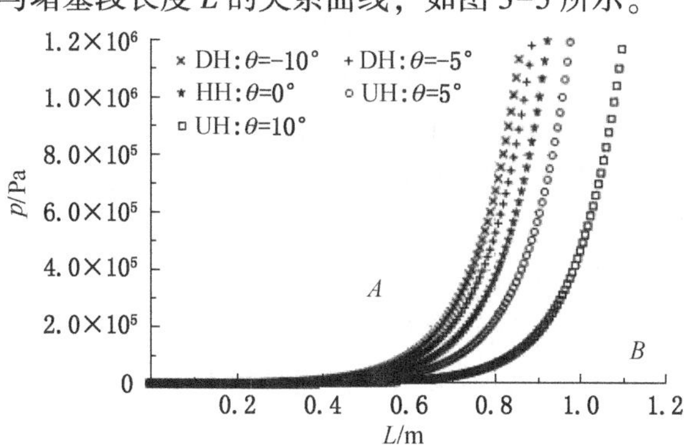

UH—仰孔；HH—水平孔；DH—俯孔

图 3-5 不同钻孔倾角条件下吹通压力与堵塞段长度的关系曲线

(1) 设曲线上方为A区，曲线下方为B区，分析如下：

①施工工况位于曲线上方时，对于任意施工角度形成的吹通压力p与堵塞段长度L的关系曲线，在曲线上的点，表明该点所对应的吹通压力p与堵塞段长度L处于平衡临界状态，在该状态下，可分为三种不同情况：

a) 当风压继续升高，且没有钻屑产生并补充堵塞段长度的情况下，堵塞段会被吹通，保障钻孔排渣顺畅。

b) 当风压继续升高，前方钻头处于破煤钻进工况，有大量钻屑产生，并不断补充堵塞段长度，此时堵塞段长度不断加大，风压也会伴生增大。但当堵塞段不断被压实后，吹通风压成倍增长，而现场供风装置能够提供的风压非常有限，包括采用移动空压机的情况，一般也不会超过1.5 MPa。因此，在这种情况下，当堵塞段达到一定长度时，钻孔将会被堵死，钻屑无法排出，钻进难以进行。

c) 当风压不继续升高，即风压难以达到堵塞段所需要的吹通压力时，钻孔堵塞。

②施工工况位于A区时，在相应曲线的上方区域点，表明该施工过程中，钻孔内无法形成累积长度，排渣保持顺畅，此种情况为正常钻进时的良好排渣状态，如施工过程中，保持该工况，有利于形成较深钻孔。

③施工工况位于B区时，在相应曲线的下方区域点，表明该施工过程中，钻孔已经堵塞，当工况位于该区域某一点时，当钻孔堵塞段不再增长时，即对应横坐标的值不变，需要提高风压，只有风压值超过了对应曲线位置时，堵塞段才会被疏通。

(2) 根据不同钻孔倾角条件下，仰孔、水平孔和俯孔吹通压力p与堵塞段长度L的对比曲线，俯孔曲线与仰孔曲线分别位于水平孔曲线的左右两侧。俯孔情况下伴随钻孔倾角绝对值的增大，相应的吹通压力p与堵塞段长度L的关系曲线向左移动，表明对于俯孔施工，钻孔倾角增大，在同一堵塞段长度下，所需吹通压力呈逐渐增大的趋势，即施工俯孔，倾角绝对值越大，施工越困难；仰孔情况与俯孔情况的变化规律相反，即倾角越大越有利于输渣，钻孔的堵塞概率降低。例如，当堵塞段长度为0.8m时，仰孔、水平孔、俯孔所需吹通压力依次升高，该理论分析与现场实际工程相符合。

(3) 为更清晰地反映钻孔倾角对吹通压力p与堵塞段长度L的影响，设堵塞段长度固定，取$L=0.7$ m、$L=0.8$ m，其他参数不变，代入式（3-9）可得相应方程为

$$p = 1.423 \times 10^5\cos\theta + 6.55 \times 10^5\sin\theta$$
$$p = 3.7 \times 10^5\cos\theta + 1.703 \times 10^6\sin\theta$$

同一坐标显示相同堵塞段长度 L 与不同倾角下吹通压力 p 的关系，以分析施工倾角的增大对排渣的影响。图 3-6 为相同堵塞段长度 L 与不同倾角下吹通压力 p 的关系曲线，相比图 3-5，更清晰地反映钻孔倾角变化对钻孔施工的影响。

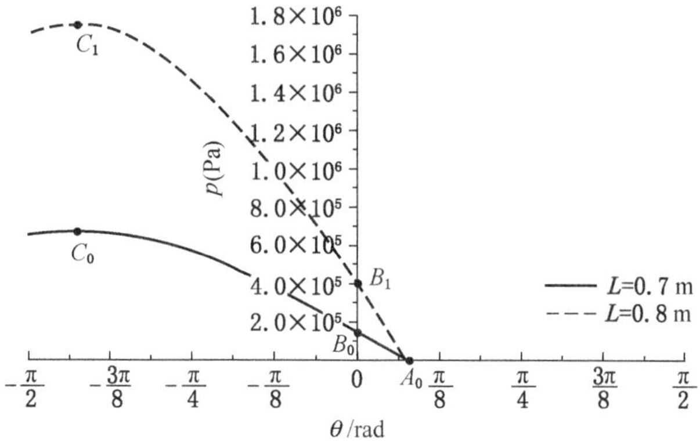

图 3-6　相同堵塞段长度与不同倾角下吹通压力的关系曲线

①图 3-6 中，施工仰孔时，钻孔倾角在 0～π/2 范围内，伴随钻孔倾角增大，钻孔吹通压力迅速降低，堵塞段长度 $L=0.7$ m、$L=0.8$ m 时最小值 θ_U 相同，与 x 轴的交点 A_0（0.214，0），即当仰孔倾角 $\theta_U=12.3°$时，所需吹通压力为 0 MPa（以 1 个标准大气压为参考压力），仰角继续增大时，堵塞段在自重作用下将自动疏通。

②图 3-6 中，施工水平孔时，$L=0.7$ m、$L=0.8$ m 相对应的压力值分别落于 y 轴交点 B_0（0.14，0）、B_1（0.37，0），即该条件下，两种堵塞段长度所需吹通压力最大为 0.37 MPa，绝大部分矿井管路风压都超过该值。因此，对于施工水平孔，当堵塞段长度 $L=0.7$ m 和 $L=0.8$ m 时，在钻孔堵塞段长度不再增长的情况下，钻孔很容易被吹通。

③图 3-6 中，施工俯孔时，钻孔倾角在−π/2～0 范围内，在施工不同倾角钻孔的情况下，存在倾角 θ_D 使相应吹通压力达到极值，$L=0.7$ m、$L=0.8$ m 相对应的压力极值分别落于曲线上的 C_0（−1.357，0.67）、C_1（−1.357，1.74）。在−π/2～0 范围内，并非倾角绝对值越大，所需吹通压力越大。当 $L=0.7$ m 时，钻孔施工倾角与最大吹通压力分别为：−77.7°、0.67 MPa；当 $L=0.8$ m 时，钻孔施工倾角与最大吹通压力分别为：−77.7°、1.74 MPa。在−77.7°～0°范围内，伴随钻孔倾角绝对值的增大，所需吹通压力增大；在−77.7°～−π/2 范围内，伴随钻孔倾角绝对值的增大，所需吹通压力略有降低。

④图 3-6 中，当 $L=0.7$m 时，施工俯孔时的最大吹通压力为 0.67 MPa，堵

塞段长度不再增长时，即使在极值位置，绝大多数矿井管路风压仍然可以保证堵塞段疏通；当 $L=0.8$ m 时，施工俯孔时的最大吹通压力为 1.74 MPa，该吹通压力在施工地点很难实现，表明当堵塞段长度达到 0.8 m、俯角为-77.7°时，钻孔将堵塞。在实际钻孔工程中，绝大多数钻孔倾角小于 45°，当堵塞段长度不再增长时，匹配额定压力为 1.5 MPa 的空压机仍然可以保证钻孔施工所需风压。这一点也充分证明，在条件较为复杂的煤层钻进中，优化管路风压或应用移动防爆式空压机提高风压，能够直接提高吹通堵塞段长度的能力，有利于应对较为复杂的孔内堵塞情况。

以上内容，仅从理论的角度进行了分析，未考虑钻杆扰动对堵塞段长度的影响，当然，钻杆的扰动作用可能会缓解堵塞段的应力挤压状态，更有利于钻孔堵塞位置的疏通。

3.2.3 侧压系数对钻孔堵塞的影响

由于不同矿井的煤层煤体力学参数不同，当钻孔堵塞时，侧压系数会发生变化。基于式（3-15），结合表 3-1，设定侧压系数为 0.4~0.7，设俯孔、仰孔倾角均为-10°、10°，侧压系数 K 分别为 0.4、0.5、0.6，其他参数同 3.1.2 节。

仰孔情况下，侧压系数 K 分别为 0.4、0.5、0.6 时的相应方程为

$$p=41(e^{7.64L}-1) \quad p=33(e^{9.55L}-1) \quad p=27(e^{11.46L}-1)$$

俯孔情况下，侧压系数 K 分别为 0.4、0.5、0.6 时的相应方程为

$$p=398(e^{7.64L}-1) \quad p=319(e^{9.55L}-1) \quad p=266(e^{11.46L}-1)$$

基于上述方程，在同一坐标系下拟合相应曲线，如图 3-7 所示。

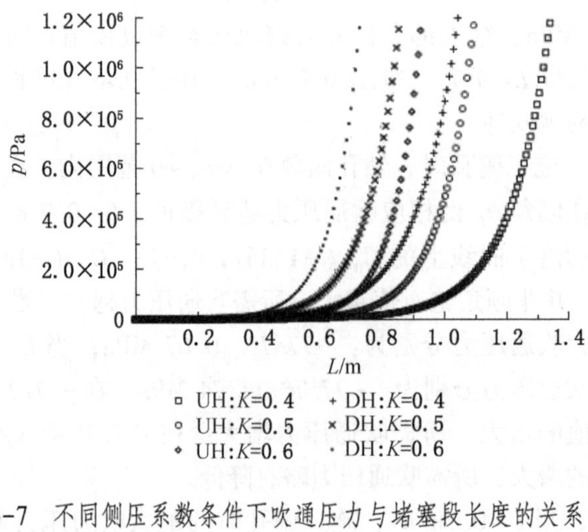

图 3-7 不同侧压系数条件下吹通压力与堵塞段长度的关系曲线

随着侧压系数 K 的增大，俯孔和仰孔的吹通压力 p 与堵塞段长度 L 的关系曲线均沿横坐标向左收缩，这表明侧压系数越大，孔壁形成的侧压力越大，钻孔越容易堵塞，具体分析如下：

（1）侧压系数 K 每降低 0.1，相同堵塞段长度条件下，所需吹通压力 p 增长接近 1 倍，可见，侧压系数 K 对吹通压力 p 与堵塞段长度 L 的影响非常敏感。

（2）煤散体内摩擦角较小时，基于式（3-15）可知，其侧压系数较大。通常情况下，内摩擦角较小时，煤岩体强度较低，煤体松散，结合不同侧压系数条件下吹通压力 p 与堵塞段长度 L 的关系曲线，可以证明在较为松软的煤体施工钻孔，当钻孔堵塞时，产生的侧压较大，钻孔更容易发生完全堵塞，该推论说明了松软煤体钻进困难的原因，结论与工程实践相符。

（3）相同侧压系数条件下，俯孔相对于仰孔，相同堵塞段长度所需吹通压力成倍增长，同样可以证明俯孔相对于仰孔对风压有更高的要求。

3.2.4 摩擦系数对钻孔堵塞的影响

由于我国煤体种类分布多样化，钻头破煤后，钻孔周围的煤体应力、变形分布迅速发生变化，直到达到相对平衡状态。不同煤种煤壁的粗糙程度相差较大，煤壁的粗糙程度与煤体的整体强度、颗粒大小有直接的关系，当煤体整体力学性能强、黏度高，形成的钻孔表面较为光滑，摩擦系数小；当煤体为破碎煤、软硬夹层煤及构造鸡窝煤时，孔壁凹凸不同，摩擦系数较大，对钻屑及风流的阻力明显增大。

摩擦系数 f 随着孔壁表面粗糙程度的变化而变化，100 m 钻孔的施工一般需要 2~6 h 的工时，因此，往往前段钻孔的形成与后段钻孔的形成具有 1 h 以上的时间差。钻孔壁在地应力、瓦斯压力及钻孔扰动力的作用下，其变形不断变化，局部孔壁易失稳破坏，设堵塞段与孔壁之间的摩擦系数呈增大趋势，当堵塞段与孔壁之间的摩擦系数 $f_2=0.3$、0.4、0.5 时，探讨摩擦系数的变化对钻孔吹通压力 p 与堵塞段长度 L 的影响，其他基本参数与分析侧压系数 K 时的设置相同。

仰孔情况下，堵塞段与孔壁之间的摩擦系数 f_2 分别为 0.3、0.4、0.5 时的相应方程为

$$p=33(e^{9.55L}-1) \quad p=63(e^{12.2L}-1) \quad p=82(e^{14.84L}-1)$$

俯孔情况下，堵塞段与孔壁之间的摩擦系数 f_2 分别为 0.3、0.4、0.5 时的相应方程为

$$p=319(e^{9.55L}-1) \quad p=287(e^{12.2L}-1) \quad p=266(e^{14.84L}-1)$$

将基本参数代入式（3-9），基于上述方程，在同一坐标系下拟合相应曲线，如图 3-8 所示。

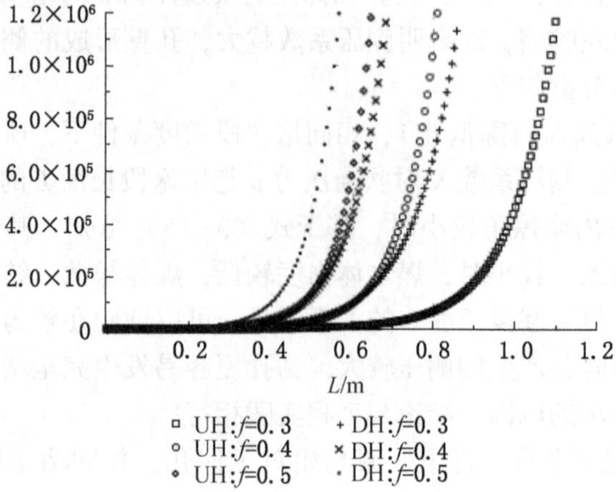

图 3-8 不同摩擦系数条件下吹通压力与堵塞段长度的关系曲线

基于图 3-8，对比图 3-7，摩擦系数 f 对钻孔排渣的影响与侧压系数 K 对钻孔排渣的影响规律类似，钻进过程中，当孔壁摩擦系数 f 增大时，俯孔、仰孔的吹通压力 p 与堵塞段长度 L 的关系曲线沿横坐标向左收缩，这表明摩擦系数越大，钻孔越容易堵塞。对于松软突出煤层，煤体受客观地质条件的影响，往往以构造煤、软硬复合煤居多，钻孔形成后，孔壁的摩擦系数较大，当钻孔堵塞时，客观上增大了钻孔发生完全堵塞的可能性。因此，同样可以证明对于较为复杂的煤体，施工钻孔时，施工难度大，对风压的要求更高。

3.2.5 钻孔直径对钻孔堵塞的影响

在实际钻孔施工中，煤层条件不同所用钻机动力大小也不同，需要选择不同钻杆、不同钻头，因此钻孔直径也会不同。钻孔直径越大，钻孔周边形成的卸压半径越大，越有利于抽放，但钻孔直径对钻孔堵塞的影响，工程人员的理解不尽相同，一般有如下观点：

(1) 在钻机动力允许的条件下，钻孔直径越大，越有利于瓦斯抽采，同时，排渣空间的增大也有利于排渣。

(2) 从影响钻孔堵塞的参数来看，钻孔直径增大后，钻孔堵塞段处与孔壁的接触面积增大，必然造成堵塞段的摩擦阻力增大，相反，适当减小钻孔直径会降低堵塞段的摩擦阻力，从该角度分析，钻孔直径越小越有利于钻进。

因此，基于模型方程，分析钻孔直径对钻进的影响非常必要。

当前常用的复合片金刚石钻头直径为 89 mm、94 mm、113 mm、133 mm，实物如图 3-9 所示；也采用三翼硬质合金煤钻头，其外径没有统一的标准，常用的有

ϕ120 mm、ϕ130 mm、ϕ153 mm，可以根据需要进行加工，实物如图 3-10 所示。

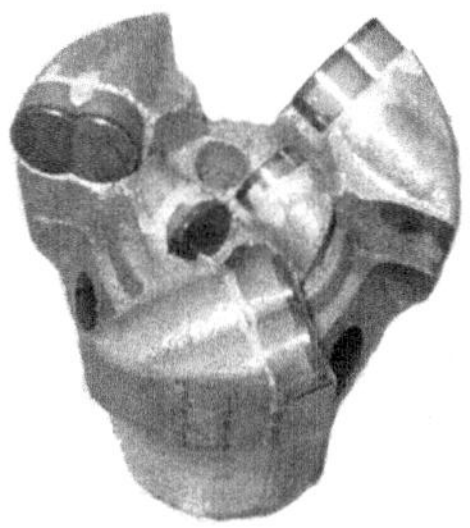

图 3-9 复合片金刚石钻头

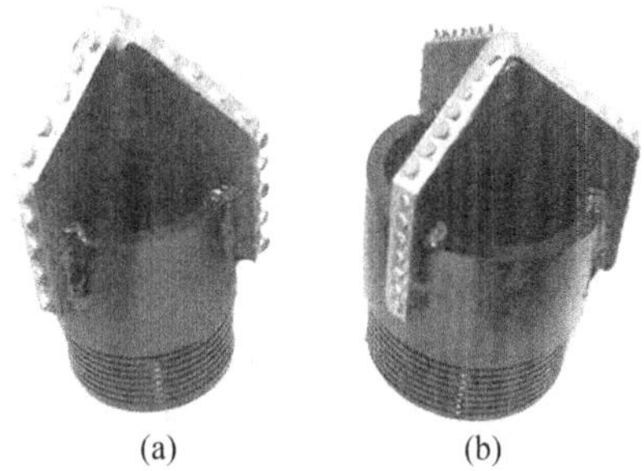

图 3-10 三翼硬质合金煤钻头

应用相同外径钻杆，不同钻头形成的钻孔直径不同。设采用不同钻头形成的钻孔直径 D 为 100 mm、120 mm、140 mm，其他基本参数与分析侧压系数 K 对钻孔堵塞的影响取值相同，分析吹通压力 p 与钻孔堵塞段长度 L 的关系。

将已知参数代入相应方程，当钻孔直径为 100 mm、120 mm、140 mm 时，吹通压力 p 与堵塞段长度 L 之间的关系方程分别为：

（1）仰孔情况下，钻孔直径为 100 mm、120 mm、140 mm 时的相应方程为

$$p = 38(e^{8.22L} - 1) \quad p = 33(e^{9.55L} - 1) \quad p = 29(e^{10.87L} - 1)$$

（2）俯孔情况下，钻孔直径为 100 mm、120 mm、140 mm 时的相应方程为

$$p = 370(e^{8.22L} - 1) \quad p = 319(e^{9.55L} - 1) \quad p = 280(e^{10.87L} - 1)$$

基于上述方程，应用 Maple 软件，在同一坐标系下拟合相应曲线，如图 3-11 所示。

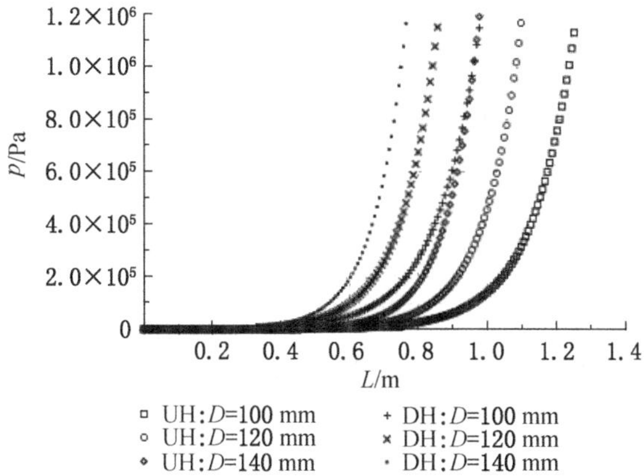

图 3-11 不同钻孔直径条件下吹通压力与堵塞段长度的关系曲线

图 3-11 中，随着钻孔直径的增大，吹通压力 p 与钻孔倾角的关系曲线向右扩展，可见应用相同钻杆钻进，钻孔直径越大，钻孔堵塞的概率越小，因此，应根据钻机动力情况，使钻孔设计尽量最大化，不仅有利于瓦斯抽放，而且有利于施工较深钻孔，具体要求如下：

（1）详细了解施工钻孔煤体力学参数，如抗拉强度、弹性模量等。煤体的综合力学强度高，需要钻头的旋转破煤扭矩大。

（2）考虑钻机动力情况，钻机动力主要参数为转矩和最大给进/起拔，这方面的技术参数及匹配的钻杆外径，钻机厂家已经明确给定。

（3）钻杆抗扭、抗拉综合力学性能评估非常重要，由于目前煤矿用瓦斯抽采钻杆的生产厂家众多，没有统一的标准，因此，钻杆的质量参差不齐，这也是当前矿方抽采钻杆断钻、丢钻频发的重要原因。

对于钻孔直径的设计，可从上述三个方面综合考虑，利用矿方现有设备，改善和提高钻孔深度。

3.2.6 堆积密度对钻孔堵塞的影响

由于我国煤层地质条件受区域影响较大，不同地区差异较大，不同类型、不同地区煤体的堆积密度大小不均，一般为原始煤密度的 50%～70%。钻孔堵塞后，受风压挤压，其堆积密度会有所增大，但从粉体力学的角度分析，其密度仍然比原始状态密度小很多。分析煤的堆积密度 ρ_b 对钻孔堵塞的影响，取煤的堆积密度分别为 600 kg/m^3、800 kg/m^3、1000 kg/m^3，其他基本参数与分析侧压系数 K 对钻孔堵塞的影响取值相同，代入式（3-9），可得相应方程为：

（1）俯孔情况下，煤体堆积密度为 600 kg/m^3、800 kg/m^3、1000 kg/m^3 时的相应方程为

$$p = 25(e^{9.55L} - 1) \quad p = 33(e^{9.55L} - 1) \quad p = 41(e^{9.55L} - 1)$$

（2）仰孔情况下，煤的堆积密度为 600 kg/m^3、800 kg/m^3、1000 kg/m^3 时的相应方程为

$$p = 239(e^{9.55L} - 1) \quad p = 319(e^{9.55L} - 1) \quad p = 398(e^{9.55L} - 1)$$

基于上述方程，应用 Maple 软件，在同一坐标系下拟合相应曲线，如图 3-12 所示。

图 3-12 中，密度越高，关系曲线向左收缩，钻孔堵塞的概率升高，但同一钻孔倾角的仰孔、俯孔，不同密度条件下，几条曲线距离很近，可见，煤体堆积密度对吹通压力与钻孔倾角的影响很小，即分析钻孔堵塞问题时，不必苛求不同类型煤体堆积密度的影响。

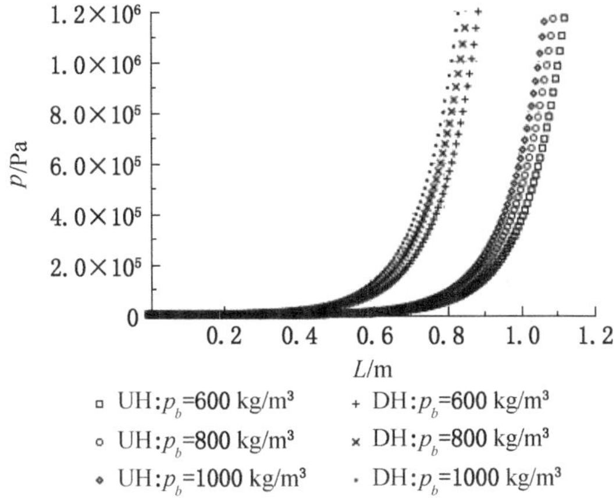

图 3-12　不同密度条件下吹通压力与堵塞段长度的关系曲线

3.3　钻穴区钻孔堵塞段力学分析

3.3.1　封闭式钻穴区钻孔堵塞段力学模型分析

3.3.1.1　封闭式钻穴对钻孔堵塞影响的初步假设

钻穴区的松散煤渣产生的重力垂直作用在钻孔上方，因钻穴突然形成，以此处为中心的钻屑容易堆积，钻穴区的形状非线性强，具体空间形状难以确定，钻穴截面有可能形成的情况如图 3-13 所示。在钻穴区与钻孔壁的接触面设为 FH 滑移面，当风压足够大时，钻穴区下部的钻孔煤渣在钻孔内，沿钻穴区与钻孔形成的 FH 滑移面轴向前移。因此，这种情况下，可以认为钻穴区的形成，钻孔堵孔段移动时的阻力增大，增加了堵塞的可能性，一方面是由于钻穴段煤渣的重力作用，造成钻穴段的摩擦阻力增大；另一方面在钻穴区内，受地应力、瓦斯压力及钻杆扰动力挤压影响，钻穴区处堆积的煤体以破碎颗粒状为主，除钻穴区有夹矸外，很少形成较大的煤岩块体堵塞在钻孔空间内。孔壁的失稳坍塌，在与钻孔

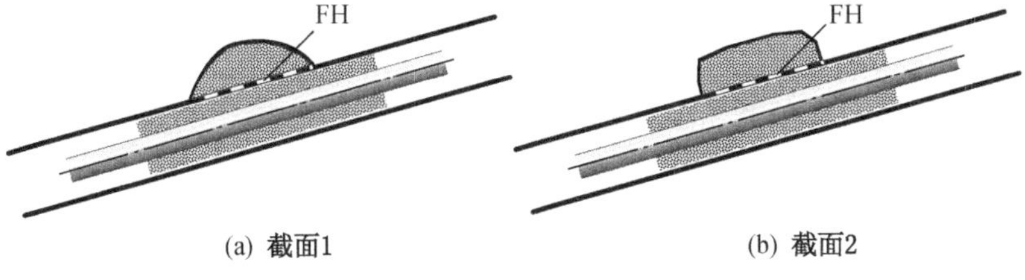

图 3-13　钻穴区堵塞

壁结合面处，相对于钻头破煤形成的孔壁，更为粗糙。因此，滑移面上的摩擦系数f有可能相对较大，当然摩擦系数f的大小，也与塌孔位置的煤体强度、颗粒度有密切的关系。

3.3.1.2 封闭式钻穴区钻孔堵塞段力学模型

由于钻穴区的煤体整体塌落，将钻杆包裹，风压吹通钻穴区，首先要吹通沿FH滑移面以下的煤体，相当于风力将钻穴区的煤体沿FH滑移面剪断，该种情况相对于未塌孔时，克服松散煤体与钻孔壁的摩擦阻力更加困难。当煤体较硬时，不容易形成塌孔，由于塌孔基本上发生在较松软的煤体，因此，可以认为FH滑移面上的摩擦力增大。基于实际钻孔工程，结合常态钻孔风力排渣钻孔堵塞段力学分析，钻穴区堵塞段的力学分析模型同样可以分为仰孔、水平孔、俯孔三种情况。

1. 仰孔钻穴区钻孔堵塞段的力学分析模型

钻孔内塌孔形成钻穴时，钻进阻力增大，主要原因为钻穴区沿轴向对钻杆的包裹长度非线性强，因此，可以认为越大的钻穴，对钻孔堵塞的影响越严重。可以用钻穴区煤体的质量m来评估堵塞对钻进阻力的影响，设钻穴区受影响的平均截面积为S_a，图3-14为仰孔钻穴区堵塞段力学模型，钻穴区钻孔外侧煤体重力沿轴向的分力作用在钻穴区下侧，并未增加钻孔排渣阻力，从力学的角度分析，对钻孔堵塞段阻力的影响很小。与仰孔常态钻孔力学模型类似，仰孔相对于水平线H，向上施工钻孔，钻孔倾角θ定义为正角，其倾角范围为0~π/2。

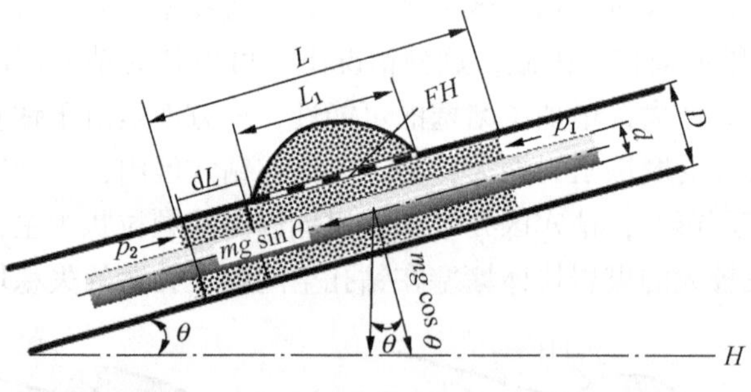

图3-14 仰孔钻穴区堵塞段力学模型

2. 俯孔钻穴区钻孔堵塞段的力学分析模型

俯孔相对于水平线H，向下施工钻孔，钻孔倾角θ定义为负角，与实际工程意义相符，其倾角范围为-π/2~0。

3.3.1.3 封闭式钻穴区钻孔堵塞段力学方程

基于图 3-14 中的力学模型，可建立封闭式钻穴区钻孔堵塞段力学方程：

$$S_r\mathrm{d}p=\rho_b g[S_d\cos\theta f_1+(S_r-S_d)\cos\theta f_2-S_r\sin\theta]\mathrm{d}(L-L_1)+\\ [S_d\cos\theta f_1+(S_r-S_d)\cos\theta f_2+S_a f_2\cos\theta-S_r\sin\theta]\rho_b g\mathrm{d}L_1+\\ (f_1 d+f_2 D)kp\pi\mathrm{d}L \tag{3-16}$$

式中 L_1——钻穴区钻孔堵塞段长度，m；

S_a——受影响的平均截面积，m^2。

3.3.1.4 封闭式钻穴区钻孔堵塞段分析方案

基于上述对钻孔钻穴区钻孔堵塞段力学模型的分析，可知钻穴区的形成，增加了塌孔段的阻力，造成塌孔段堵塞的概率增大。对封闭式钻穴区钻孔堵塞段作如下三点分析：

(1) 钻穴区的大小与钻孔堵塞段长度、吹通压力的关系。钻穴区的大小主要取决于钻穴区平均截面积 S_a 的大小，因此，分析平均截面积 S_a 的变化情况，具有相同的意义。

(2) 钻穴区钻孔施工倾角的变化对堵塞段长度与吹通压力的影响。

(3) 钻穴区滑移接触面摩擦系数 f_2 的变化对堵塞段长度与吹通压力的影响。

钻穴区滑移接触面受煤体种类、煤体力学强度及接触面颗粒度的影响，本书不做具体阐述，滑移接触面摩擦系数 f_2 有增大的趋势，取 $f_2=0.3$、0.4、0.5 三种情况进行分析。

3.3.2 钻穴区钻孔堵塞段力学模型求解

钻穴区钻孔堵塞段力学方程，综合考虑了钻穴区和常态钻孔形成的堵塞段受力情况，前文已对常态钻孔堵塞段力学情况进行了详尽分析，因此，仅考虑当 $L=L_1$ 时，全塌孔堵塞段对钻孔排渣的影响，即考虑钻孔被突然形成的塌孔区覆盖，致使钻孔堵塞，由式（3-16）可得

$$S_r\mathrm{d}p=[S_d\cos\theta f_1+(S_r-S_d)\cos\theta f_2+S_a f_2\cos\theta-S_r\sin\theta]\rho_b g\mathrm{d}L_1+\\ (f_1 d+f_2 D)kp\pi\mathrm{d}L_1 \tag{3-17}$$

整理得

$$\mathrm{d}L_1=\frac{S_r\mathrm{d}p}{[S_d\cos\theta f_1+(S_r-S_d)\cos\theta f_2+S_a f_2\cos\theta-S_r\sin\theta]\rho_b g+(f_1 d+f_2 D)kp\pi}$$

两边积分

$$\int_0^{L_1}\mathrm{d}L=\int_0^{L_1}\frac{S_r\mathrm{d}p}{[S_d\cos\theta f_1+(S_r-S_d)\cos\theta f_2+S_a f_2\cos\theta-S_r\sin\theta]\rho_b g+(f_1 d+f_2 D)kp\pi}$$

根据上述公式，D、d、ρ、f、θ、k 为常数，设 $L_1=0$ 时，$p=p_2$，当堵塞段长度增大到 L 时，$p=p_1$，可得

$$\int_0^{L_1}\mathrm{d}L=\int_{P_2}^{P_1}\frac{S_r\mathrm{d}p}{[S_d\cos\theta f_1+(S_r-S_d)\cos\theta f_2+S_af_2\cos\theta-S_r\sin\theta]\rho_bg+(f_1d+f_2D)kp\pi}$$

整理得

$$L_1=\frac{S_r}{(f_1d+f_2D)k\pi}$$

$$\ln\frac{[S_d\cos\theta f_1+(S_r-S_d)\cos\theta f_2+S_af_2\cos\theta-S_r\sin\theta]\rho_bg+(f_1d+f_2D)kp_1\pi}{[S_d\cos\theta f_1+(S_r-S_d)\cos\theta f_2+S_af_2\cos\theta-S_r\sin\theta]\rho_bg+(f_1d+f_2D)kp_2\pi}$$

当钻孔堵塞时，堵塞段钻孔外部的气体压力 p_2 与大气压力相同，以大气压力为参考压力，因此，计算中，可取 $p_2=0$，p_1 取钻孔内部排渣风力形成的表压力 p，可得

$$L_1=\frac{S_r}{(f_1d+f_2D)k\pi}$$

$$\ln\frac{[S_d\cos\theta f_1+(S_r-S_d)\cos\theta f_2+S_af_2\cos\theta-S_r\sin\theta]\rho_bg+(f_1d+f_2D)kp_1\pi}{[S_d\cos\theta f_1+(S_r-S_d)\cos\theta f_2+S_af_2\cos\theta-S_r\sin\theta]\rho_bg}$$

$$L_1=\frac{S_r}{(f_1d+f_2D)k\pi}\ln\left\{\frac{(f_1d+f_2D)kp_1\pi}{[S_d\cos\theta f_1+(S_r-S_d)\cos\theta f_2+S_af_2\cos\theta-S_r\sin\theta]\rho_bg}+1\right\} \tag{3-18}$$

整理得

$$\frac{(f_1d+f_2D)k\pi p}{[S_d\cos\theta f_1+(S_r-S_d)\cos\theta f_2+S_af_2\cos\theta-S_r\sin\theta]\rho_bg}=\mathrm{e}^{\frac{(f_1d+f_2D)k\pi}{S_r}L}-1 \tag{3-19}$$

式 (3-19) 可表示为关于吹通压力 p 的方程：

$$p=[\mathrm{e}^{\frac{(f_1d+f_2D)k\pi}{S_r}L}-1]\frac{\rho_bg[S_d\cos\theta f_1+(S_r-S_d)\cos\theta f_2+S_af_2\cos\theta-S_r\sin\theta]}{(f_1d+f_2D)k\pi} \tag{3-20}$$

施工水平孔时 $\theta=0°$，此时方程如下：

$$p=[\mathrm{e}^{\frac{(f_1d+f_2D)k\pi}{S_r}L}-1]\frac{\rho_bg[S_df_1+(S_r-S_d)f_2+S_af_2]}{(f_1d+f_2D)k\pi} \tag{3-21}$$

3.3.3 钻穴区截面积对钻孔堵塞的影响

钻穴区大小决定于塌孔区截面积 S_a 的大小，通过分析 S_a 的变化，进而分析堵塞段长度与吹通压力的关系。无论是仰孔、水平孔还是俯孔，当钻穴区沿轴向截面积 S_a 越大，对钻孔排渣影响越大，因此，分析钻穴区对钻孔堵塞的影响情

况，仅需要分析其中任何一种施工方式。本节考虑水平孔时，钻穴区大小对钻孔堵塞的影响。

恒定参数：$D=120$ mm，$d=73$ mm，$k=0.5$，堵塞段煤与钻杆表面的摩擦系数 $f_1=0.1$，堵塞段煤与孔壁的摩擦系数 $f_2=0.3$。

变化参数：考虑 $S_a=0.2$ m^2、0.3 m^2、0.4 m^2、0.5 m^2 情况下，堵塞段长度与吹通压力的关系。

将上述参数分别代入式（3-21），可得如下四个方程：

$$p = 7098(e^{9.55L}-1) \quad p = 10558(e^{9.55L}-1)$$

$$p = 14018(e^{9.55L}-1) \quad p = 17477(e^{9.55L}-1)$$

基于上述方程，应用 Maple 软件，在同一坐标系下拟合相应曲线，如图 3-15 所示。

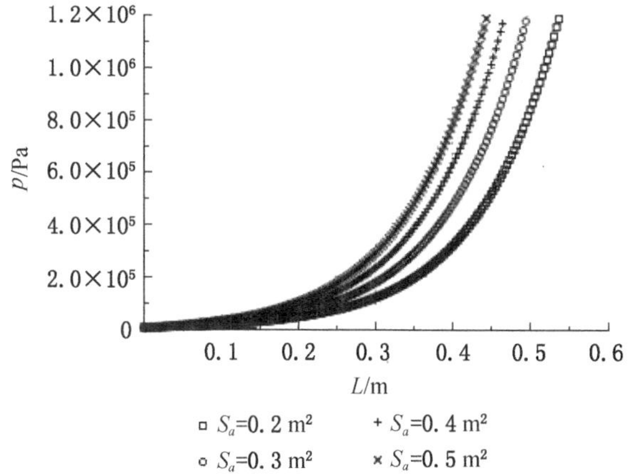

图 3-15 不同钻穴区截面积条件下吹通压力与堵塞段长度的关系曲线

由图 3-15 可以得到如下结论：

（1）随着钻穴区截面积的增大，钻穴区钻孔堵塞段长度与吹通压力的关系曲线向左收敛，宏观上钻穴区截面积越大，所需吹通压力越大，钻孔施工难度相应增大。

（2）当堵塞段长度小于 0.3 m 时，对于四种截面情况，所需最大吹通压力小于 0.4 MPa，表明钻孔上方的钻穴区，当沿轴向长度较小时，钻穴区不足以造成钻孔发生严重堵孔，而后，随着堵塞段的增长，所需吹通压力呈指数倍增长。当 $L=0.4\sim0.5$ m 时，几种钻穴区所需吹通压力迅速达到 1.2 MPa，该风压值一般很难达到，钻孔必然堵塞。

（3）当堵塞段长度为0.3 m时，钻穴区截面积每增大0.1 m^2，相应的所需吹通压力将增加0.05~0.1 MPa。随着堵塞段长度的增加，不同截面积条件下，所需吹通压力呈增长趋势，任意两曲线之间的垂直距离呈增大趋势，如当堵塞段长度为0.4 m时，塌孔区截面积每增大0.1 m^2，相应的所需吹通压力将增加0.2 MPa以上。

3.3.4 钻穴区钻孔倾角对钻孔堵塞的影响

3.3.4.1 倾角变化时堵塞段长度与吹通压力关系分析

为更加清晰地反映钻穴区在不同倾角钻孔情况下所起的作用，与常态钻孔情况进行对比分析。

恒定参数：$D=120$ mm，$d=73$ mm，$k=0.5$，堵塞段煤与钻杆表面的摩擦系数$f_1=0.1$，堵塞段煤与孔壁的摩擦系数$f_2=0.3$，$S_a=0.3\ m^2$。

变化参数：考虑常态钻孔时，仰孔、水平孔、俯孔角度分别为10°、0°、-10°三种情况；出现钻穴区时，同样设置仰孔、水平孔、俯孔角度分别为10°、0°、-10°三种情况，分析对比堵塞段长度L与吹通压力p的关系。

将上述参数分别代入相应方程，可得如下方程：

（1）常态钻孔时，$\theta=10°$、0°、-10°的相应方程：

$p=33(e^{9.55L}-1)$　$p=178(e^{9.55L}-1)$　$p=319(e^{9.55L}-1)$

（2）出现钻穴区时，$\theta=10°$、0°、-10°的相应方程：

$p=10257(e^{9.55L}-1)$　$p=10558(e^{9.55L}-1)$　$p=10542(e^{9.55L}-1)$

基于上述方程，在同一坐标系下拟合相应曲线，如图3-16所示。

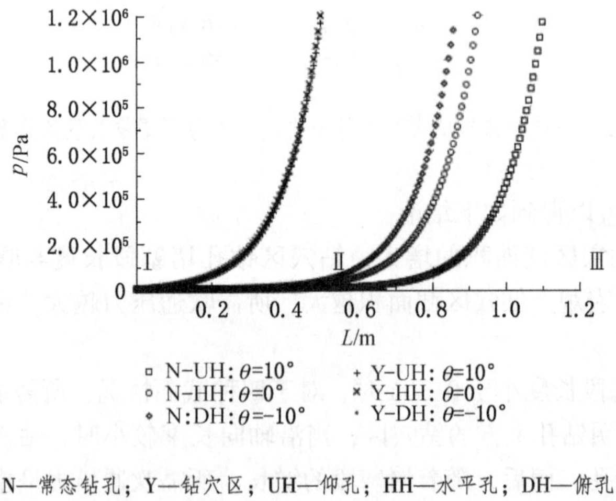

N—常态钻孔；Y—钻穴区；UH—仰孔；HH—水平孔；DH—俯孔；
Ⅰ—安全区；Ⅱ—相对安全区；Ⅲ—堵塞危险区

图3-16 不同钻孔倾角条件下常态钻孔、钻穴区的吹通压力与堵塞段长度的关系曲线

基于图 3-16，进行如下分析：

（1）当钻孔上方出现钻穴区时，相对于常态钻孔，钻穴区的吹通压力与堵塞段长度关系曲线急剧向左收缩，进一步证明了钻穴区对钻孔堵塞的影响起主导作用。结合工程实践，对于松软突出煤层，当地应力、瓦斯压力及钻杆扰动力等因素造成的孔内钻穴，都会导致钻孔堵塞的概率提高。因此，基于数学模型，结合理论推导，证明工程实践中的模糊问题，有利于更加深入地认识问题的本质，对于定性分析影响钻进困难的因素具有重大意义。

（2）在钻孔倾角变化不大的情况下，相同大小的钻穴区的吹通压力与堵塞段长度相关曲线基本重合，可见小倾角情况下，钻穴区对钻孔堵塞的影响规律几乎相同。

（3）根据相关曲线位置，可以划分为三个区域，即安全区、相对安全区、堵塞危险区。在安全区任意一点，无论是常态钻孔还是小型钻穴区，相对应的吹通压力都大于相同堵塞段长度所需的吹通压力，当二者同时存在，堵塞段长度 $L<0.4$ m 时，仍然相对安全；当施工工况位于相对安全区，钻孔未出现钻穴区时，钻孔内不会堵塞，出现钻穴时，钻孔立即堵塞；当施工工况位于堵塞危险区时，钻孔必然堵塞。

3.3.4.2 堵塞段长度固定时钻孔倾角与吹通压力关系分析

恒定参数与上述分析相同，设常态钻孔、钻穴区堵塞段长度分别为 $L=0.6$ m、$L=0.7$ m 时，分析钻孔倾角与吹通压力的关系。

将上述参数分别代入相应力学方程，可得如下方程：

（1）常态钻孔方程：

$L=0.6$ m 时，$p = 5.47 \times 10^4 \sin\theta - 2.52 \times 10^5 \cos\theta$；

$L=0.7$ m 时，$p = 1.42 \times 10^5 \sin\theta - 5.55 \times 10^5 \cos\theta$。

（2）钻穴区方程：

$L=0.6$ m 时，$p = 3.23 \times 10^6 \sin\theta - 2.52 \times 10^5 \cos\theta$；

$L=0.7$ m 时，$p = 8.42 \times 10^6 \sin\theta - 6.55 \times 10^5 \cos\theta$。

基于上述方程，应用 Maple 软件，在同一坐标系下拟合相应曲线，如图 3-17 所示。

基于图 3-17，进行如下分析：

（1）关键点数据分析。

①仰孔关键数据点分析。

常态钻孔，当 $L=0.6$ m、0.7 m 时，仰孔在 $0 \sim \pi/2$ 范围内，伴随钻孔施工倾角的增大，相应的吹通压力逐渐降低。吹通压力最小值出现在 x 轴交点处，$L=0.6$ m、0.7 m 与坐标轴交于相同点，交点 C_1 坐标为 C_1（0.214，0），转化为

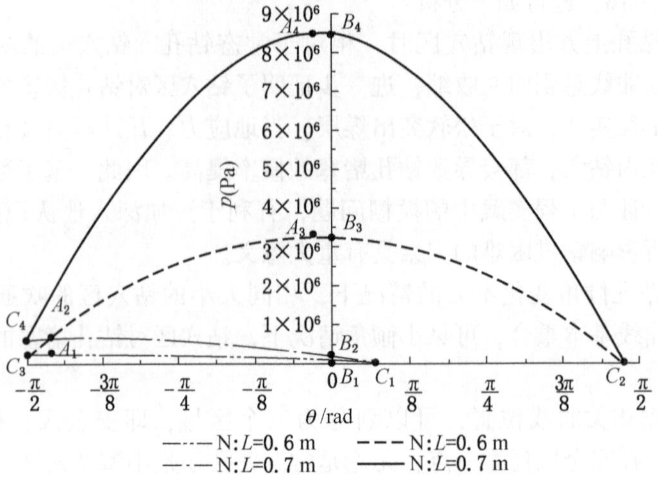

图 3-17 相同堵塞段长度条件下吹通压力与钻孔倾角的关系曲线

角度 $\theta_U=12.3°$，即钻孔倾角大于 12.3°时，$L=0.6$ m、0.7 m 的堵塞段在自重作用下，自动疏通；吹通压力最大值出现在 y 轴交点处，$L=0.6$ m、0.7 m 与坐标轴交点 B_1、B_2 坐标分别为 B_1（0，0.055）和 B_2（0，0.142），B_1、B_2 点对应的吹通压力同时也是水平孔状态下 $L=0.6$ m、0.7 m 堵塞段所对应的吹通压力。

出现钻穴区，当 $L=0.6$ m、0.7 m 时，仰孔在 0～π/2 范围内，伴随钻孔施工倾角的增大，相应的吹通压力逐渐降低，与 x 轴交于同一点 C_2，坐标为 C_2（1.493，0），转化为角度 $\theta_U=85.5°$，即理论上钻孔倾角大于 85.5°时，$L=0.6$ m、0.7 m 堵塞段在自重作用下，自动疏通；吹通压力出现在 y 轴交点处，$L=0.5$ m、0.6 m 与坐标轴交点 B_3、B_4 坐标分别为（0，3.23）和（0，8.42）。

②俯孔关键数据点分析。

常态钻孔，当 $L=0.6$ m、0.7 m 时，俯孔 −π/2～0 范围内，随着钻孔施工倾角绝对值的增大，相应的吹通压力呈现升高的趋势，吹通压力最小值出现在 B_1、B_2 点；最大值出现在 A_1、A_2 点，坐标分别为 A_1（−1.357，0.257）和 A_2（−1.357，0.67）。

出现钻穴区，俯孔 −π/2～0 范围内，随着钻孔施工倾角绝对值的增大，相应的吹通压力呈现降低的趋势，吹通压力最小值出现在 C_3、C_4 点，坐标分别为 C_3（−π/2，0.25）和 C_4（−π/2，0.65），即俯孔倾角为 −π/2，$L=0.6$ m、0.7 m 时，对应的吹通压力分别为 0.25 MPa、0.65 MPa；最大值出现在 A_3、A_4 点，坐标分别为 A_3（−0.078，3.24）和 A_4（−0.078，8.45），即俯孔倾角 $\theta_D=4.44°$，$L=0.6$ m、0.7 m 时，对应的吹通压力分别为 3.24 MPa、8.45 MPa。

（2）当 $\theta=0°$ 时，堵塞段长度 $L=0.6$ m、0.7 m 时常态钻孔、钻穴区相应曲线与 y 轴的交点分别为 B_1、B_2、B_3、B_4，相对应的压力值分别为 0.055 MPa、0.142 MPa、3.23 MPa、8.42 MPa，即不同状态下仰孔的最大压力值。对于常态钻孔，很容易疏通，当出现钻穴区时，所需吹通压力迅速增长到 3 MPa 以上，远远超出风压管路的上限，即钻孔发生无法疏通性堵塞。可见，钻穴区对钻孔堵塞起决定作用，主要体现在钻穴区内煤体重力作用形成的摩擦阻力，水平孔时全部重力完全作用在堵塞段，因此，钻穴区使钻孔发生致命堵塞。

（3）当 $\theta=-\pi/2$ 时，钻穴区倾角与吹通压力关系曲线交于一点，即 $L=0.6$ m 时，交于 C_3 点，吹通压力同为 0.25 MPa；$L=0.7$ m 时，交于 C_4 点，吹通压力同为 0.65 MPa。可见，对于常态钻孔俯孔，堵塞段煤体重力作用达到最大值，致使吹通压力相对较高；对于理想的竖直孔，当不考虑钻穴区的煤体膨胀时，钻穴区的煤体重力作用于钻穴区沿轴线方向上下两侧，不会对钻孔堵塞造成影响。

（4）在坐标轴两侧，绝对值相同倾角位置对应的吹通压力值，俯孔区间曲线向上倾斜，对应压力值偏高，同时，吹通压力的最大值出现在俯孔 $-\pi/2 \sim 0$ 范围内。这间接表明，对于常规的几种钻孔类型，俯孔施工相对困难。

（5）观察四条曲线可以发现，对于仰孔，倾角越大越有利于施工，而对于俯孔，钻穴区的相应曲线，与常规工程的经验判断存在矛盾；对于俯孔，倾角越大越有利于钻孔施工。由于钻穴区对钻孔排渣阻力的影响主要来源于钻穴区煤体的重力，而倾角越大，钻穴区两侧分担平衡的重力越大，钻穴区对钻孔的阻力越小，更有利于钻孔施工。因此，在现场施工时，受煤层条件限制，不得不施工俯孔的煤层，如煤层条件差，孔内易失稳形成钻穴时，在风压足够的情况下，设计倾角偏大的钻孔，更有利于钻孔排渣。

3.3.5　钻穴区摩擦系数对钻孔堵塞的影响

在实际工程中钻穴区的形成具有突发性，同时，钻穴的形状很难判断，非线性强，煤体强度及煤体颗粒度都会对钻穴与钻孔交界面的摩擦系数产生较大影响。因此，在堵塞段煤与孔壁的摩擦系数 f_2 变化条件下，分析堵塞段长度与吹通压力的关系具有重要的现实意义。钻穴区摩擦系数 f 对钻孔堵塞的影响，仅以仰孔为例，采取常态钻孔与钻穴区相对比的形式进行分析。

恒定参数：$D=120$ mm，$d=73$ mm，$k=0.5$，堵塞段煤与钻杆表面的摩擦系数 $f_1=0.1$，仰孔钻孔倾角为 10°，$S_a=0.3\ \mathrm{m}^2$。

变化参数：考虑 $f_2=0.3$、0.4、0.5 情况下，堵塞段长度与吹通压力的关系。

将上述参数分别代入相应方程，可以得到如下方程：

（1）常态钻孔，$f_2=0.3$、0.4、0.5 的相应方程：

$$p = 33(e^{9.55L} - 1) \quad p = 63(e^{12.2L} - 1) \quad p = 82(e^{14.84L} - 1)$$

(2) 出现钻穴区，$f_2=0.3$、0.4、0.5 的相应方程：

$$p = 10257(e^{9.55L} - 1) \quad p = 10736(e^{12.2L} - 1) \quad p = 11045(e^{14.84L} - 1)$$

基于上述方程，应用 Maple 软件，在同一坐标系下拟合相应曲线，如图 3-18 所示。

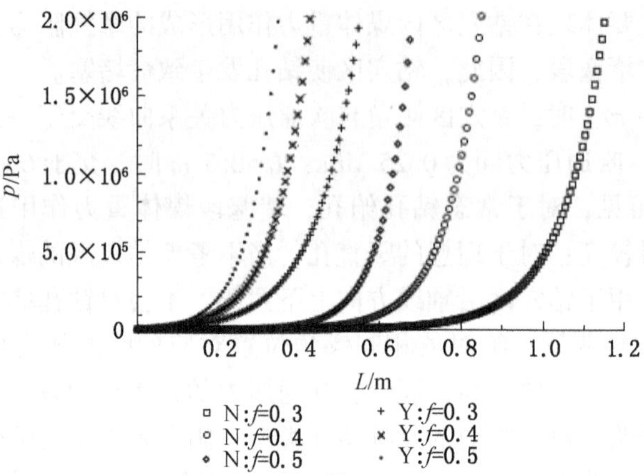

图 3-18 不同摩擦系数条件下吹通压力与堵塞段长度的关系曲线

基于图 3-18，进行如下分析：

(1) 钻穴滑移面的摩擦系数对吹通压力 p 与堵塞段长度 L 的影响较为明显。当 $L<0.2$ m 时，摩擦系数增大，相同堵塞段长度所需吹通压力增长了近一倍；当 $L>0.2$ m 时，相同堵塞段长度所需吹通压力增长更为迅速，可见滑移面的摩擦系数变化对钻孔堵塞的影响非常敏感。

(2) 随着摩擦系数的增大，常态钻孔与钻穴区的吹通压力 p、堵塞段长度 L 的关系曲线之间的距离逐渐缩短，可见，摩擦系数变化对钻孔堵塞的影响非常大。通常情况下，煤体力学性能稳定，煤质较为均匀时，钻头破煤形成钻孔壁的摩擦系数也较为稳定；当煤体为构造鸡窝煤、软硬夹层煤，或过断层、穿矸等情况时，一般会出现孔壁摩擦系数的突变，当该区域出现堵塞段时，钻孔发生完全堵塞的概率将会增大。

3.4 钻孔堵塞时间效应分析

上文旨在分析钻孔堵塞的规律，在实际钻孔工程中，钻头破煤量一定的情况下，钻孔堵塞段长度增长需要时间的积累，钻屑颗粒群由钻头破煤处运移到堵塞段的位置，同样需要时间的积累。可见，时间参数 t 对于研究钻孔堵塞非常重要，将时间参数 t 引入，结合吹通压力 p 与堵塞段长度 L 关系的相关结论，探讨钻屑运移时间 t 对钻孔堵塞的影响，称为“$p-t$”关系分析。

3.4.1 钻屑颗粒群运移时间引入

在实际钻孔工程中，根据钻孔堵塞的位置，采用钻头破煤速度 v_d 固定后，钻头的理想破煤量 Q_D 为常数。根据排渣质量流量 Q_s 的计算方法，钻屑量附加系数 k_D 是一个非常重要的参数，它能够集中反映钻进过程中地应力、瓦斯压力、煤体力学性质及钻杆扰动力等因素对钻屑量的影响。根据施工地点的煤层地质条件可以确定钻屑量附加系数 k_D，使钻进排渣质量流量更接近真实工况，钻进排渣质量流量 $Q_s=k_DQ_D$。

钻孔堵塞段长度增长，需要一定时间，钻头破煤形成的钻屑脱离挤压状态，呈现膨胀、松散状态，因此，钻屑堆积形成的堵塞段应取堆积密度 ρ_b。由于孔内堵塞段截面为环状，当孔内出现堵塞时，堵塞段增长速度大于钻头破煤前移速度，L_1 有减小趋势，但减小幅度较小。因此，忽略其对 L_1 的影响，设堵塞段位置到孔底的距离为 L_1，钻屑颗粒群移动的平均速度为 v_s，形成堵塞段长度为 L，钻屑运移堆积时间为 t_1，钻屑颗粒群移动堵塞位置的时间为 t_2。

$$t_1=\frac{m}{Q_s}=\frac{\rho_b\frac{\pi}{4}(D^2-d^2)L}{Q_s} \tag{3-22}$$

$$t_2=\frac{L_1}{v_s} \tag{3-23}$$

综合考虑钻屑堵塞段长度的堆积时间为 t_1 和钻屑颗粒群移动到堵塞位置的时间为 t_2，堵塞段长度达到 L 所需时间 t 为

$$t=t_1+t_2=\frac{\rho_b\frac{\pi}{4}(D^2-d^2)L}{Q_s}+\frac{L_1}{v_s} \tag{3-24}$$

基于式（3-24），转化为钻孔堵塞段长度 L 与钻屑运移时间 t 的关系公式：

$$L=\frac{4Q_s}{\rho_b\pi(D^2-d^2)}\left(t-\frac{L_1}{v_s}\right) \tag{3-25}$$

根据式（3-25），设钻孔直径 $D=120$ mm，钻杆直径 $d=73$ mm，煤的真密度 $\rho_s=1400\ \mathrm{kg/m^3}$，堵塞段位置到孔底的距离 $L_1=30$ m；钻屑颗粒群平均移动速度 $v_s=12$ m/s，钻头破煤平均速度 $v_d=0.5$ m/min，钻孔质量为 15.826 kg/m，则理想质量流量 $Q_D=0.132$ kg/s。

本节分析两种情况：

（1）非突出煤层。非突出煤层 k_D 值较小，假设煤体强度高，综合力学性能

好，不考虑钻屑量附加系数的影响，即 $k_D=1$ 时，$Q_D=0.132$ kg/s。

(2) 煤与瓦斯突出煤层。煤与瓦斯突出煤层，考虑钻屑量附加系数 k_D 的影响，即 $k_D=3$，$Q_s=0.396$ kg/s。

基于上述两种情况进行曲线拟合，得到堵塞段长度与钻屑颗粒群运移时间的关系曲线，如图 3-19 所示。

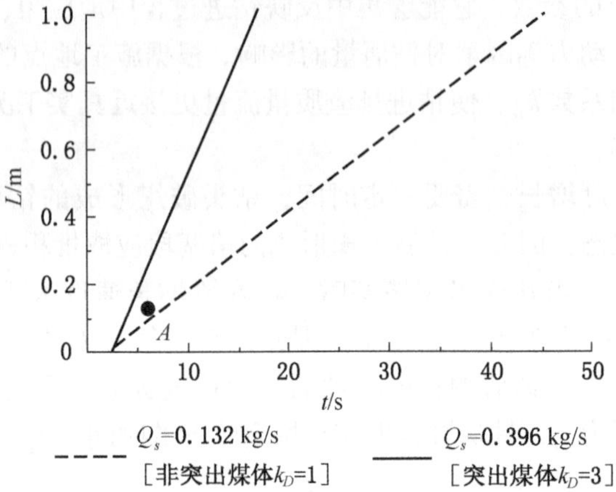

图 3-19 堵塞段长度与钻屑运移时间的关系曲线

基于图 3-19，进行如下分析：

(1) 成孔效率越高，钻屑质量流量越大，堆积相同堵塞段长度所需时间越短；钻屑质量流量越小，堆积相同堵塞段长度所需时间越长。

(2) 时间轴上点 A (2.5，0)，表明受堵塞段位置到孔底距离的影响，钻屑颗粒平均运行 2.5 s 即在堵塞位置堆积。

(3) 图 3-19 中，20 s 时间内，非突出煤层形成的堵塞段长度 $L=0.41$ m，突出煤层形成的堵塞段长度 $L=1.22$ m。可见，突出煤层钻进，钻孔排渣量远大于理想状态，钻孔堵塞段更容易快速形成，钻孔堵塞的概率将提高。

3.4.2 常态钻孔堵塞时间效应分析

3.4.2.1 常态钻孔 p-t 关系方程

将时间参数 t 代入常态钻孔堵塞段长度与吹通压力关系方程，将式 (3-25) 代入式 (3-9) 可得到吹通压力与钻屑颗粒群运移时间关系方程：

$$p=\left[e^{\frac{(f_1d+f_2D)k\pi}{S_r}\left(t-\frac{L_1}{v_s}\right)\frac{Q_s}{\rho_b S_r}}-1\right]\frac{\rho_b g[S_d\cos\theta f_1+(S_r-S_d)\cos\theta f_2-S_r\sin\theta]}{(f_1d+f_2D)k\pi} \tag{3-26}$$

3.4.2.2 分析方法

基于常态钻孔、钻穴区钻孔堵塞段的力学模型分析，结合图3-5、图3-7、图3-8、图3-16、图3-17，根据曲线随着堵塞段长度的变化情况及相应的吹通压力增长情况，以吹通压力 p 为参考值，界定常态钻孔堵塞时间效应，分析钻孔可能堵塞的时间段，结合工程实际供风压力情况，将堵塞过程分为以下三个时间段。

1. 绝对安全时间 T_A

在吹通压力 $p<0.2$ MPa 条件下，吹通压力 p 与堵塞段长度 L 关系曲线斜率变化增长平稳，形成的堵塞段容易被吹通，因此，基于式（3-26），确定绝对安全时间 T_A 求解方法为

$$|p|<2\times 10^5 \tag{3-27}$$

即

$$\left|\left[e^{\frac{(f_1d+f_2D)k\pi}{S_r}\left(t-\frac{L_1}{v_s}\right)\frac{Q_s}{\rho_b S_r}}-1\right]\frac{\rho_b g[S_d\cos\theta f_1+(S_r-S_d)\cos\theta f_2-S_r\sin\theta]}{(f_1d+f_2D)k\pi}\right|<2\times 10^5 \tag{3-28}$$

2. 相对安全时间 T_R

在吹通压力 $0.2\ \text{MPa}<p<0.8$ MPa 条件下，吹通压力 p 与堵塞段长度 L 关系曲线斜率增长加快，曲线上扬，吹通压力增长幅度增大，吹通堵塞需要较高压力，基于式（3-26），确定相对安全时间 T_R 求解方法为

$$2\times 10^5<|p|<8\times 10^5 \tag{3-29}$$

即

$$2\times 10^5<\left|\left[e^{\frac{(f_1d+f_2D)k\pi}{S_r}\left(t-\frac{L_1}{v_s}\right)\frac{Q_s}{\rho_b S_r}}-1\right]\frac{\rho_b g[S_d\cos\theta f_1+(S_r-S_d)\cos\theta f_2-S_r\sin\theta]}{(f_1d+f_2D)k\pi}\right|<8\times 10^5 \tag{3-30}$$

3. 危险时间 T_D

在吹通压力 $p>0.8$ MPa 条件下，吹通压力 p 与堵塞段长度 L 关系曲线斜率快速增长，在较短时间内，吹通压力将超过施工现场的供风压力上限，钻孔难以疏通，很容易堵塞，基于式（3-26），确定相对危险时间 T_D 求解方法为

$$|p|>8\times 10^5 \tag{3-31}$$

即

$$\left|\left[e^{\frac{(f_1d+f_2D)k\pi}{S_r}\left(t-\frac{L_1}{v_s}\right)\frac{Q_s}{\rho_b S_r}}-1\right]\frac{\rho_b g[S_d\cos\theta f_1+(S_r-S_d)\cos\theta f_2-S_r\sin\theta]}{(f_1d+f_2D)k\pi}\right|>2\times 10^5 \tag{3-32}$$

3.4.2.3 算例分析

1. 基本参数设置

设钻孔直径 $D=120$ mm，钻杆直径 $d=73$ mm，煤的堆积密度 $\rho_b=800$ kg/m^3，堵塞段煤与钻杆表面的摩擦系数 $f_1=0.1$，堵塞段煤颗粒与孔壁的摩擦系数 $f_2=0.3$，侧压系数 $k=0.5$，以水平孔为分析对象，钻孔倾角 $\theta=0°$，堵塞段位置到孔底的距离 $L_1=30$ m，钻屑颗粒群移动速度 $v_s=12$ m/s，设钻头破煤平均速度为 0.5 m/min。钻进排渣质量流量 Q_s 分为以下两种情况进行分析：

（1）非突出煤层。钻屑量附加系数 $k_D=1$ 时，$Q_D=0.132$ kg/s。

（2）煤与瓦斯突出煤层。钻屑量附加系数 $k_D=3$ 时，$Q_s=0.396$ kg/s。

2. 求解方程

将已知参数代入式（3-25），可得 $k_D=1$、$k_D=3$ 钻孔堵塞段长度 L 与钻屑运移时间 t 求解方程：

$$L=0.0232t-0.0579 \tag{3-33}$$

$$L=0.0695t-0.1738 \tag{3-34}$$

将已知参数代入式（3-26），$k_D=1$、$k_D=3$ 相对应水平孔方程：

$$p=178.5\left[e^{(0.2212t-0.553)}-1\right] \tag{3-35}$$

$$p=178.5\left[e^{(0.6637t-1.659)}-1\right] \tag{3-36}$$

3. 结果分析

基于吹通压力 p 与钻屑颗粒群运移时间 t 关系方程，结合堵塞段长度与钻屑颗粒群运移时间关系方程，利用 Matlab 软件，在同一坐标下显示常态钻孔堵塞与钻屑颗粒群运移时间关系曲线。

基于式（3-33），可得 $k_D=1$ 常态钻孔堵塞的时间效应曲线，如图 3-20a 所示；基于式（3-34），可得 $k_D=3$ 常态钻孔堵塞的时间效应曲线，如图 3-20b 所示。

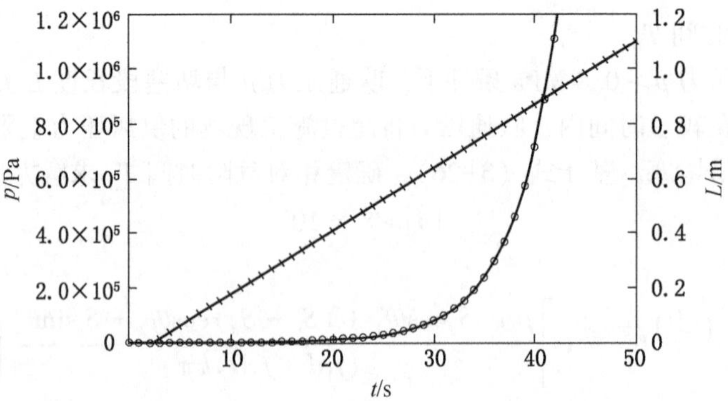

(a) $k_D=1$

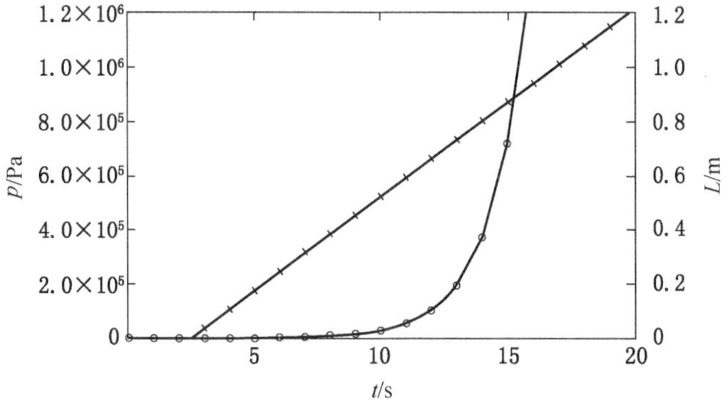

(b) $k_D=3$

图 3-20 常态钻孔堵塞的时间效应曲线

依据绝对安全时间 T_A、相对安全时间 T_R 及危险时间 T_D 分析方法，求解关键时间点，表 3-2 为常态钻孔堵塞关键时间点对应表。

表 3-2 常态钻孔堵塞关键时间点对应表

t/s	$k_D=1$	$k_D=3$
T_A	$t<34.2$ s	$t<13.1$ s
T_R	34.2 s$<t<$40.5 s	13.1 s$<t<$15.2 s
T_D	$t>40.5$ s	$t>15.2$ s

结合表 3-2，分析常态钻孔可能堵塞的时间段，具体分析如下：

（1）钻孔堵塞绝对安全时间 T_A。根据图 3-20、表 3-2，当孔内出现钻屑堆积并形成堵塞段时，随着钻屑颗粒群运移时间的延长，堵塞段长度逐渐增大，吹通压力也随之增大。当 $k_D=1$、$k_D=3$ 时钻孔堵塞绝对安全时间 T_A 为 $t=34.2$ s、$t=13.1$ s。

在安全时间范围内，形成的堵塞段长度相对较短，所需吹通压力 $p<0.2$ MPa，可见，该条件下，即便钻孔绝对安全时间 T_A 内不出渣，钻孔堵塞段也很容易被疏通，因此，观察孔口出渣频率应在绝对安全时间 T_A 范围内。

$k_D=1$ 时的非突出煤层的 T_A 是 $k_D=3$ 时的突出煤层的 2.6 倍左右，表明对于非突出煤层钻进，有更长的时间发现和处理孔内堵塞段的发生和疏通，钻孔堵塞的概率大为降低。

（2）钻孔堵塞相对安全时间 T_R。根据图 3-20、表 3-2，$k_D=1$、$k_D=3$ 时钻孔堵塞相对安全时间 T_R 范围为 $34.2\ \text{s}<t<40.5\ \text{s}$、$13.1\ \text{s}<t<15.2\ \text{s}$。

在相对安全时间范围内，吹通压力与钻屑颗粒群运移时间关系曲线斜率增长迅速，即在较短时间内所需吹通压力增长迅速，在相对安全时间范围内，钻孔堵塞后，当风压不稳定或堵塞段距孔底较远时，钻进过程中操作稍有不慎，在较短时间内，钻孔将发生难以疏通的堵塞。例如，$k_D=1$，当 $t=38$ s 时，在较短的 2 s 内，堵塞段所需吹通压力达到 0.46 MPa，相比安全时间范围，相应吹通压力增长了 2 倍。

（3）钻孔堵塞危险时间 T_D。当绝对安全时间 T_A、相对安全时间 T_R 确定后，钻孔堵塞危险时间 T_D 很容易确定，即当 $k_D=1$、$k_D=3$ 时堵塞危险时间 T_D 分别为 $t>40.5$ s、$t>15.2$ s。

在危险时间 T_D 范围内，吹通压力与钻屑颗粒群运移时间关系曲线斜率跳跃性增长，吹通压力一般在较短时间内迅速增长。例如，$k_D=1$，当 $t=43$ s 时，相应吹通压力达到 1.39 MPa，井下巷道风管一般风压为 0.5～0.8 MPa，一般供风条件下的矿井很难疏通。可见，在危险时间 T_D 临界点上，短时间内相应吹通压力呈现跳跃性增长，在危险时间范围内钻孔堵塞的概率明显增大。

3.4.3 钻孔收缩区发生堵塞时间效应分析

3.4.3.1 钻孔收缩区 p-t 关系方程

基于第 2 章钻孔收缩比 D_c 的讨论，许多突出矿井煤层为强度较低的易碎煤体，钻孔收缩比较大。在成孔过程中，钻孔收缩是工程人员容易忽视并且对钻屑运移及气力损耗影响较大的重要因素，钻孔收缩比实际上是指钻孔孔径变小。本节结合堵塞段长度与吹通压力关系方程，引入钻屑颗粒群运移时间，分析钻孔收缩的形成，对钻孔堵塞的影响。

基于式（3-26），考虑钻孔收缩比 D_c 时，可得到吹通压力与钻屑颗粒群运移时间 p-t 关系方程：

$$p=\left\{e^{\frac{[f_1 d+f_2 D(1-D_c)]k\pi}{S_r}\left(t-\frac{L_1}{v_s}\right)\frac{Q_s}{\rho_b S_r}}-1\right\}\frac{\rho_b g[S_d\cos\theta f_1+(S_r-S_d)\cos\theta f_2-S_r\sin\theta]}{[f_1 d+f_2 D(1-D_c)]k\pi} \tag{3-37}$$

3.4.3.2 算例分析

钻孔收缩区堵塞时间效应分析与常态钻孔堵塞时间效应分析方法相同。

1. 基本参数设置

设钻孔收缩比 $D_c=10\%$，其他恒定参数与常态钻孔 $p-t$ 关系时的参数相同。将钻孔收缩比计入相关参数后，钻孔最大变形量为 6 mm，钻孔直径 $D=108$ mm。钻进排渣质量流量 Q_s 分为以下两种情况进行分析：

（1）非突出煤层。煤体强度较低，钻孔发生收缩，孔内排渣空间缩小，孔壁受钻杆扰动作用增强，产生附加钻屑量，钻屑量附加系数 $k_D=1.5$ 时，$Q_D=0.198$ kg/s。

（2）煤与瓦斯突出煤层。钻屑量附加系数 $k_D=3$ 时，$Q_s=0.396$ kg/s。

2. 求解方程

将已知参数代入式（3-25），可得 $k_D=1.5$、$k_D=3$ 钻孔堵塞段长度 L 与钻屑运移时间 t 求解方程：

$$L = 0.0498t - 0.1244 \tag{3-38}$$

$$L = 0.0995t - 0.2489 \tag{3-39}$$

将已知参数代入式（3-37），$k_D=1.5$、$k_D=3$ 水平孔方程：

$$p = 143[e^{(0.6238t-1.5595)} - 1] \tag{3-40}$$

$$p = 143[e^{(1.2376t-3.1189)} - 1] \tag{3-41}$$

3. 结果分析

基于式（3-38）、式（3-40），可得 $k_D=1.5$ 收缩区堵塞的时间效应曲线，如图 3-21a 所示；基于式（3-39）、式（3-41），可得 $k_D=3$ 收缩区堵塞的时间效应曲线，如图 3-21b 所示。

依据绝对安全时间 T_A、相对安全时间 T_R 及危险时间 T_D 分析方法，求解关键时间点，表 3-3 为收缩区堵塞关键时间点。

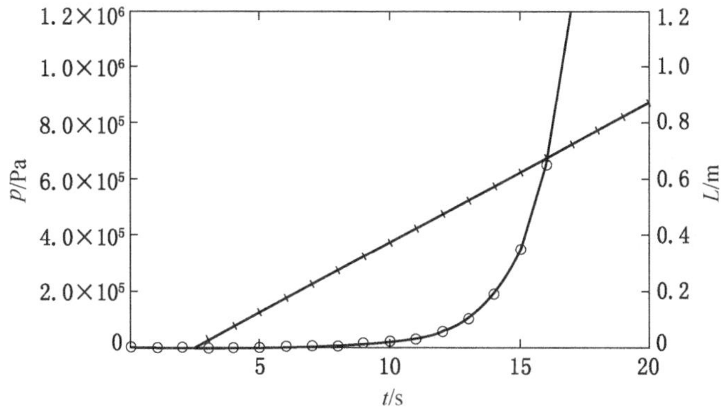

(a) $k_D=1.5$

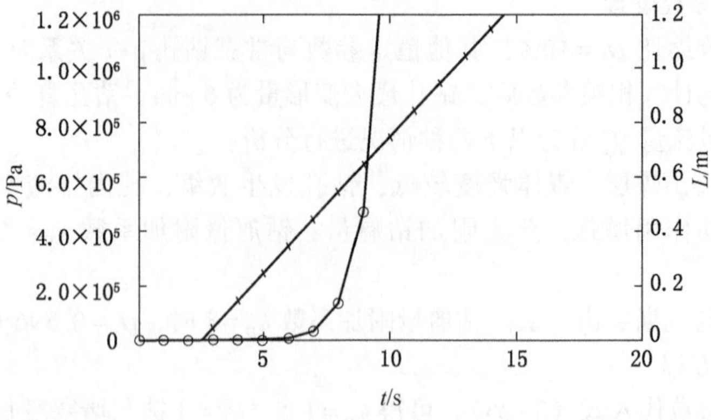

(b) k_D=3

图 3-21 收缩区堵塞的时间效应曲线

表 3-3 收缩区堵塞关键时间点

t/s	$k_D=1.5$	$k_D=3$
T_A	$t<14.1$ s	$t<8.3$ s
T_R	14.1 s$<t<$16.3 s	8.3 s$<t<$9.4 s
T_D	$t>16.3$ s	$t>9.4$ s

结合表 3-3，分析钻孔收缩区可能堵塞的时间段，具体分析如下：

(1) 钻孔堵塞绝对安全时间 T_A。在吹通压力 p 小于 0.2 MPa 条件下，根据相应曲线及关键时间点，当 $k_D=1.5$、$k_D=3$ 时钻孔发生堵塞绝对安全时间 T_A 为 $t=14.1$ s、$t=8.3$ s。

与常态钻孔情况相比，当钻孔发生收缩时，绝对安全更为短暂，尽管在安全时间范围内，钻孔堵塞段很容易被疏通，钻孔不会堵塞，但在相对较短的时间范围内，钻孔堵塞不易被察觉，钻孔堵塞的概率将大为提高。

(2) 钻孔堵塞相对安全时间 T_R。在吹通压力 0.2 MPa$<p<$0.8 MPa 条件下，根据相应曲线及关键时间点，$k_D=1.5$、$k_D=3$ 时堵塞相对安全时间 T_R 为 14.1 s$<t<$16.3 s、8.3 s$<t<$9.4 s。

与常态钻孔相比，钻孔收缩区堵塞相对安全时间 T_R 更为短暂，当 $k_D=1.5$ 时，相对安全时间 T_R 为 2 s 左右；当 $k_D=3$ 时，相对安全时间 T_R 仅为 1 s 左右。

因此，在实际工程中，T_R 很难体现出来，出现后若没有及时疏通，会立即转为危险时间。

(3) 钻孔堵塞危险时间 T_D。在吹通压力 $p>0.8$ MPa 条件下，根据相应曲线及关键时间点，当 $k_D=1.5$、$k_D=3$ 时发生堵塞危险时间 T_D 为 $t>16.3$、$t>9.4$。

在危险区，吹通压力的增长对时间 t 的影响更为敏感，例如，当 $k_D=1.5$ 时，$t=18$ s，吹通压力 $p=2.26$ MPa；$k_D=3$ 时，$t=10$ s，吹通压力 $p=1.66$ MPa，即该条件下，堵塞位置将发生无法疏通的孔内堵塞。

3.4.4 钻穴区堵塞时间效应分析

3.4.4.1 钻穴区 p–t 关系方程

1. 钻穴区引入假设

当钻穴形成时，一般以孔壁的突然失稳破坏为表现形式，即在钻孔上方形成较大面积的塌孔，煤渣迅速将钻孔填充，因此，如何表达这种突变性是定性研究钻穴最关键的因素。对于常态钻孔，引入时间参数 t 后，通过一定的时间后，钻孔堵塞段的长度依靠孔底钻屑补充堆积，当井下风管风压不稳或工人未注意孔口出渣状况时，堵塞段长度达到一定长度时，钻孔即使加大风压，也难以将堵塞段吹通。同样，钻穴的突然形成，短时间内大量煤渣填充，相当于钻屑质量流量 Q_s 瞬间达到很大值，采取这样的方式，便可将时间效应引入，定性分析钻穴的 p–t 关系。因此，对于定性分析钻穴的 p–t 关系，进行如下设定。

1) 钻穴区钻屑质量流量 Q_s 计算依据

(1) 以钻穴形成后涌入正常钻孔截面空间的煤渣量为准，既可应用分析钻穴区堵塞段长度与吹通压力的关系方程，又符合钻屑运移时间 t 对钻孔堵塞影响的计算原理。

(2) 由于钻穴形成所转换的钻屑质量流量 Q_s 远大于钻头孔底破煤形成的钻屑质量流量，因此，忽略孔底钻穴补充的影响，即钻穴发生堵塞，当被及时疏通时，钻穴对钻孔的堵塞影响被解除，否则孔内将完全堵塞。

2) 钻穴区钻屑质量流量 Q_s 计算方法

基于上述设定，钻屑质量流量 Q_s 与钻穴形成后轴向堵塞的长度及时间有关系。

已知钻孔直径 D、钻杆直径 d，煤真密度 ρ_s，钻穴形成后钻孔堵塞段长度为 L，钻穴形成后钻孔堵塞长度为 L 所需时间为 t。

钻穴形成后钻孔堵塞段长度 L 的质量 m 计算公式：

$$m=\rho V=\rho_s\frac{\pi}{4}(D^2-d^2)L \tag{3-42}$$

钻穴区质量流量为

$$Q_s = \frac{\rho_s \frac{\pi}{4}(D^2 - d^2)L}{t} \tag{3-43}$$

根据现场调研，钻穴的形成非线性强，且钻穴的形成具有扩展性，即钻穴形成后，受瓦斯、地质条件及外力扰动作用，有可能向两边扩展。假设初始形成的钻穴造成的堵塞长度为0.1 m，其长度逐渐向两边扩展到1 m所需时间为3 s，常规钻孔直径范围为0.08~0.15 m，钻杆直径取0.05~0.089 m，基于式（3-43）计算，可得到钻头破煤的质量流量范围：Q_s=1.43~7.33 kg/s。

2. 钻穴区堵塞的时间效应分析

基于式（3-20）、式（3-43），考虑钻孔段失稳产生钻穴时，可得到吹通压力与钻屑颗粒群运移时间 $p-t$ 关系方程：

$$p = \left[e^{\frac{(f_1 d + f_2 D) k\pi Q_s t}{S_r^2 \rho_b}} - 1 \right] \frac{\rho_b g[S_d \cos\theta f_1 + (S_r - S_d)\cos\theta f_2 + S_a f_2 \cos\theta - S_r \sin\theta]}{(f_1 d + f_2 D) k\pi} \tag{3-44}$$

3.4.4.2 算例分析

钻穴区堵塞时间效应分析与常态钻孔、钻孔收缩区堵塞时间效应分析方法相同。

1. 基本参数设置

设 S_a=0.3 m²，其他恒定参数与分析常态钻孔 $p-t$ 关系时的参数相同。钻进排渣质量流量 Q_s 分为以下两种情况进行分析：

（1）非突出煤层。以地应力为主控因素时，Q_s=1.5 kg/s。

（2）煤与瓦斯突出煤层。以瓦斯压力为主控因素时，Q_s=3 kg/s。

2. 求解方程

将已知参数代入式（3-25），可得 Q_s=1.5 kg/s、Q_s=3 kg/s 钻孔堵塞段长度 L 与钻屑运移时间 t 求解方程：

$$L = 0.2633t \tag{3-45}$$

$$L = 0.5266t \tag{3-46}$$

将已知参数代入式（3-44），Q_s=1.5 kg/s、Q_s=3 kg/s 水平孔方程：

$$p = 10557.8(e^{2.5138t} - 1) \tag{3-47}$$

$$p = 10557.8(e^{5.028t} - 1) \tag{3-48}$$

3. 结果分析

基于式（3-45）、式（3-47），可得 Q_s=1.5 kg/s 钻穴区堵塞的时间效应曲线，如图3-22a 所示；基于式（3-46）、式（3-48），可得 Q_s=3 kg/s 钻穴区堵塞的时间效应曲线，如图3-22b 所示。

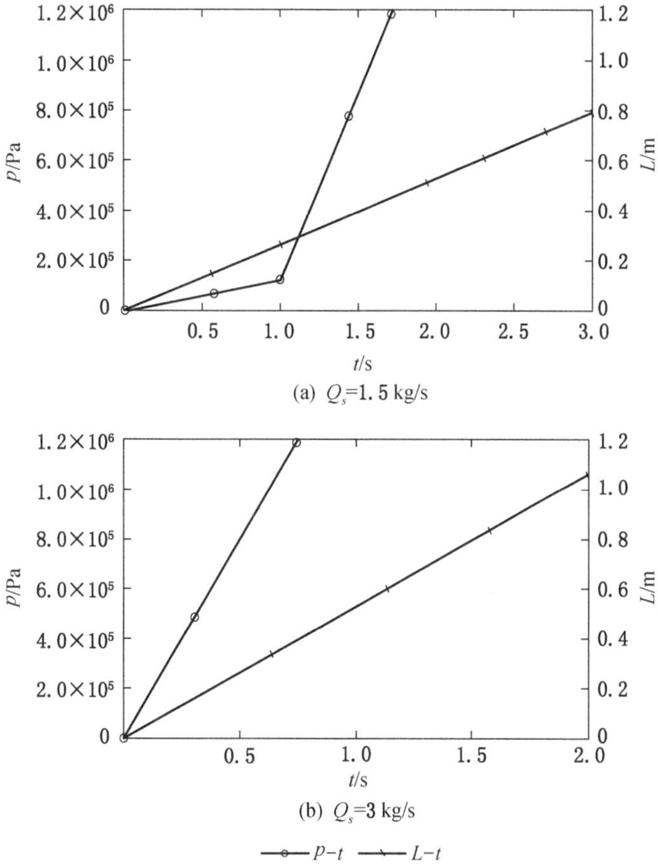

(a) Q_s=1.5 kg/s

(b) Q_s=3 kg/s

图 3-22　钻穴区堵塞的时间效应曲线

依据绝对安全时间 T_A、相对安全时间 T_R 及危险时间 T_D 分析方法，求解关键时间点，表 3-4 为钻穴区堵塞关键时间点对应表。

表 3-4　钻穴区堵塞关键时间点对应表

t/s	Q_s = 1.5 kg/s	Q_s = 3 kg/s
T_A	t < 1.2 s	t < 0.6 s
T_R	1.2 s < t < 1.7 s	0.6 s < t < 0.9 s
T_D	t > 1.7 s	t > 0.9 s

结合表 3-4，对钻穴区 $p-t$ 关系进行分析，具体分析如下：

(1) 钻孔堵塞绝对安全时间 T_A。根据钻穴区 $p-t$ 关系曲线及关键点数据，当 $Q_s=1.5$ kg/s 时，在吹通压力 $p<0.2$ MPa 条件下，堵塞绝对安全时间 T_A 为 $t=1.6$ s；当 $Q_s=3$ kg/s 时，在吹通压力 $p<0.2$ MPa 条件下，堵塞绝对安全时间 T_A 为 $t=0.6$ s。可见，当孔内出现钻穴时，钻孔堵塞绝对安全时间 T_A 非常短暂，钻穴的产生对于钻孔堵塞的影响起主导作用，排渣质量流量越大，表明单位时间内钻孔破坏面积越大，对钻孔堵塞的影响越严重。

(2) 钻孔堵塞相对安全时间 T_R。在吹通压力 0.2 MPa $<p<0.8$ MPa 条件下，根据相应曲线及关键时间点，当 $Q_s=1.5$ kg/s 时，钻孔堵塞相对安全时间 T_R 为 1.2 s $<t<1.7$ s；当 $Q_s=3$ kg/s 时，在吹通压力 $p<0.2$ MPa 条件下，钻孔堵塞相对安全时间 T_R 均为 0.6 s $<t<0.9$ s。

(3) 钻孔堵塞危险时间 T_D。当 $Q_s=1.5$ kg/s 时，钻孔堵塞危险时间 T_D 为 $t>1.7$ s；当 $Q_s=3$ kg/s 时，钻孔堵塞危险时间 T_D 为 $t>0.9$ s。

通过上述分析，从时间 t 的角度分析钻穴对钻孔堵塞的影响，主要有以下几点。

(1) 吹通压力更为敏感。由图 3-22 可以看到，当钻孔堵塞后，在危险时间范围内，1 s 左右的时间吹通压力增长非常迅速。

(2) 孔内堵塞具有瞬时性。与常态钻孔、钻孔发生收缩情况相比，松软突出煤层钻孔施工，当孔内形成足够大的钻穴时，钻孔堵塞具有瞬时性。钻穴发生时，煤渣瞬间填充钻孔排渣空间，在该参数条件下，2 s 内钻孔失去排风通道，钻孔完全堵塞。可见，目前采用的常规光面钻杆钻进，当孔内形成较大面积的塌孔时，钻孔必然堵塞，未采取较为合理的措施时，钻孔堵塞段长度会迅速堆积并向钻孔深部延伸，造成钻杆无法打捞，出现丢钻或断钻等事故。

3.4.5 绝对安全时间细化分析

钻孔施工过程中，当孔口不出渣时，表明孔内发生了堵塞并形成一定长度的堵塞段，堵塞段长度与排渣时间具有直接的关系，因此，观察孔口出渣频率应在绝对安全时间 T_A 范围内，可见，绝对安全时间 T_A 尤为重要。关于常态钻孔、钻孔收缩区和钻穴区堵塞的时间效应分析，是以水平孔为分析对象，将钻孔堵塞的时间段分为绝对安全时间 T_A、相对安全时间 T_R 及危险时间 T_D，在上述分析的基础上，对不同钻孔类型、钻孔倾角变化时绝对安全时间 T_A 的变化情况进行细化分析。

以常态钻孔 $k_D=3$、收缩区 $k_D=3$、钻穴区 $Q_s=3$ kg/s 三种情况为分析对象，基本参数设置与常态钻孔时间效应分析相同，取 $p=0.2$ MPa，分别代入式 (3-26)、式 (3-37)、式 (3-44)，得到绝对安全时间 T_A 的相应方程：

$$t = 2.5 + 1.5068 \ln\left[\frac{3.4684 \times 10^{-9}(5 \times 10^{20} + 4.4613 \times 10^{17}\cos\theta - 2.053 \times 10^{18}\sin\theta)}{1.5474 \times 10^{9}\cos\theta - 7.1207 \times 10^{9}\sin\theta}\right] \tag{3-49}$$

$$t = 2.5 + 0.8016 \ln\left[\frac{1.272 \times 10^{-10}(3.125 \times 10^{20} + 2.2345 \times 10^{17}\cos\theta - 9.7738 \times 10^{17}\sin\theta)}{2.8424 \times 10^{7}\cos\theta - 1.2432 \times 10^{8}\sin\theta}\right] \tag{3-50}$$

$$t = 0.3481 \ln\left[\frac{3.4684 \times 10^{-9}(5 \times 10^{18} + 2.6395 \times 10^{17}\cos\theta - 2.053 \times 10^{16}\sin\theta)}{9.1547 \times 10^{8}\cos\theta - 7.1207 \times 10^{7}\sin\theta}\right] \tag{3-51}$$

基于式（3-49）至式（3-51），在同一坐标系下拟合绝对安全时间 T_A 与钻孔倾角 θ 的关系曲线，如图 3-23 所示。

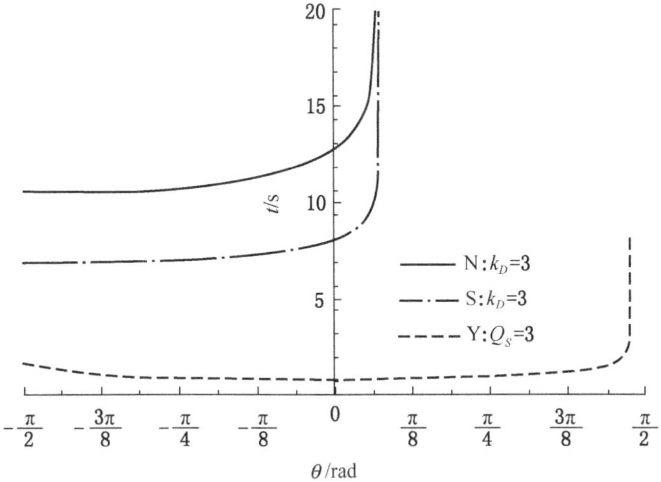

N—常态钻孔；S—收缩区；Y—钻穴区

图 3-23　绝对安全时间 T_A 与钻孔倾角 θ 的关系曲线

基于式（3-49）至式（3-51），计算不同类型钻孔在$-\pi/2 \sim \pi/2$ 范围内的关键时间点（由于所得方程变量常数项系数很大，常数项系数精确到小数点后的位数对 θ_U 及其对应的时间 t 影响较大，应用 Maple 软件求解关键时间点时，为减小误差，分析在倾角 θ_U 处绝对安全时间 T_A 的最大值，相应系数精确到小数点后 9

位进行计算)，表 3-5 为不同钻孔类型绝对安全时间 T_A 对照表。

表 3-5　不同钻孔类型绝对安全时间 T_A 对照表

钻孔类型	钻孔倾角 θ/T_A						
常态钻孔 $k_D=3$	$\theta=-90°$/ 10.78 s	$\theta_D=-77.7°$/ 10.75 s	$-77.7°<\theta<0°$/ 10.8 s$<t<$13.1 s	$\theta=0°$/ 13.1 s	$0°<\theta<12.26°$/ 13.1 s$<t<$46.4 s	$\theta_U=12.26°$/ 46.4 s	$\theta>12.26°$/ $t\to\infty$
收缩区 $k_D=3$	$\theta=-90°$/ 7.13 s	$\theta_D=-77.1°$/ 7.1 s	$-77.1°<\theta<0°$/ 7.1 s$<t<$8.3 s	$\theta=0°$/ 8.3 s	$0°<\theta<12.87°$/ 8.3 s$<t<$22.4 s	$\theta_U=12.87°$/ 22.4 s	$\theta>12.87°$/ $t\to\infty$
钻穴区 $Q_s=3$ kg/s	$\theta=-90°$/ 1.9 s	$\theta_D=-4.4°$/ 1.04 s	$-4.4°<\theta<0°$/ 1.04 s	$\theta=0°$/ 1.04 s	$0°<\theta<85.55°$/ 1.04 s$<t<$8.6 s	$\theta_U=85.55°$/ 8.6 s	$\theta>85.55°$/ $t\to\infty$

结合图 3-23、表 3-5，不同钻孔倾角条件下，绝对安全时间 T_A 的分布规律分析如下：

（1）如图 3-23 所示，在$-\pi/2\sim\pi/2$ 范围内，整体沿 Y 轴向下移动，表明对于突出煤层钻孔施工，伴随孔内变形、破坏趋于严重，钻孔堵塞的绝对安全时间 T_A 呈逐渐减小的趋势。

（2）施工仰孔时，钻孔倾角在 $0\sim\pi/2$ 范围内，伴随钻孔倾角的增大，常态钻孔、收缩区、钻穴区三种情况下绝对安全时间 T_A 呈增大趋势，且存在 θ_U。该参数条件下，当堵塞位置发生 T_A 时间后，形成堵塞段长度 L，该堵塞段形成的摩擦阻力与 $p=0.2$ MPa 处于平衡状态。当钻孔倾角 $\theta>\theta_U$ 时，堵塞段将难以形成，即在钻孔倾角 $\theta>\theta_U$ 范围内，相应方程已不适用，表明在该参数条件下施工钻孔，钻屑不能堆积并形成堵塞段，钻孔不会堵塞，$\theta>\theta_U$ 所有位置，其绝对安全时间 $T_A\to\infty$。

（3）施工俯孔时，钻孔倾角在$-\pi/2\sim0$ 范围内，伴随钻孔倾角绝对值的增大，三种类型钻孔绝对安全时间 T_A 整体呈减小趋势。在$-\pi/2\sim0$ 范围内，存在 θ_D，使绝对安全时间 T_A 达到最小值，也可称为最危险施工角度，常态钻孔、收缩区、钻穴区 Q_D 分别为$-77.7°$、$-77.1°$和$-4.4°$。

（4）从整体上分析，对于常态钻孔、钻孔收缩区，当施工俯孔时，绝对安全时间 T_A 相对较短，钻孔堵塞的概率将提高。因此，在条件较差的松软突出煤层施工钻孔时，尽量设计成仰孔施工方式；当条件不允许，必须施工俯孔时，应根据施工地点煤层地质条件考虑多种方案，建立相应 $p-L$、$p-t$ 方程，优化最合理的施工方式，尽可能增大绝对安全时间 T_A，减少钻孔堵塞概率。同时在施工时，观察孔口出渣频率应严格控制在绝对安全时间 T_A 范围内；对于孔内出现钻穴区时，钻孔倾角在$-\pi/2<\theta<\theta_U$范围内，伴随钻孔倾角的变化，绝对安全时间T_A波动不大，可见，在钻孔施工过程中，孔内出现钻穴对钻孔堵塞的影响起主导作用。

(5) 通过分析三种类型钻孔绝对安全时间T_A在$-\pi/2\sim\pi/2$范围内的分布规律，与常态钻孔、钻穴区堵塞段力学分析结论是相统一的，同样证明了钻孔变形、破坏对钻孔施工的影响是非常严重的。同时，通过时间参数t的引入，将孔内钻头破煤过程，地应力、瓦斯压力及钻杆扰动作用形成的附加钻屑量的影响，非常合理地引入钻孔堵塞的力学模型，使相应分析结论更为接近工程实际情况。

3.5　围压作用下钻孔堵塞段力学特征

3.5.1　钻孔围压作用下堵塞段力学模型

当钻孔堵塞段形成后，对于强度较低的煤体，受地应力、构造应力、瓦斯压力、钻杆扰动作用等因素影响，钻孔壁以外的煤体有继续发生变形的趋势。当变形趋势较快时，与堵塞段区域的煤段相互挤压，在接触面上将形成附加作用力，可以理解为钻孔周边煤体对堵塞段形成作用力p_i，如图3-24所示。

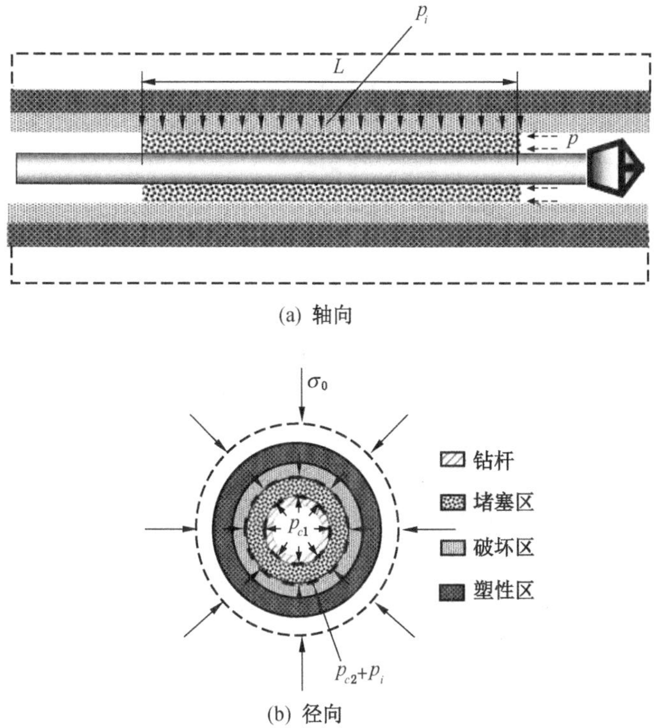

图3-24　围压作用下钻孔堵塞段受力状态

如图 3-24 所示，当形成堵塞段后，在风压 p 及钻孔围压作用力 p_i 作用下，钻孔堵塞段形成的摩擦阻力主要包括：

（1）堵塞段煤渣重力形成的摩擦阻力。

（2）风压作用下在堵塞段的两个接触面上形成的侧压力，包括堵塞段与钻杆外表面接触面侧压力 p_{c1} 和堵塞段与钻孔壁接触面侧压力 p_{c2}。

（3）钻孔围压作用力 p_i 形成的摩擦阻力。

3.5.2 钻孔堵塞段力学模型求解

根据钻孔施工工况，建立相应的钻孔堵塞段力学模型，以水平线为基准，钻孔倾角 θ 为$-\pi/2\sim\pi/2$，仰孔倾角 θ 为 $0\sim\pi/2$，水平孔时 $\theta=0°$，俯孔倾角 θ 为$-\pi/2\sim0$。

如图 3-25 所示，根据钻孔堵塞段的受力情况，假设形成的钻孔为标准的圆形，钻杆轴线始终与钻孔轴线重合，不考虑钻杆弯曲或扰动。基于粉体力学理论，堵塞段形成后，在孔内风压 p_1 作用下，堵塞段对孔壁形成侧压力，钻杆与堵塞段接触面形成侧压 p_{c1}，钻孔与堵塞段接触面形成侧压 p_{c2}，同时，钻孔堵塞段受钻孔围压 p_i 作用，图 3-26 为堵塞段断面受力示意图。

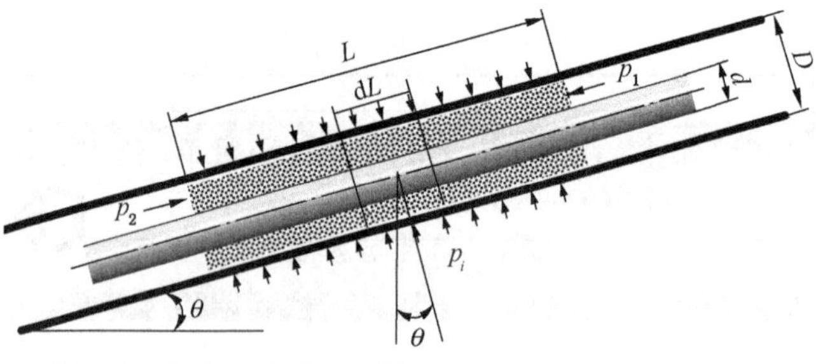

L—堵塞段长度；θ—施工钻孔倾角；D—钻孔直径；d—钻杆直径；p_1—堵塞段钻孔内部的气体压力；p_2—堵塞段钻孔外部的气体压力；p_i—钻孔周围围压

图 3-25　仰孔钻孔堵塞段力学模型

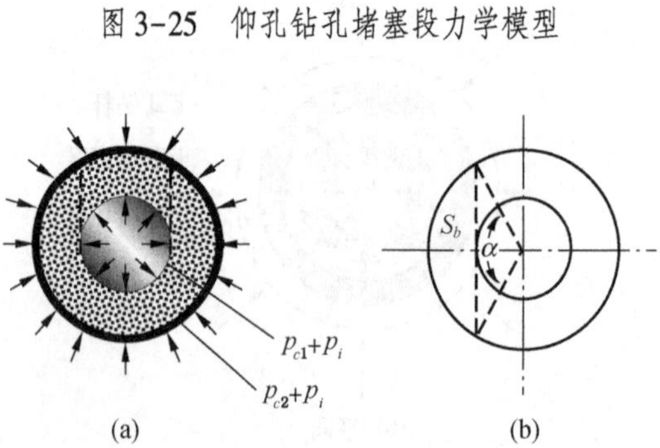

图 3-26　堵塞段断面受力示意图

3.5.2.1 钻孔堵塞段受力分析

1. 重力引起摩擦阻力

重力引起摩擦阻力主要包括两部分，如图 3-26a 所示，虚线所含部分重力作用于钻杆表面形成摩擦阻力，钻孔其他部分煤体重力作用于钻孔壁形成摩擦阻力。设钻孔段长度微元 dL，因重力引起摩擦阻力 F_1，基于堵塞段力学模型，重力引起摩擦阻力 F_1 可以表达为

$$F_1 = \rho_b g[S_d\cos\theta f_1 + (S_r - S_d)\cos\theta f_2 - S_r\sin\theta]\mathrm{d}L \tag{3-52}$$

式中 S_r——钻杆周围煤体圆环面积，m^2；

S_d——钻杆上方虚线所围面积，m^2；

L——堵塞段长度，m；

ρ_b——堵塞处煤的堆积密度，kg/m^3；

f_1——堵塞段煤与钻杆表面的摩擦系数；

f_2——堵塞段煤与孔壁的摩擦系数。

2. 侧压引起摩擦阻力

如图 3-26a 所示，堵塞段形成后，在钻孔内轴向风压 p_1 作用下，在堵塞段的两个接触面上形成侧压力 p_{c1}、p_{c2}，侧压引起摩擦阻力 F_2：

$$F_2 = (f_1 d + f_2 D)kp\pi\mathrm{d}L \tag{3-53}$$

式中 p——堵塞段钻孔内轴向气体压力；

k——侧压系数。

3. 钻孔围压 p_i 作用引起摩擦阻力

如图 3-25 所示，堵塞段受围岩作用力 p_i 影响，在钻杆与堵塞段接触面、钻孔与堵塞段接触面形成摩擦阻力 F_3：

$$F_3 = (f_1 d + f_2 D)p_i\pi\mathrm{d}L \tag{3-54}$$

3.5.2.2 堵塞段力学方程

基于式（3-54），根据堵塞段的受力情况，以堵塞段的煤体为研究对象，建立如下方程：

$$S_r\mathrm{d}p = F_1 + F_2 + F_3 \tag{3-55}$$

即

$$S_r\mathrm{d}p = \rho_b g[S_d\cos\theta f_1 + (S_r - S_d)\cos\theta f_2 - S_r\sin\theta]\mathrm{d}L + (f_1 d + f_2 D)kp\pi\mathrm{d}L + (f_1 d + f_2 D)p_i\pi\mathrm{d}L \tag{3-56}$$

由式（3-56）可得

$$\mathrm{d}L = \frac{S_r}{(f_1 d + f_2 D)kp\pi + (f_1 d + f_2 D)p_i\pi + \rho_b g[S_d\cos\theta f_1 + (S_r - S_d)\cos\theta f_2 - S_r\sin\theta]}\mathrm{d}p \tag{3-57}$$

两边积分：

$$\int_0^L \mathrm{d}L = \int_0^L \frac{S_r}{(f_1d + f_2D)kp\pi + (f_1d + f_2D)p_i\pi + \rho_b g[S_d\cos\theta f_1 + (S_r - S_d)\cos\theta f_2 - S_r\sin\theta]}\mathrm{d}p \tag{3-58}$$

对于同一施工地点，当钻孔设计方案确定后，视 D、d、ρ_b、f、θ、k 为常数，对于同一地点施工钻孔，设钻孔堵塞段周边形成围压作用 p_i 在某一时间段不变，忽略钻孔周围煤体蠕变、流变作用对 p_i 的影响，因此，视 p_i 为常数。设 $L=0$ 时，$p=p_2$，随着堵塞段长度的增大，当 $L=L$ 时，$p=p_1$，可得

$$L = \int_{p_2}^{p_1} \frac{S_r}{(f_1d + f_2D)kp\pi + (f_1d + f_2D)p_i\pi + \rho_b g[S_d\cos\theta f_1 + (S_r - S_d)\cos\theta f_2 - S_r\sin\theta]}\mathrm{d}p \tag{3-59}$$

整理得

$$L = \frac{S_r}{(f_1d + f_2D)k\pi}\ln\frac{(f_1d + f_2D)k\pi p_1 + (f_1d + f_2D)p_i\pi + \rho_b g[S_d\cos\theta f_1 + (S_r - S_d)\cos\theta f_2 - S_r\sin\theta]}{(f_1d + f_2D)k\pi p_2 + (f_1d + f_2D)p_i\pi + \rho_b g[S_d\cos\theta f_1 + (S_r - S_d)\cos\theta f_2 - S_r\sin\theta]} \tag{3-60}$$

当钻孔堵塞时，堵塞段钻孔外部的气体压力 p_2 与大气压力相同，以大气压力为参考压力，因此，在计算中，可取 $p_2=0$，p_1 取钻孔内部排渣风力形成的表压力 p，可得

$$L = \frac{S_r}{(f_1d + f_2D)k\pi}\ln\frac{(f_1d + f_2D)k\pi p + (f_1d + f_2D)p_i\pi + \rho_b g[S_d\cos\theta f_1 + (S_r - S_d)\cos\theta f_2 - S_r\sin\theta]}{(f_1d + f_2D)p_i\pi + \rho_b g[S_d\cos\theta f_1 + (S_r - S_d)\cos\theta f_2 - S_r\sin\theta]} \tag{3-61}$$

整理得

$$\frac{(f_1d + f_2D)k\pi p}{(f_1d + f_2D)p_i\pi + \rho_b g[S_d\cos\theta f_1 + (S_r - S_d)\cos\theta f_2 - S_r\sin\theta]} = \mathrm{e}^{\frac{(f_1d+f_2D)k\pi}{S_r}L} - 1 \tag{3-62}$$

基于式（3-62）可求得钻孔疏通压力 p 的表达式：

$$p = \left[\mathrm{e}^{\frac{(f_1d+f_2D)k\pi}{S_r}L} - 1\right]\frac{\{(f_1d + f_2D)p_i\pi + \rho_b g[S_d\cos\theta f_1 + (S_r - S_d)\cos\theta f_2 - S_r\sin\theta]\}}{(f_1d + f_2D)k\pi} \tag{3-63}$$

基于式（3-63），伴随堵塞段 L 的增长，孔内相应疏通压力呈增长趋势，当孔内疏通压力达到井下风管供风能力的极限值 p_{max} 时，可求解该条件下钻孔临界堵塞段长度 L_0，当堵塞段长度继续增长时，即 $L > L_0$ 时钻孔将无法疏通。基于式（3-63）可求解临界堵塞段长度 L_0：

$$L_0 = \frac{S_r}{(f_1 d + f_2 D) k\pi} \ln \frac{(f_1 d + f_2 D) k\pi p_{max} + f_2 D p_i \pi + \rho_b g[S_d \cos\theta f_1 + (S_r - S_d)\cos\theta f_2 - S_r \sin\theta]}{(f_1 d + f_2 D) p_i \pi + \rho_b g[S_d \cos\theta f_1 + (S_r - S_d)\cos\theta f_2 - S_r \sin\theta]} \tag{3-64}$$

3.5.3 钻孔堵塞段力学模型定性分析

3.5.3.1 分析方法及基本参数选择

1. 分析方法

基于式（3-63），钻孔堵塞段模型方程综合考虑了钻孔直径 D、钻杆直径 d、钻屑堆积密度 ρ_b、堵塞段煤与钻杆表面的摩擦系数 f_1、堵塞段煤与孔壁的摩擦系数 f_2、钻孔施工倾角 θ、侧压系数 k 等影响钻孔施工的重要参数，同时，考虑钻孔受地应力、瓦斯压力等影响，钻孔收缩对钻孔堵塞段形成的围压 p_i 作用。因此，基于式（3-63）分析上述参数变化对钻孔堵塞的影响。由于参数多，本书仅对钻孔倾角 θ、围压 p_i 作用对钻孔堵塞的影响进行分析。

2. 基本参数选择

1）堆积密度 ρ_b

钻屑在孔内堆积形成堵塞段，以堆积密度为参照，不同类型的煤，煤的堆积密度差别较大，无烟煤为 0.7~1.0 g/cm³，烟煤为 0.8~1.0 g/cm³，褐煤为 0.6~8 g/cm³，而泥煤仅为 0.29~5 g/cm³。考虑钻屑堆积、压实，煤的堆积密度会有所增长，但一般不会超过煤捣固密度，煤捣固密度一般为 0.9~1.2 g/cm³，综合考虑不同类型的煤，煤的堆积密度 ρ_b 在 0.6~1.1 g/cm³ 范围内取值。

2）侧压系数 k

基于粉体力学理论，当钻孔被堵塞时，由于风压对堵塞段的轴向压力及堵塞段的重力作用而形成的对钻孔壁的径向压力，径向压力与轴向压力的比值称为侧压系数 k，理想状态下，侧压系数 k 决定于堵塞段煤颗粒的内摩擦角，也称为主动兰金系数，其计算公式：

$$k = \frac{1 - \sin\phi}{1 + \sin\phi} = \mathrm{tg}^2\left(\frac{\pi}{4} - \frac{\phi}{2}\right) \tag{3-65}$$

解本铭等基于试验研究，发现应用主动兰金系数计算散体的侧压系数理论值小于实际值，对其进行修正：

$$k = 1.1(1 - \sin\phi) \tag{3-66}$$

根据煤的类型及煤颗粒度的不同，煤散体内摩擦角一般为25°~35°，侧压系数k为0.4~0.7。

3）摩擦系数f

摩擦系数包括堵塞段煤与钻杆表面的摩擦系数f_1和堵塞段煤与孔壁的摩擦系数f_2，摩擦系数f_1主要决定于使用的钻杆类型，当使用圆钻杆时摩擦系数较小，f_1可取0.1~0.2，而使用螺旋凸棱类钻杆时，摩擦系数较高可取0.3~0.5。堵塞段煤与孔壁的摩擦系数f_2主要决定于钻孔壁情况，一般可取0.2~0.6，当孔壁破坏严重时，孔壁的摩擦系数f_2呈增高趋势，可取较高的值。

4）钻孔和钻杆直径

当前煤层钻孔施工，主流钻机型号为ZDY3200S、ZDY4000S（L）、ZDY6000S（L）、ZDY8000S（L），钻杆直径以ϕ63.5 mm、ϕ73 mm、ϕ89 mm为主，与该型号钻杆相匹配的钻头，对于中硬煤层钻进，可选择ϕ89 mm、ϕ94 mm、ϕ113 mm、ϕ133 mm复合片钻头，对于较为松软煤层和软岩，可选择ϕ120 mm、ϕ130 mm、ϕ153 mm三翼合金钻头。现场钻孔施工过程中，钻孔变形收缩使钻孔变小，同时，钻杆扰动作用使孔壁松弛区煤体不断剥落等，都会影响钻孔直径的大小。突出煤层钻孔沿轴向钻孔直径波动较大，有些位置存在严重变形区，钻孔直径小于钻头外径，有些位置存在扩孔区，钻孔直径远大于钻头外径，一般形成的钻孔直径范围为90~160 mm。不同类型钻杆钻孔堵塞如图3-27所示。

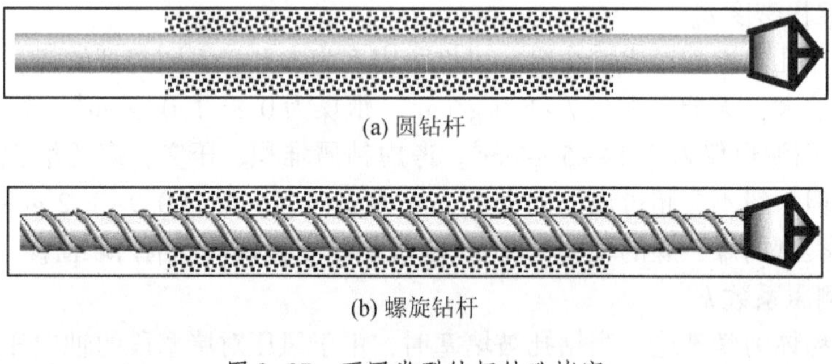

(a) 圆钻杆

(b) 螺旋钻杆

图3-27 不同类型钻杆钻孔堵塞

3.5.3.2 疏通压力p与堵塞段长度L的关系

设钻孔直径D=120 mm、钻杆直径d=73 mm、堵塞段煤与钻杆表面的摩擦系数f_1=0.1、堵塞段煤与孔壁的摩擦系数f_2=0.3、侧压系数k=0.5、煤的堆积密度ρ_b=800 kg/m^3，考虑仰孔θ=5°、俯孔θ=−5°两种情况，设钻孔围压p_i=0 Pa。将相应参数代入式（3-63）可得相应方程分别为

$$
\begin{aligned}
p &= 106(e^{9.55L} - 1) \\
p &= 249(e^{9.55L} - 1)
\end{aligned} \tag{3-67}
$$

基于式（3-67），拟合疏通压力 p 与堵塞段长度 L 的关系曲线，如图 3-28 所示。

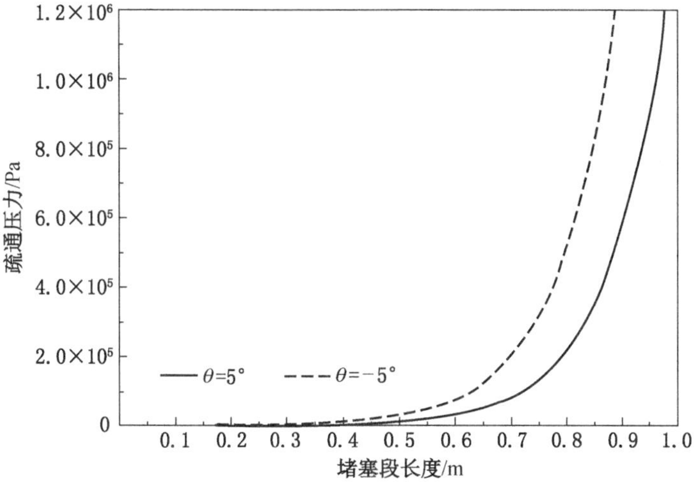

图 3-28 疏通压力与堵塞段长度的关系曲线

基于图 3-28，分析如下：

（1）伴随钻孔堵塞段长度的增长，相应疏通压力呈增长趋势，当堵塞段长度 $L<0.6$ m 时，相应疏通压力增长缓慢；当 $L>0.6$ m 时，相应疏通压力增长迅速。该条件下，当钻屑堆积形成的堵塞段长度 $L>1$ m 时，相应疏通压力超过了 1.2 MPa，由于很多矿井管路供风压力为 0.8 MPa 左右，如未及时疏通时，钻孔将难以疏通。

（2）施工俯孔时，相对应的曲线向左收缩，表明相同钻孔参数条件下，设计为仰孔，更有利于钻屑排出，该结果与实际工程问题相符，从模型方程的角度科学验证了实际工程问题。

3.5.3.3 钻孔倾角 θ 对钻孔堵塞的影响

设钻孔形成堵塞段长度 $L=0.6$ m，其他参数不变，钻孔堵塞段周围围压均匀，当 $p_i=0$ Pa、$p_i=1000$ Pa 时，当分析不同钻孔倾角所需疏通压力变化情况，代入式（3-63）可得相应方程为

$$
\begin{aligned}
p &= 5.47 \times 10^4\cos\theta - 2.52 \times 10^5\sin\theta \\
p &= 6.13 \times 10^5 + 5.47 \times 10^4\cos\theta - 2.52 \times 10^5\sin\theta
\end{aligned} \tag{3-68}
$$

基于式（3-68），拟合钻孔倾角 θ 与疏通压力 p 的关系曲线，如图 3-29 所示。

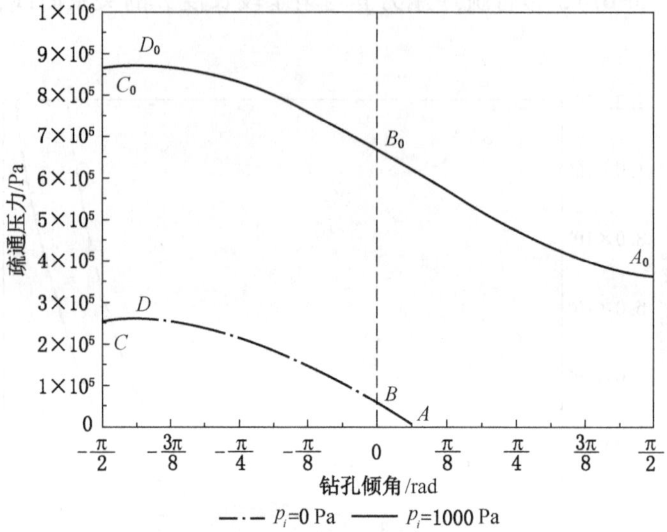

图 3-29 疏通压力与钻孔倾角的关系曲线

基于图 3-29，分析如下：

（1）施工仰孔，倾角在 0~π/2 范围内，伴随钻孔倾角增大，钻孔疏通压力迅速降低。$p_i=0$ Pa，当疏通压力为 0 时，相应钻孔倾角为 θ_U，与 x 轴交于点 A（0.214，0），即当仰孔倾角 $\theta_U=12.3°$时，所需疏通压力为 0 MPa（以 1 个标准大气压为参考压力），当钻孔仰角继续增大时，堵塞段在自重作用下，将自行疏通；当 $p_i=1000$ Pa 时，受围压作用影响，曲线整体上移，最小疏通压力落于 A_0（π/2，3.61×10^5），即当 $\theta=\pi/2$ 时，相应的最小疏通压力为 0.361 MPa，可见，当钻孔堵塞段周围存在围压时，堵塞区域疏通所需疏通压力快速增长。

（2）施工水平孔，当 $p_i=0$ Pa、$p_i=1000$ Pa 时，相对应的疏通压力与虚线轴交于点 B（0，5.47×10^4）、B_0（0，6.67×10^5），两种情况下，堵塞段所需疏通压力最大为 0.667 MPa，绝大部分矿井管路风压都能超过该值，因此，该条件下，施工水平孔，在钻孔堵塞段不再增长的情况下，钻孔堵塞段容易疏通。

（3）施工俯孔，钻孔倾角在-π/2~0 范围内，存在倾角 θ_D 使得相应的疏通压力达到极值，极值点坐标分别为 D（-1.357，2.57×10^5）、D_0（-1.357，8.7×10^5）。对于 $p_i=0$ Pa、$p_i=1000$ Pa 两种情况，θ_D 值相同，即 $\theta_D=-77.7°$，在-77.7°~0°范围内，伴随钻孔倾角绝对值的增大，所需疏通压力增大；在

$-77.7°\sim -\pi/2$ 范围内，伴随钻孔倾角绝对值的增大，所需疏通压力略有降低。

（4）结合式（3-68），$p_i=1000$ Pa 对应曲线相对于 $p_i=0$ Pa 情况，曲线沿纵轴整体上移 6.1×10^5 Pa，相同钻孔倾角，堵塞段在围压作用下，相应的疏通压力增加了 6.1×10^5 Pa。

3.5.3.4 不同围压对钻孔堵塞的影响

基于钻孔倾角 θ 对钻孔堵塞的影响，堵塞段周围围压作用对钻孔疏通压力的增长起主导作用，为更清晰地分析堵塞段周围围压作用对钻孔段堵塞的影响，在上述分析条件的基础上，设围压 $p_i=1000$ Pa、2000 Pa、3000 Pa 时，分析围压 p_i 对钻孔堵塞段的影响，代入式（3-63）可得相应方程为

$$
\begin{aligned}
p &= 6.13\times10^5 + 5.47\times10^4\cos\theta - 2.52\times10^5\sin\theta \\
p &= 1.23\times10^6 + 5.47\times10^4\cos\theta - 2.52\times10^5\sin\theta \\
p &= 1.84\times10^6 + 5.47\times10^4\cos\theta - 2.52\times10^5\sin\theta
\end{aligned}
\tag{3-69}
$$

基于式（3-69），拟合不同围压作用下钻孔倾角 θ 与疏通压力 p 的关系曲线，如图 3-30 所示。

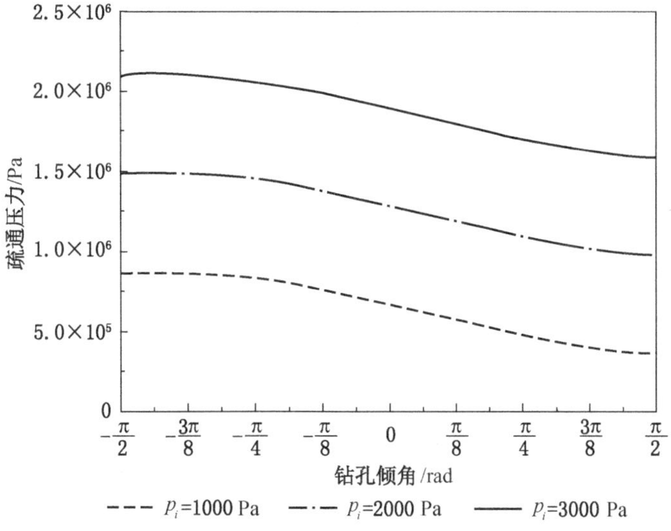

图 3-30 不同围压作用下钻孔倾角与疏通压力的关系曲线

基于图 3-30，伴随围压 p_i 的增长，相应曲线沿纵轴向上平移，相同钻孔倾角，对应的疏通压力增长幅度与围压增长幅度相同，当围压 $p_i=1000$ Pa、2000 Pa、3000 Pa 时，相同钻孔倾角，其相应的疏通压力增长幅度分别为 6.13×10^5、

$1.23×10^6$、$1.84×10^6$，其比值为 1∶2∶3。从整体上分析，当 $p_i=2000$ Pa 时，疏通钻孔堵塞段的最小值超过了 1 MPa，而目前很多矿井供风管路的供风压力上限为 0.8 MPa 左右，因此，对于煤体强度较低的松软突出煤层，当钻孔变形量较大，并且在钻孔堵塞段区域存在一定围压时，钻孔堵塞的概率将提高。

当前很多矿井为解决松软突出煤层钻进困难问题，引进大功率、高扭矩钻机，但收效甚微，如上所述，钻进过程中，当孔内出现堵塞，且在堵塞段区域存在一定大小的围压时，堵塞区域将难以疏通，此时，钻进将被迫终止。可见，钻孔堵塞段形成后，受地应力、瓦斯压力及构造应力等因素影响，钻孔堵塞段周围煤体存在流变现象，并在堵塞段与孔壁之间形成一定的围压 p_i，围压 p_i 的形成使钻孔疏通难度加大。

因此，解决松软突出煤层钻进困难问题，应采取相应的技术手段，预防钻孔内形成较长的堵塞段，例如，在排渣动力系统安装压力表，实时监控其压力波动情况，当压力表上升时，表明孔内局部可能出现钻屑堆积，此时，不可盲目钻进，应原位旋转，加大风量疏通堵塞区域后再继续钻进；此外，也可以通过改变钻杆截面形状，间接扩大排渣空间，例如，应用棱状钻杆、螺旋类钻杆，增加钻杆本身的排渣能力，间接加大排渣空间，有利于降低钻孔堵塞的概率。

4 松软煤层安全高效排渣钻进技术

4.1 FM钻进排渣原理

无论是钻孔变形还是钻孔失稳形成钻穴区，其结果都造成钻进过程中，孔内排渣阻力加大，特别是钻穴区的形成，给狭小空间内的排渣带来了突然性阻力，可能会造成钻穴发生位置处排渣终止。

无论是风力排渣还是水力排渣，当孔内变形收缩严重或在钻穴区均会发生排渣通道堵塞。钻探工程中钻屑输出方法分为两种：流体动力输渣F（Fluid）和机械动力输渣M（Mechanical）。在实际钻探工程中，在充分了解煤层地质条件的基础上，应考虑采取哪种动力方式为主，或采取两种动力方式协同作用的方式。例如，孙玉宁等关于突出煤层扒孔降温钻具的研究与应用就是以流体为主、机械排渣为辅协同作用的典型应用，该应用对于缓解卡钻、提高钻进深度和效率起到了一定的作用。

两种输渣方式被广泛应用于钻探工程中，但科研人员并未对流体动力输渣F和机械动力输渣M的原理进行细化研究。两种输渣方式的主次不同、动力源不同、机械输渣产生方式不同都会影响整体的钻进效果。因此，为最大限度地发挥每一种排渣方式的作用，对两种输渣方式的原理进行细化研究非常必要。

4.1.1 钻进排渣原理

流体动力输渣F分为气流动力P（Pneumatic）和水流动力H（Hydrodynamic）两种方式，即在空心钻杆内通入水流或高压气流，利用流体将钻头处的钻屑运出孔外。流体排渣系统的排渣动力并不来自于钻机动力，而是来自于外在流体动力。这种排渣系统不消耗钻机动力，国内绝大多数本煤层抽采钻孔采用流体排渣系统，国外定向钻机也采用流体排渣系统（水流）。在松软、突出煤层钻进施工中，通常以气流动力排渣方式为主。

机械动力输渣M的原理是利用钻杆本身高速旋转的动力，使钻杆周围的煤渣处于运动状态。在煤层钻进现场，由于钻杆沿轴向的摆动作用，煤渣在钻孔内的真实动力情况非常复杂。根据动力使煤渣运动方向的不同，分为使煤渣轴向运动（Ma）和径向运动（Mr），在实际工程中，由于钻杆旋转对煤渣的机械作用，煤颗粒的运动方向与水平方向呈不同角度，根据动力学相关知识，可以分解成沿轴向和径向两个分速度，即该运动方向上的速度是煤渣轴向运动（Ma）和径向运动（Mr）共同作用的结果。

如图 4-1 所示，在孔内排渣空间运动的钻屑，可能受单一的 F 或 M 动力，也有可能是 F 和 M 的混合动力，因此，有 6 种状态，分别为 F、Mr、Ma、F-Mr、F-Ma、F-Ma-Mr，当然，与 M 相关的状态与钻杆的截面形状有关。

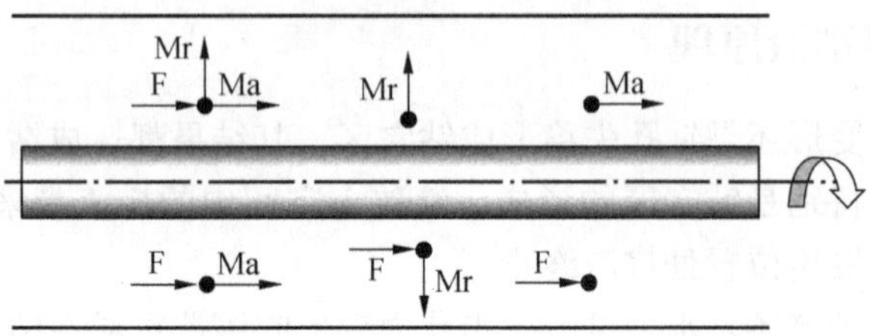

图 4-1　钻杆与钻屑相互作用原理

如上所述，通过对钻进排渣原理的细化分析，当找到煤颗粒在孔内的运动规律后，钻探工程中常用的钻具都可以通过 F 或 M；F 和 M 组合作用，对输渣原理进行归类，称为 FM 钻进排渣原理。FM 钻进排渣原理不仅能够对常规钻具进行归类，而且能够为新型钻具的创新提供较为科学和全面的思路。

4.1.2　常规钻具排渣方式

4.1.2.1　F 类钻具

光面钻杆是地质勘探及施工煤层钻孔应用最为普遍的一种钻杆。该类型钻杆本身不具备排渣功能，主要依靠经由杆体内腔接入的高压风或高压水进行排渣，图 4-2 为光面钻杆钻进排渣路线。因此，该类型钻杆的输渣类型称为 F 类。应用光面钻杆，需要外接动力源，风力输渣一般需要专用通风管路或移动空压机，水力输渣需要接专用通水管路。

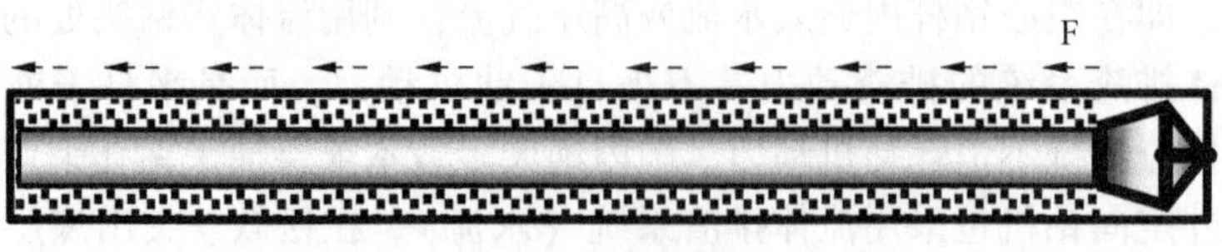

图 4-2　光面钻杆钻进排渣路线（F）

优点是该钻杆结构简单，制造方便，成本低，我国施工岩孔及中硬煤层钻孔中，以该类型钻杆为主。缺点是使用时灰尘较大，需要配备专用除尘设备，且不适用于较软弱煤岩体钻孔施工。

4.1.2.2 M 类钻具

目前最常用的高叶片螺旋钻杆（工程上称为麻花钻杆）是 M 类钻具最典型的例子。当钻杆低速旋转时，钻屑在空间中运移主要依靠 Ma，高速旋转时，为 Ma 和 Mr 的复合运动，但在向孔外输送过程中，主要依靠 Ma，即通过螺旋叶片在旋转过程中产生的轴向力，推动煤渣向外运移，图 4-3 为螺旋钻杆钻进机械排渣路线。因此，螺旋钻杆应归属于以 Ma 为主的输渣方式。Ma 输渣方式主要应用于螺旋输送，被广泛应用于管道运输，其中包括粮食、水泥、煤炭等物料的输送，其最大的优点是产生的灰尘小，动力源来自钻机，不需要外接动力源，使用方便，但输送效率较低，一般输送效率仅为 50% 左右。

图 4-3　螺旋钻杆钻进机械排渣路线（Ma）

4.1.2.3 FM 组合类钻具

常规钻具应用于突出煤层钻进时，表现为钻进效率低，钻孔难以达到设计深度，卡钻、断钻事故频繁，不仅存在安全隐患，而且严重影响瓦斯抽采效率，进而影响煤层的回采进度，给突出矿井生产带来重大的经济损失。由于近几年我国煤矿开采强度逐年提高，浅部煤炭资源渐进枯竭，煤矿开采转向深部开采，突出矿井的数量逐渐增多，因此，科研人员及工程人员开始重视钻进装备及工艺的改进，初期主要集中在钻机、钻进工艺方面，问题得到了改善，但并未彻底解决钻进深度浅、钻进效率低的被动局面。近几年，科研人员已经认识到解决突出煤层钻进难题，钻具也是一个重要因素，并提出了一系列新型钻具，本书结合 FM 钻进排渣原理，将初期的工程改进及研究成果进行如下总结：

1. F-Ma 组合类

为提高螺旋钻杆的钻进效率，工程人员配合通风直接应用高叶片螺旋钻杆进行施工，但由于叶片较高，风能损耗大，降低了 F 作用，同时在钻孔收缩严重区及钻穴区，钻屑容易发生堆积，形成堵孔。尽管应用效果不理想，但这是最早应用 F-M 组合方式的试验，同时，也证明为发挥 F 作用，必须为 F 留出相应的输渣空间。

为 F 留出相应的输渣空间最有效的方法是降低螺旋叶片的高度，图 4-4 为低叶片螺旋钻杆钻进机械排渣路线，设钻孔直径为 D、螺旋钻杆最大外圆直径为 d_1、除去叶片的中心杆直径为 d_2。

为 F 预留的排渣空间径向高度 h：

$$h = \frac{D - d_1}{2} \tag{4-1}$$

Ma 的排渣空间径向高度 h_1：

$$h_1 = \frac{d_1 - d_2}{2} \tag{4-2}$$

任何一种排渣方式，排渣空间大小是发挥及影响其排渣能力的重要参数，因此，针对钻具的结构特点及排渣原理，提出制约 F 或 M 输渣能力的参数，称为排渣空间比，用字母 Z 表示，其表达式：

$$Z = \frac{h}{h_1} = \frac{D - d_1}{d_1 - d_2} \tag{4-3}$$

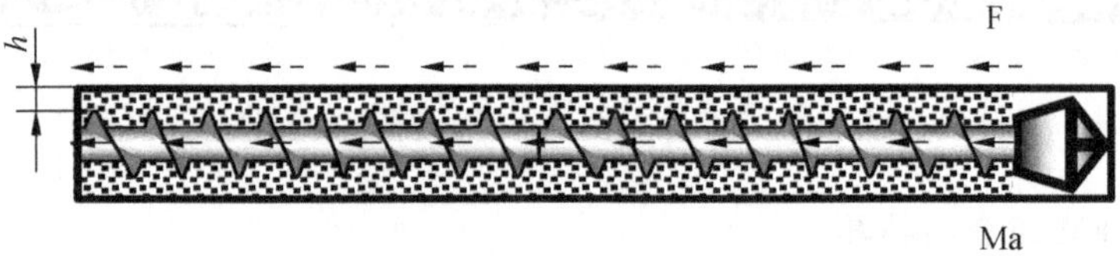

图 4-4 低叶片螺旋钻杆钻进排渣路线（F-Ma）

基于式（4-3），可计算排渣空间比的取值范围。在实际钻孔工程中，对于施工本煤层瓦斯抽采钻孔的螺旋钻杆，中心杆直径一般为 42 mm、50 mm、63.5 mm、73 mm、89 mm，见表 4-1，当然对于钻井工程或桩基工程将需要更大的中心杆直径。根据螺旋钻杆的制作工艺，结合实际工程应用，过低的螺旋凸棱难以发挥 Ma 的作用，并考虑到模具及其焊接工艺两方面的要求，Ma 的排渣空间径向高度取 $h_1 > 5$ mm。

表 4-1 螺旋钻杆排渣空间比 Z 对照表

d_2/mm	d_1/mm	D/mm	h/mm	h_1/mm	Z
42	42~90	<90	$0<h<24$	$5<h<24$	0~3.8
50	50~100	<100	$0<h<25$	$5<h<25$	0~4
63.5	63.5~120	<120	$0<h<24$	$5<h<28.25$	0~4.65
73	73~140	<140	$0<h<24$	$5<h<33.5$	0~5.7
89	89~160	<160	$0<h<24$	$5<h<24$	0~6.1

基于上述分析，下面对 F-Ma 组合类不同方式进行阐述。

(1) 中高叶片螺旋钻杆（$Z<1$）。中高叶片螺旋钻杆排渣路线如图 4-4 所示，依据中高叶片螺旋钻杆排渣空间比分析和 F-Ma 排渣原理，中高叶片螺旋钻杆的特点是以 Ma 排渣为主，因此，中高叶片螺旋钻杆排渣空间比取值为 $Z<1$。$Z=0$ 时，叶片达到最高，即此时钻孔直径 D 与钻杆的最大外径 d_1 相等。

中高叶片螺旋钻杆在应用过程中，特别是在钻孔收缩严重区及钻穴区，钻屑仍然容易堆积，形成堵孔。如图 4-5 所示，在钻孔收缩区的内侧易迅速形成堵塞区，由于 F 输渣效率高于 M 输渣效率，叶片的输渣量低于风力运输到堵塞处的钻屑量，钻屑逐渐在收缩区聚积并增长，由第 3 章分析可知，堵塞段迅速增长时，所需吹通压力呈指数增长，F 空间堵塞段长度增长迅速，当堵塞段达到足够长度时，叶片随之被卡死，钻杆无法旋转，此时钻孔输渣失效，钻孔报废，且钻杆很难打捞。

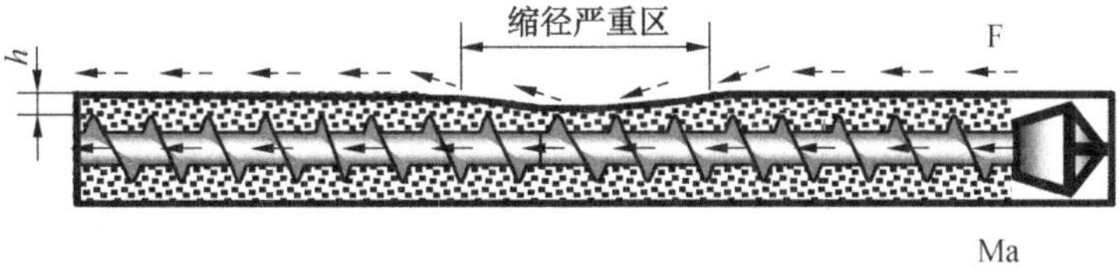

图 4-5 中高叶片螺旋钻杆缩进区钻进机械排渣路线

中高叶片螺旋钻杆应用较为广泛，通过调研，阳煤集团新景矿、寺家庄矿，郑煤集团白坪矿、告成矿，平煤集团八矿，河南煤化工集团九里山矿、鹤壁四矿，义煤集团新安矿和义安矿等许多突出矿井都尝试过该类型钻杆，由于在使用中卡钻、断钻非常频繁，最终放弃使用，图 4-6 为中高叶片螺旋钻杆破坏形式。

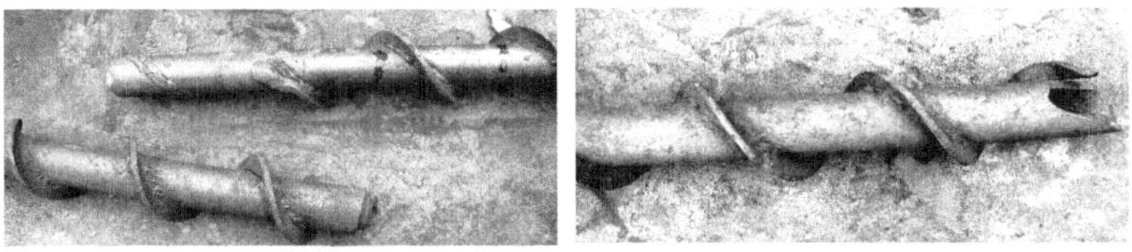

(a) 断裂形式

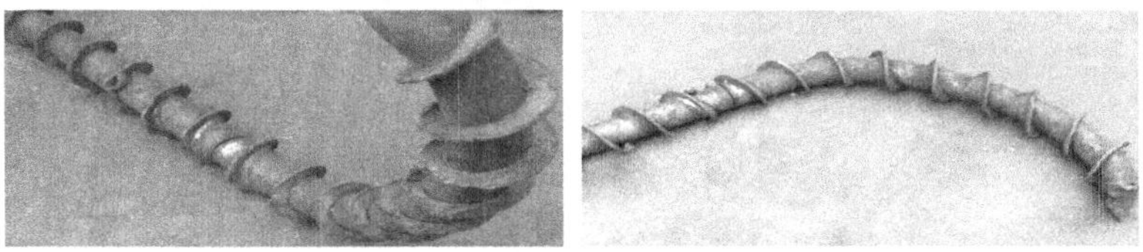

(b) 弯曲磨损形式

图 4-6 中高叶片螺旋钻杆破坏形式

(2) 低螺旋钻杆（$Z>1$）。低螺旋钻杆克服了中高叶片螺旋钻杆的缺点，在中高叶片螺旋钻杆的基础上，进一步降低了叶片高度，从而为F预留更大的排渣空间，降低排渣阻力，低螺旋钻杆排渣路线如图4-7所示。依据中高叶片螺旋钻杆排渣空间比分析和F-Ma排渣原理，低螺旋钻杆以F排渣为主，Ma排渣为辅，因此，低螺旋钻杆排渣空间比取值为$Z>1$。为方便焊接及钻杆夹持，将螺旋叶片宽度加宽，间接地提高钻杆整体强度。

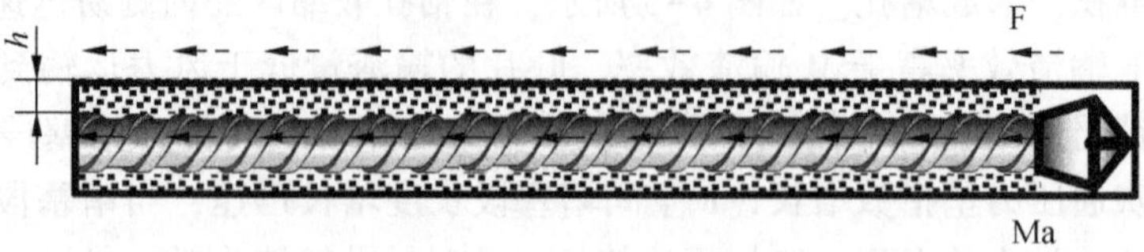

图4-7 低螺旋钻杆钻进排渣路线（F-Ma）

低螺旋钻杆在松软突出煤层的应用较为广泛，特别是西安煤科院结合该类型钻杆，提出了中风压钻进理念，在许多矿井取得了不错的钻进纪录。低螺旋钻杆在实际应用中也存在许多问题，如当煤体水分较大时，排渣效果明显降低，钻屑易与杆体浅槽粘连，使螺旋槽排渣功能失效，许多钻孔难以达到设计深度；同时，由于杆体表面焊接的螺旋钢带存在受力弱面，螺旋钢带容易损坏，影响退钻，很容易造成孔内堵塞。低螺旋钻杆破坏形式如图4-8所示。

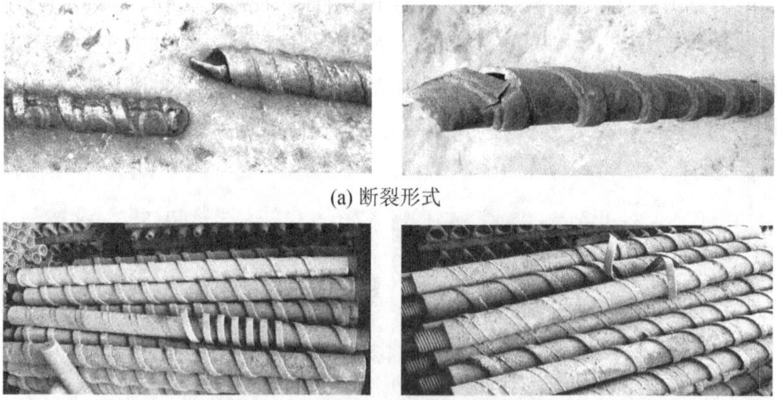

(a) 断裂形式

(b) 螺旋钢带弱面失效形式

图4-8 低螺旋钻杆破坏形式

2. F-Mr 组合类

常规三棱钻杆是F-Mr的典型例子，即通过钻杆棱边将钻杆周围的煤渣沿径向扬起，使煤渣处于运动状态，通过风流或水流将煤渣向外运移。在常规三棱钻杆应用推广初期，由于钻杆截面的特殊性，难以应用摩擦焊接工艺，接头以插接式手动焊接为主，接头处为受力薄弱环节，在使用过程中，以接头破断为主。图4-9为三棱钻杆破坏形式。

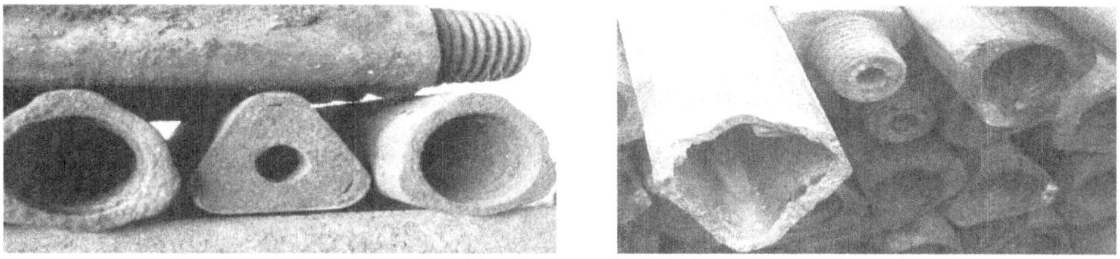

(a) (b)

图4-9 三棱钻杆破坏形式

4.1.3 新型钻具研制切入点

FM钻进排渣原理全面描述了孔内煤渣运移与钻杆之间相互作用的关系，据此能对任一截面形状的钻杆进行归类。FM钻进排渣原理不仅是一个归类或描述性质的概念，更重要的是它能够让研究人员发现改善孔内排渣效果及新型钻杆研制需要注意的问题。本书结合FM钻进排渣法及第3章钻孔堵塞段 L 与吹通压力 p 的关系分析，对新型钻具的研制应从以下几个方面展开。

4.1.3.1 增大排渣空间

基于第3章钻孔堵塞段 L 与吹通压力 p 的关系分析，当使用相同钻杆时，钻孔直径增大，排渣空间相应增大，有利于排渣，不易出现钻孔堵塞，但额外增加了钻机、供风系统负荷。因此，增大排渣空间并不是一味地增大钻孔直径来扩大钻孔排渣空间，而是应该在煤层条件、钻机动力、排渣风压等条件限制下增大排渣空间。当钻机动力、排渣风压有限，钻孔直径固定不变时，增大排渣空间的唯一手段就是改变钻杆的截面形状，这也充分表明孔内钻具的外形对钻进具有重要影响。

很多技术人员会采用最简单的办法，直接减小钻杆直径，当钻机动力一定的情况下，相对应的钻杆强度不足，会增大钻杆断裂的概率，这种办法显然不可取。如图4-10a所示，应用圆形钻杆时，排渣空间为 S_1，当钻杆的最大外径不变，将钻杆截面改变为三角形、四边形及螺旋结构时，其增大截面积为 S_3，如图4-10b、图4-10c、图4-10d所示。目前，将钻杆截面设计成三角形与螺旋结构的钻杆已经普遍得到推广应用。

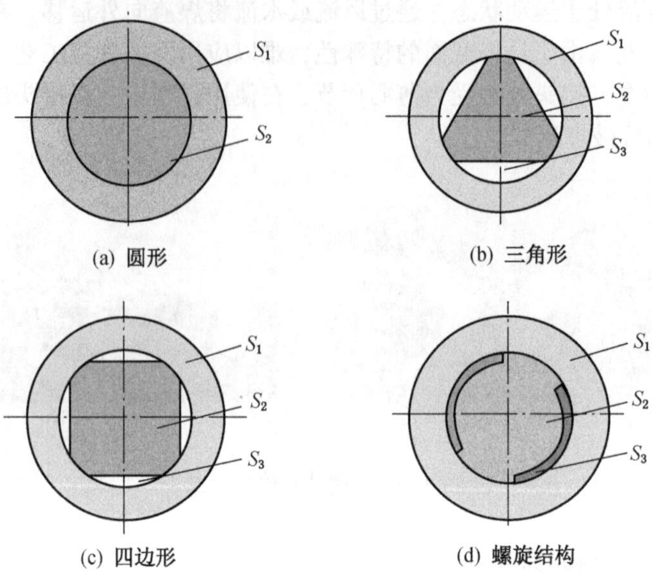

图 4-10 增大排渣空间方法

4.1.3.2 降低排渣阻力

钻屑在孔内运移形成的摩擦阻力主要来自钻孔排渣空间的变化，钻孔壁粗糙程度、颗粒群之间的相互碰撞以及与钻杆的相互作用。钻杆对钻屑的运移作用主要体现为钻杆表面的螺旋结构，而叶片在运移钻屑的过程中，钻屑对钻杆形成一个沿轴向向里的轴向力，特别是在钻孔收缩严重区或钻穴区，钻杆旋转过程中，钻屑对钻杆形成较大的轴向力，容易破坏钻机卡瓦或瞬间形成“吸钻”现象。通过优化螺旋凸棱结构，包括其宽度和高度，可有效降低摩擦力，不仅有利于钻进排渣，而且能够保证钻进的安全性。

4.1.3.3 降低钻杆旋转阻力

在钻进过程中，钻机需要提供钻杆在孔内旋转破煤过程中所需要的旋转扭矩和钻杆被包裹时形成的摩擦扭矩，在钻机动力一定的情况下，为降低钻机动力负荷，应采取以下措施降低钻杆旋转阻力：

（1）在保证钻杆强度的情况下，降低钻杆的整体质量，从而减小钻杆旋转时所需要的转动惯量。

（2）优化钻杆截面形状，如棱状结构类型钻杆，使其棱边沿旋转方向设计为光滑的圆弧结构，以减小钻杆被包裹时形成的旋转摩擦力。

4.1.3.4 增加钻杆辅助排渣能力

对于 FM 排渣理念，增加钻杆本身的辅助排渣能力，主要体现在 F-Ma 排渣理念上，在尽量不降低 F 排渣能力的基础上，通过钻杆表面刻制螺旋槽、焊接或熔涂螺旋结构凸棱等增加排渣能力。

4.1.3.5 提高钻杆整体强度

在实际钻孔工程中，因钻杆整体强度低或局部存在应力弱面造成钻进过程中钻杆意外折断（不包括钻杆达到使用寿命时的正常破损），不仅影响钻孔施工效率，当钻杆难以打捞时，还为后期回采带来安全隐患。因此，有必要提高钻杆整体强度，避免钻杆意外破断，具体措施如下：

（1）提高钻杆杆体钢材等级，许多钻杆厂家为降低成本，常采用 DZ40、ZD50 级别无缝管，近几年，随着钻机的大型化，钻杆加工的钢材等级也提高很多，如 DZ55、ZD60，对于大直径高强钻杆，也常采用 R780、G105 钢材。

（2）提高钻杆接头钢材等级，应用 35CrMo、42CrMo 及 35CrMnMo 代替常规的 45 号钢和 40Cr。

（3）严格控制钻杆接头加工热处理工艺、接头与杆体之间焊接工艺及焊后热处理工艺。最简单的焊后热处理工艺采用高频感应加热，自然冷却方法，也可用整体热处理方法，提高钻杆的整体强度，同时，去除接头处的热应力。

4.2 FM 钻进排渣法新型钻具研制

4.2.1 F-Ma 降阻增排方法及其钻具

4.2.1.1 F-Ma 降阻增排方法

对于中高叶片螺旋钻杆、低螺旋钻杆两种 F-Ma 组合类钻具，在实际应用中相对于传统钻具有了很大进步，结合其结构特点，也有一定的缺陷。本书提出了基于 F-Ma 降阻增排理念，继承现有 F-Ma 组合类钻具的优点，最大限度地克服其缺点，具体改进及设计原理涵盖以下几点。

1. 降阻包括降内阻和降外阻

降内阻是指尽量增大钻杆杆体内腔截面积，降低流体动力能耗；降外阻是指降低钻杆 Ma 本身的排渣阻力，采取的技术手段是给螺旋凸棱更合理的高度，使螺旋凸棱截面更为合理。

2. 提高钻杆整体强度

提高钻杆整体强度与上述降低内阻是矛盾的，钻杆壁过薄，使钻杆整体强度降低很快，钻杆易发生疲劳破损。

3. 改变螺旋凸棱形成工艺

螺旋凸棱的形成，需要克服焊接叶片易沿受力弱面脱落的缺陷。

4.2.1.2 F-Ma 钻具克服钻穴区原理分析

如图 4-11 所示，当钻孔出现钻穴时，风力排渣路线被迫终止，当形成的钻穴沿轴向对钻杆的包裹长度不足以使钻杆完全卡死时，只要钻杆能够旋转，钻杆表面的螺旋凸棱就能够不断地将钻穴区的渣体排出，钻穴破坏区域整体下移，形成填充型钻穴，沿钻穴顶部形成风力排渣通道，此时，钻穴区能够发挥 F-Ma 作用，很快钻穴区将被疏通。

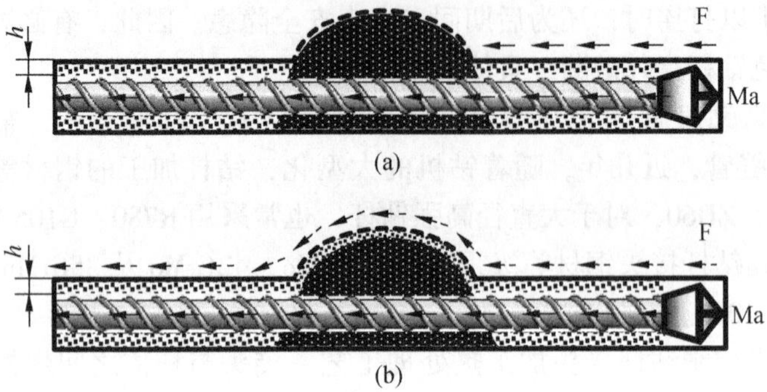

图 4-11　F-Ma 钻具克服钻穴区原理

4.2.1.3　F-Ma 降阻增排方法钻具

基于 F-Ma 降阻增排理念，从上述 3 个方面考虑，克服常规低螺旋钻杆的缺陷，将等离子熔涂技术应用于钻杆加工，产生了系列熔涂耐磨钻杆，其中包括用于瓦斯抽采的低螺旋耐磨钻杆。

1. 熔涂耐磨钻杆加工设备

加工熔涂耐磨钻杆的核心设备为数控等离子熔覆机床，该设备是专为加工系列熔涂耐磨钻杆设计的。

2. 熔涂耐磨钻杆特点

(1) 熔涂耐磨钻杆表面的凸棱由硬质合金粉熔涂形成，钻杆与凸棱融为一体，凸棱强度高，耐磨性好，克服了常规高叶片螺旋钻杆及低螺旋钻杆叶片与杆体之间沿弱面脱落的问题，延长了钻杆的使用寿命。

(2) 熔涂耐磨钻杆表面采用等离子熔涂技术形成小圆弧的凸棱条，降低了排渣阻力，有利于钻杆的排渣散热。

(3) 熔涂耐磨钻杆表面熔涂的曲线结构，包括螺旋线结构或其他形状曲线，加强了钻杆的机械排渣功能，表面焊接螺旋叶片宽而低，通过夹持器的改进，能够满足钻机夹持器的夹持需要，可应用于煤巷、半煤巷和岩巷的各种钻孔施工，既可施工本煤层顺层钻孔，也可施工穿层钻孔。图 4-12 为熔涂螺旋钻杆外形结构。

图 4-12 熔涂螺旋钻杆外形结构

4.2.2 F-Mr 压差涡流排渣方法及其钻具

4.2.2.1 涡流排渣概念

从煤颗粒与杆体之间的相互关系分析，涡流排渣的本质为 F-Mr 原理，是对常规棱状钻杆排渣方法的理论深化。棱状钻杆在应用过程中，钻孔未发生失稳变形时，棱状钻杆周边形成多个弦状间隙，棱状刚体在松散介质中旋转，形成旋涡现象，在涡流区形成固气松散通气带，有利于渣体扬起，相对于常规截面形状钻杆，渣体更容易被风力带出孔外。因此，棱状类钻杆的排渣原理称为涡流排渣原理。

4.2.2.2 F-Mr 压差涡流排渣方法

对于棱状结构钻杆，许多工程技术人员进行了大量研究，并发明了诸多专利，基本上都是在三棱钻杆基础上衍生产生的，目的是占领市场，没有一定的理论支撑，因此，其结构并不合理，在实际应用中很难发挥其优越性。因此，分析棱状钻杆的排渣原理及特点，优化棱状钻杆结构，是扩大棱状钻杆应用范围的科学手段。根据常规棱状类钻具存在的问题，基于 FM 钻进排渣法，从增强涡流效应、降低钻杆旋转阻力和提高钻杆强度三个方面考虑，对现行常规棱状钻具进行改进，称为 F-Mr 压差涡流排渣方法。

1. 增强涡流效应

根据 F-Mr 类钻具原理，如图 4-13 所示，棱状类钻杆在旋转过程中，沿旋转方向，在 A 区直接与钻屑碰撞相互作用形成钻屑“高速低压区”；而在 B 区，钻屑处于回落状态，因此形成钻屑“低速高压区”，该区域将产生涡流效应，钻屑沿流线作低速旋涡运动，更有利于钻屑处于松散、扬起状态。

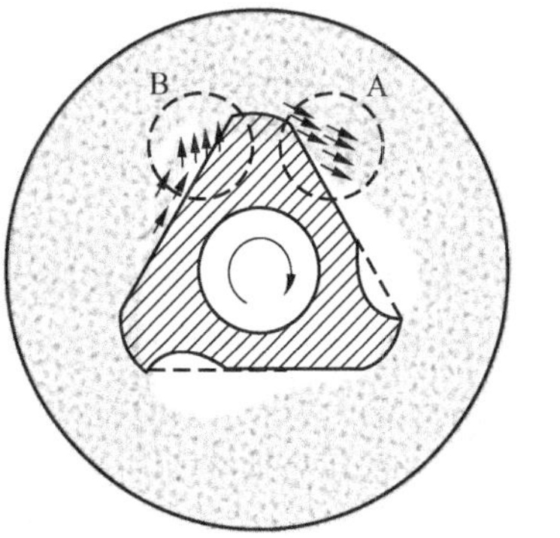

图 4-13 增强涡流效应原理

钻杆的排渣效果与棱边结构具有密切的联系，即棱边产生的涡流效应决定能否发挥钻具的最大功效，因此，通过杆体截面形状的改进，达到增强涡流效应的目的。基于流体动力学理论，在棱边肩部设置凹槽，如图 4-13 所示，钻杆在旋转时，孔内流固混合物可在钻杆周围的凹槽 B 区形成强涡流区，钻屑处于更为松散的浮动状态，气流或水流更容易将煤渣通过排渣通道排出。

2. 降低钻杆旋转阻力

棱状结构钻杆，旋转时具有较高的旋转阻力，特别是孔内大块煤渣较多，极易造成卡钻，因此，降阻的核心目的是降低杆体的旋转阻力。如图 4-13 所示，旋转阻力来源于 A 区内杆体对煤渣的推动作用，使 A 区内钻屑沿弧面切向高速度运动，也给钻杆的旋转带来了较大的阻力，因此，沿旋转面设置成较为理想的过渡圆弧面，有利于降低杆体的旋转阻力。

3. 提高钻杆强度

提高钻杆强度主要从钻杆受力薄弱位置改进，常规三棱钻杆整体结构为等三角形截面，接头最大仅能够达到三角形内切圆，限制了接头尺寸，一般外圆为 73 mm 的三棱钻杆，仅能用 50 mm 圆钻杆丝扣。接头采用常规插接式焊接方法，焊接位置存在受力弱面，丝扣断裂事故仍然频繁。通过结构改进，将接头加大，丝扣增大到 63. 5 mm、73 mm 圆钻杆丝扣，同时，将接头进行局部处理，使其能够应用摩擦焊接工艺，将钻杆整体强度提高一个等级。

4. 2. 2. 3 F-Mr 钻具克服钻穴区原理分析

如图 4-14 所示，基于涡流排渣原理，钻杆在旋转过程中，棱状间隙处形成风力排渣路线，孔内出现钻穴时，仍然能够保证钻穴区继续出渣，只要不是大面积、长距离钻穴，钻穴区能够被疏通。

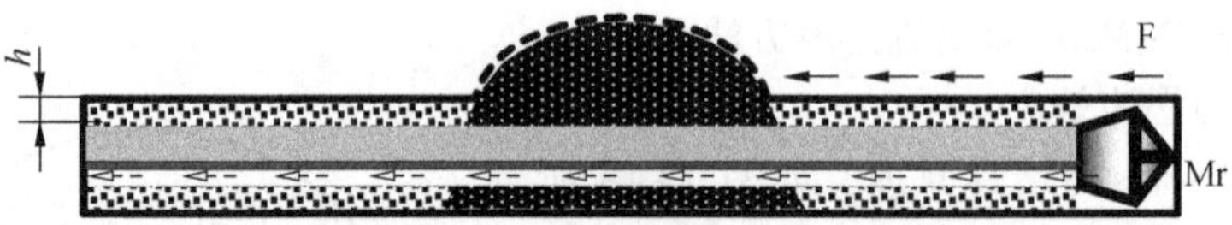

图 4-14 F-Mr 钻具克服钻穴区原理

4. 2. 2. 4 F-Mr 压差涡流排渣方法系列钻具

基于 F-Mr 排渣原理及现行钻具工艺存在的问题，发明了 F-Mr 排渣原理系列新型钻具，包括多棱热熔涂耐磨钻杆、非对称异型截面钻杆和异型多棱刻槽钻杆。每一种新型钻杆的加工工艺不同，衍生出多种不同外形结构的钻具，具体阐述如下。

1. 摩擦焊接式三棱钻杆

由于三棱截面难以应用摩擦焊接工艺，因此，将接头处加大，方便夹持焊接，也提高了接头尺寸，可直接应用73 mm圆钻杆丝扣，使钻杆的整体强度得到提高。图4-15为摩擦焊接式三棱钻杆。

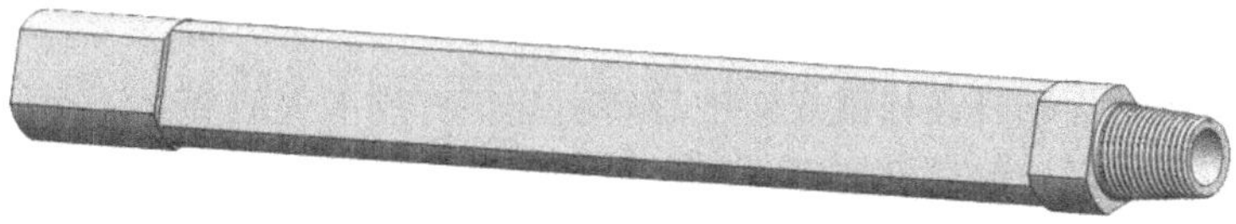

图4-15 摩擦焊接式三棱钻杆

2. 插接式棱状钻杆

当钻杆在孔内被卡住后，钻杆反转能够缓解被卡处的应力，因此，在保证钻杆强度条件下，同时实现钻杆反转，将钻杆设计成插接式连接方式。插接式三棱钻杆如图4-16所示。

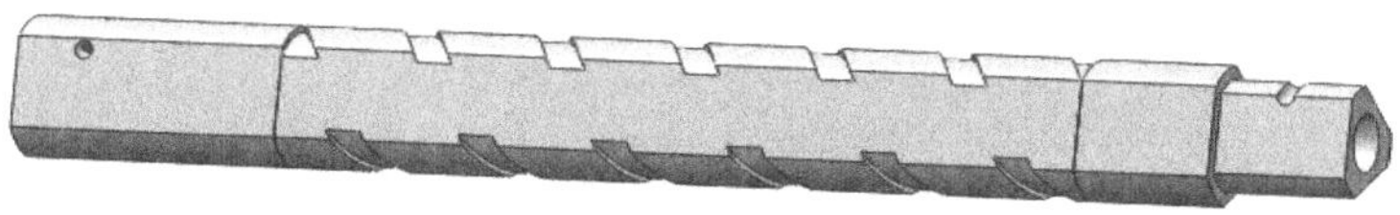

图4-16 插接式三棱钻杆

3. 熔涂棱状钻杆

基于F-Mr排渣原理，应用等离子熔涂技术，在圆钻杆表面熔涂直棱，形成熔涂棱状钻杆，该类型钻杆表面凸棱与杆体融为一体，强度高，耐磨性好，使用寿命长。图4-17为熔涂三棱钻杆，具备常规三棱钻杆特点，其优势是可以根据煤层地质条件优化凸棱高度，使其能够发挥最优排渣功能。常规三棱钻杆一般仅应用于煤层钻进，该类型钻杆可以应用于煤孔、岩孔及穿层钻孔施工，施工岩孔时，可以降低凸棱高度，便于排渣且保护钻杆，延长钻杆使用寿命。

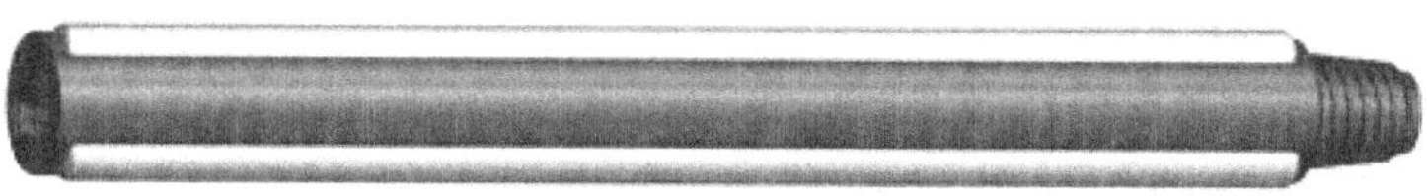

图4-17 熔涂三棱钻杆

4. 异型截面钻杆

基于涡流排渣原理，从增强涡流效应和排渣降阻两个方面考虑，在棱状钻杆棱边肩部设置凹槽，即在棱角旋转正面设置圆弧面，在背部设置凹槽，钻杆旋转时，在棱边背部形成更强烈的涡流扰动，更能够发挥钻杆的涡流排渣能力。图 4-18 为异型截面钻杆，图 4-18a 为异型三棱钻杆，图 4-18b 为异型四棱钻杆。

根据异型截面钻杆在松散煤渣中旋转引起钻杆周围煤渣旋涡流动的原理，在钻进过程中，钻杆被松散钻屑埋没时，可在钻杆周围的若干个凹槽内形成排渣气流通过的排渣通道（旋涡区）。煤渣通过排渣通道排出，减小钻杆的旋转阻力，不易出现吸钻、卡钻的现象，安全可靠，极大地提高了排渣效果，有利于提高钻孔深度，缩短钻孔时间，提高成孔率。

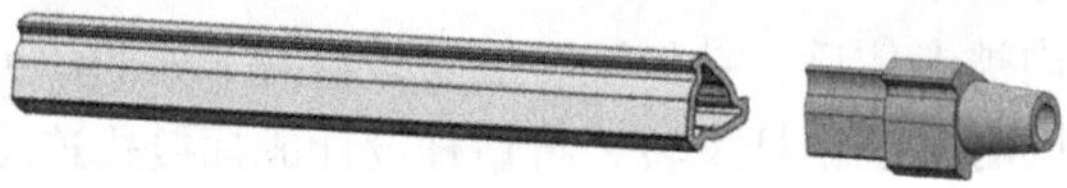

(a) 异型三棱钻杆

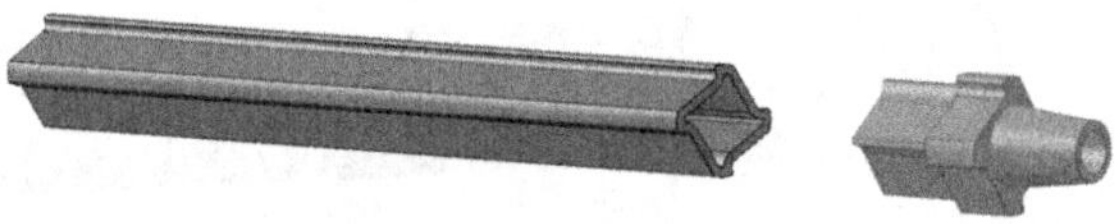

(b) 异型四棱钻杆

图 4-18 异型截面钻杆

5. 棱状刻槽钻杆

棱状刻槽钻杆是在棱状钻杆表面设置不连续螺旋槽，其外形结构如图 4-19 所示。基于 FM 排渣原理，棱状刻槽钻杆具备 F-Ma 钻具的特点，同时，具备 F-Mr 钻具的特点，因此，可归为 F-Mr-Ma 钻具。如图 4-20 所示，当孔内出现钻穴时，棱状间隙处形成风力排渣路线，同时，表面不连续螺旋槽有利于将钻孔内的大块钻屑破碎，缓解被包裹钻杆应力，辅助煤渣向外输送，消除钻孔瓦斯燃烧隐患。

棱状刻槽钻杆接头采用局部加强和摩擦焊接工艺，钻杆的整体强度提高，在使用中，钻杆保直性好，不易出现断钻、掉钻事故。

图 4-19 棱状刻槽钻杆

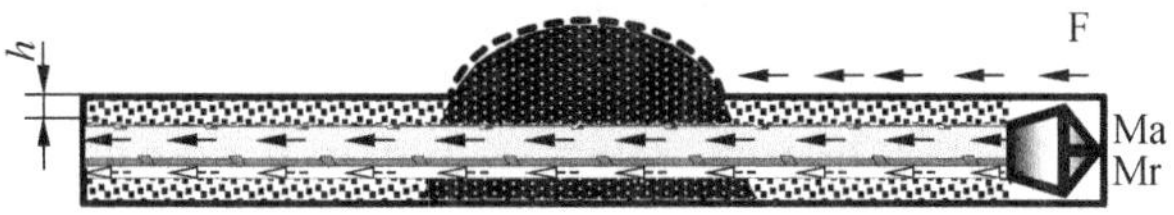

图 4-20 F-Mr-Ma 钻具克服钻穴区原理

4.3 新型钻杆克服钻穴排渣试验

4.3.1 钻穴区排渣试验方案及装置

4.3.1.1 试验目的

试验的主要目的是观测当钻穴突然形成时，钻孔排渣通道堵塞的可能性及风压变化情况。

4.3.1.2 试验原理

在实际钻孔施工中，钻穴形成的表现为钻孔上方失稳、破坏，煤体迅速充填钻孔空间，使排渣通道堵塞，绝大多数钻穴形成于松软突出煤层钻孔施工过程中，或煤体强度较低的局部构造煤区域，因此，钻穴区的煤体一般呈松散状，只有少数钻穴区的煤体呈块体状。

根据钻穴的形成特点，实验室模拟钻穴，可以通过在钻孔的某一位置设置较大进渣口，来模拟煤渣瞬间涌入钻孔排渣空间。如图 4-21 所示，假设在 4 位置有大量的煤渣涌入，因此，依据原理，在 4 位置设置钻穴模拟箱体，通过空压机 1 实现供风，在钻孔前端设置压力表 3，用以记录风压值，电机 8 带动钻杆 6 在钻孔 5 中旋转，模拟钻进过程，煤渣沿放渣装置 7 排出孔外。

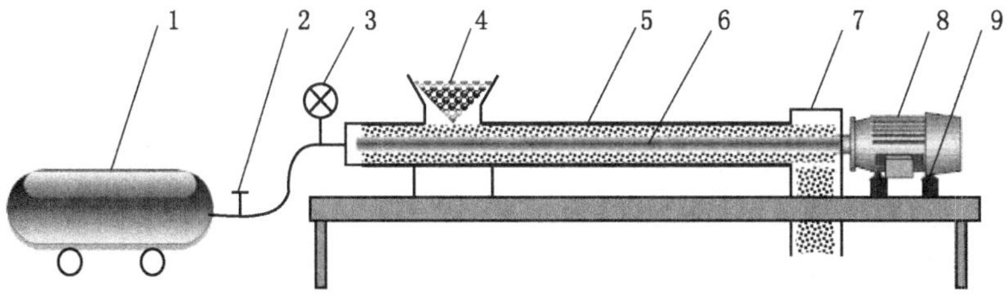

1—空压机；2—控制开关；3—压力表；4—钻穴模拟装置；5—钻孔；
6—钻杆；7—放渣装置；8—电机；9—支架

图 4-21 钻穴模拟试验方案

4.3.1.3 试验方法

通过分析上述试验原理，试验重点是通过模拟钻穴区大小变化，对比分析钻穴区形成后，常规钻具、新型钻具在钻穴区堵塞或疏通以及风压变化情况，具体试验方法如下。

（1）模拟钻穴区大小变化方案。当孔内发生塌孔形成钻穴时，钻孔顶部形成较大空间的煤渣填充，因此，基于图4-21，在4位置设置一个可拆卸箱体模拟进渣，对箱体内部的供渣装置进行设计，主要是在箱体内部设置进渣口，通过改变进口位置的长度L和高度h来调整进渣量的多少，从而模拟孔内钻穴大小的变化。钻穴大小调整原理如图4-22所示，在箱体内，未塌孔区域保持钻孔壁完整，可用有机玻璃管模拟钻孔，通过调节有机玻璃管中间对接长度，模拟钻孔壁破坏形成的塌孔长度L；通过调节箱体内煤渣高度h，控制钻穴沿径向的坍塌高度。

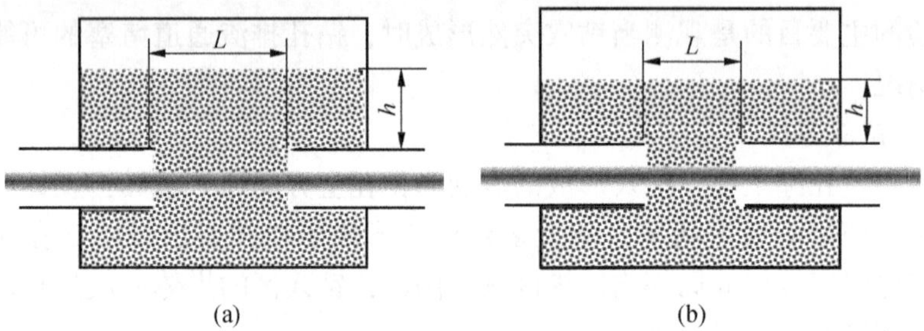

图4-22 钻穴大小调整原理

基于图4-22，可计算钻穴截面积S_a：

$$S_a=\left(h+\frac{D}{2}\right)D-\frac{1}{8}\pi D^2=D\left(h+\frac{D}{2}-\frac{1}{8}\pi D\right) \tag{4-4}$$

基于式（4-4），沿轴向长度为L的钻穴体积V_a：

$$V_a=S_aL=DL\left(h+\frac{D}{2}-\frac{1}{8}\pi D\right) \tag{4-5}$$

（2）基于调整钻穴区大小方案，针对不同钻穴区进行如下试验：

①常规圆钻杆钻穴区排渣试验分析。

②熔涂螺旋钻杆克服钻穴区排渣试验分析。

③棱状刻槽钻杆克服钻穴区排渣试验分析。

4.3.1.4 试验装置

基于试验原理及方案，对试验装置进行加工和设计，总体装配结构如图4-23所示。

试验装置主要包括供风装置、钻穴模拟装置、钻孔模拟装置、放渣装置和动力装置5部分，具体情况如下：

1—供风装置；2—钻穴模拟装置；3—钻孔模拟装置；4—放渣装置；5—动力装置

图 4-23 模拟钻穴排渣试验装置

1. 供风装置

供风装置主要包括空压机和相关配件，具体结构如图 4-24 所示。供风装置由空压机、控制开关、连接胶管、钻杆定位装置、密封法兰、压力表、安全阀和前端钻孔段 8 部分组成。供风装置的关键部位为钻孔前端压力控制装置及相关部件，为减少钻杆旋转摆动，在钻孔前段设计钻杆定位装置，具体结构如图 4-25 所示，既保证了钻杆旋转同轴度，也保证了压风不通过钻杆腔体。

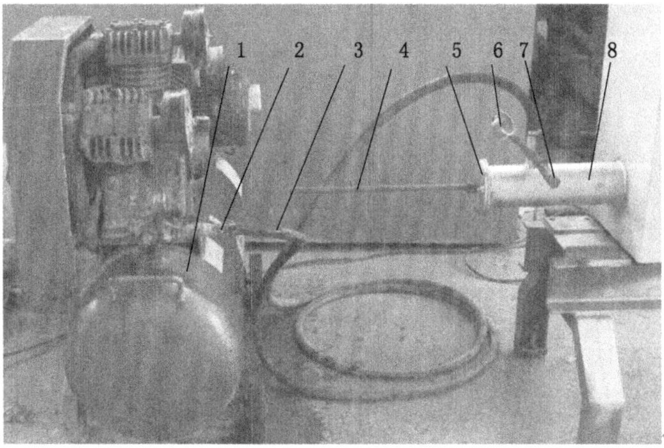

1—空压机；2—控制开关；3—连接胶管；4—钻杆定位装置；5—密封法兰；
6—压力表；7—安全阀；8—前端钻孔段

图 4-24 供风装置

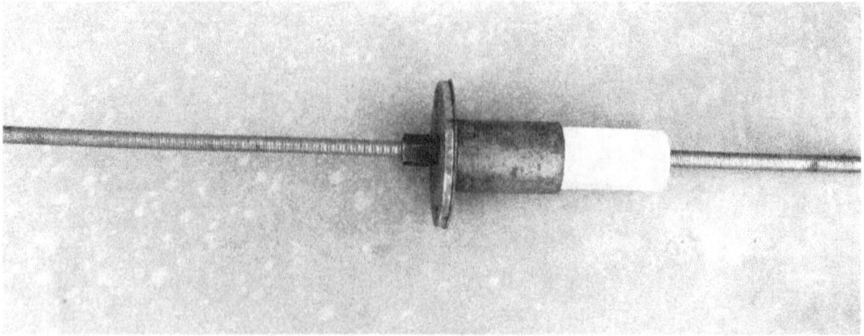

图 4-25 钻杆定位装置

2. 钻穴模拟装置

结合模拟钻穴区大小变化方案，设计模拟钻穴箱体，如图 4-26 所示。箱体一侧通入内径 120 mm 模拟钻孔的有机玻璃管，箱体另一侧连接供风装置，通过调节有机玻璃管前端面与箱体壁之间的距离 L 及装入箱体的煤渣距离上钻孔壁的高度 h 来控制钻穴大小。

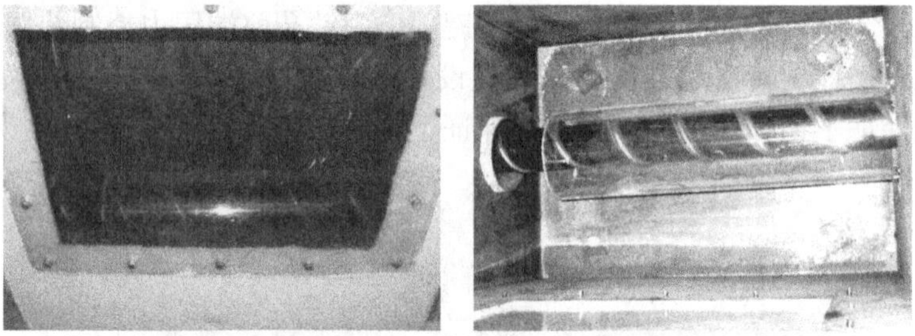

(a) 箱体观察窗 (b) 箱体内部结构

图 4-26 模拟钻穴箱体

3. 钻孔模拟装置

钻孔模拟装置如图 4-27 所示，采用内径为 120 mm 的有机玻璃管模拟钻孔，便于观察孔内渣体运动状态，有机玻璃管单根长度为 1 m，该试验共用两根，使用 PE 管加工连接件，并设置密封。

4. 放渣装置

放渣装置如图 4-28 所示，放渣装置通过定位孔安装在试验支架上，箱体内煤渣通过钻孔沿放渣口排出。放渣装置主要包括放渣口、放渣箱、钻孔定位环、电机连接杆和密封挡圈。

(a) 有机玻璃管 (b) 连接图

图 4-27 钻孔模拟装置

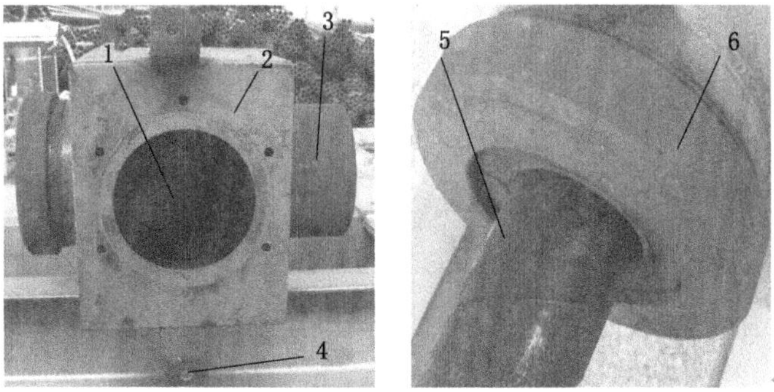

1—放渣口；2—放渣箱；3—钻孔定位环；4—定位孔；5—电机连接杆；6—密封挡圈

图 4-28 放渣装置

4.3.2 圆钻杆钻穴区排渣试验分析

4.3.2.1 试验方案

基于图 4-22，取 $h=0.3$ m、0.5 m；$L=0.15$ m、0.225 m、0.3 m、0.375 m、0.45 m、0.525 m、0.6 m。基于试验方案，调整箱体煤层厚度 h、L，并记录不同组试验的风压值 P_E。

4.3.2.2 试验结果分析

结合试验结果，应用第 4 章钻穴区风力排渣钻孔堵塞段力学分析结论，将试验结果与理论计算结果进行对比分析。

试验中使用的煤渣含有少量水分，整体松散，流动性较好，不易聚团，通过测试，其堆积密度 $\rho_b=920\ \mathrm{kg/m^3}$，钻孔直径 $D=120$ mm，试验采用的光面钻杆外径 $d=73$ mm，试验装置为水平孔情况 $\theta=0°$，堵塞段煤与钻杆表面的摩擦系数 $f_1=0.1$，堵塞段煤颗粒与孔壁的摩擦系数 $f_2=0.3$，侧压系数 $k=0.5$。将上述基本参数代入相关公式，可以求解不同 L 条件下理论风压值 P_T。

基于理论公式，计算不同 L 条件下理论风压值 P_T；基于试验，记录相应钻穴所需吹通压力 P_E。试验包括三种情况：保持供风和钻杆旋转，相应吹通压力为 P_{E1}；保持供风和停止钻杆旋转，相应吹通压力为 P_{E2}；停止供风和保持钻杆旋转，观察描述孔内出渣情况。由于压力表刻度值在 0~0.05 MPa 范围内，最小刻度为 0.025 MPa；在 0.05~0.7 MPa 范围内，精确到 0.01 MPa；根据指针位置，可估计到小数点后第 3 位，对于较小的钻穴，钻穴瞬间被吹通，吹通压力小于 0.05 MPa 时，依靠指针摆动的大概位置估计其吹通压力值。表 4-2 为圆钻杆钻穴区排渣试验数据。

表 4-2 圆钻杆钻穴区排渣试验数据

序号	h/m	L/m	S_a/m²	P_T/MPa	P_{E1}/MPa	P_{E2}/MPa	P_{E1}/P_T	P_{E2}/P_T	备注
1-1	0.3	0.15	0.0376	0.0074	0.005	0.01	—	—	
1-2	0.3	0.225	0.0376	0.0192	0.015	0.025	0.78	1.30	
1-3	0.3	0.3	0.0376	0.0466	0.04	0.05	0.86	1.07	
1-4	0.3	0.375	0.0376	0.1098	0.1	0.115	0.91	1.05	
1-5	0.3	0.45	0.0376	0.2557	0.235	0.26	0.92	1.02	
1-6	0.3	0.525	0.0376	0.5925	0.56	0.65	0.95	1.1	P_{E2}时孔外堵塞
1-7	0.3	0.6	0.0376	1.3703	0.7	0.7	—	—	P_{E1}、P_{E2}时堵塞
2-1	0.5	0.15	0.0615	0.0115	0.01	0.02	—	—	
2-2	0.5	0.225	0.0615	0.0300	0.03	0.04	1	1.33	
2-3	0.5	0.3	0.0615	0.0728	0.05	0.095	0.69	1.30	
2-4	0.5	0.375	0.0615	0.1715	0.165	0.2	0.96	1.17	
2-5	0.5	0.45	0.0615	0.3994	0.335	0.425	0.84	1.06	
2-6	0.5	0.525	0.0615	0.9255	0.7	0.7	—	—	P_{E1}、P_{E2}时堵塞
2-7	0.5	0.6	0.0615	2.1403	0.7	0.7	—	—	P_{E1}、P_{E2}时堵塞

通过理论计算和试验得到的吹通压力值，在实际工程中，钻穴截面形状及相关参数的不确定因素较多，非线性强，因此，分析对比理论计算和试验得到的吹

通压力值的偏离程度，对于工程指导具有重要意义，本书通过 P_{E1}/P_T、P_{E2}/P_T 的比值判断偏离理论值的程度。

基于表 4-2 中的试验数据，绘制理论计算与试验测试钻穴吹通压力对比曲线，如图 4-29 所示。试验过程中，1-1 号、2-1 号钻穴所需吹通压力小于 0.05 MPa，钻穴瞬间被吹通，依靠指针摆动的大概位置估计其吹通压力值，误差较大，因此，不计 P_{E1}/P_T、P_{E2}/P_T。试验所用空压机，压力上限为 0.7 MPa，通过 14 组试验，保持供风和钻杆旋转时，其中 11 组钻穴排渣试验疏通，1-7 号钻穴、2-6 号钻穴、2-7 号钻穴堵塞；保持供风和停止钻杆旋转时，1-6 号钻穴、1-7 号钻穴、2-6 号钻穴、2-7 号钻穴堵塞。如图 4-29 所示，钻孔堵塞后，压力表最大指示为 0.7 MPa，因此，无须计算 P_{E1}/P_T、P_{E2}/P_T。

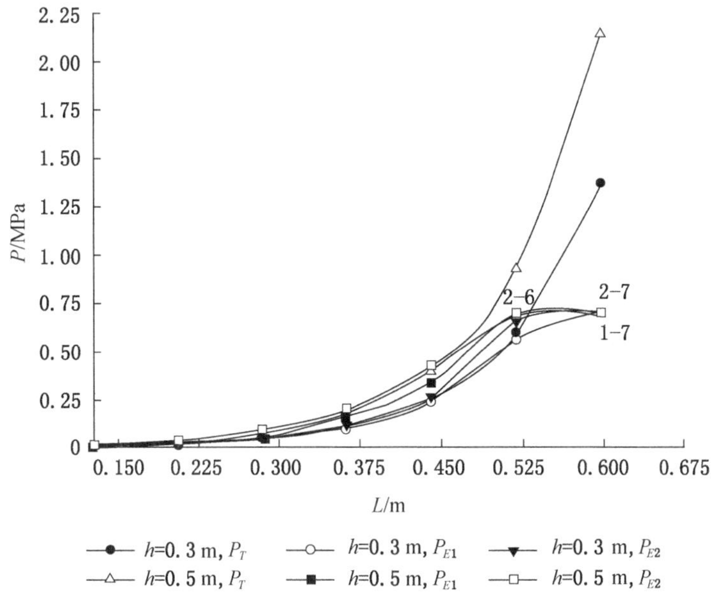

图 4-29 理论计算与试验测试钻穴吹通压力对比曲线（圆钻杆）

基于图 4-29，结合试验过程，对圆钻杆钻穴区排渣试验进行如下分析：

（1）当保持供风和钻杆旋转时，P_{E1}/P_T 平均值为 0.88，P_{E1} 略低于 P_T；保持供风和停止钻杆旋转时，P_{E2}/P_T 平均值为 1.16，P_{E2} 略大于 P_T。理论计算时并未考虑钻杆旋转扰动作用对吹通压力的影响，通过上述两种试验也充分证明，当钻杆旋转时，尽管圆钻杆无输渣能力，但其旋转对周围煤体的扰动作用，有利于钻孔堵塞区域疏通。该结论也证明了钻孔堵塞的 $p-L$ 方程能够应用于工程实践。

（2）当保持供风和停止钻杆旋转时，对于沿轴向较长的钻穴区，也可能造成钻孔堵塞，如1-6号钻穴，P_{E2} = 0. 65 MPa，伴随堵塞段被吹通后系统压力的降低，在距离钻穴0. 5 m处出现了大量煤渣堆积，并发生孔外堵塞现象。该现象也可能发生在实际工程中，如风压不稳和钻杆停止旋转时，被疏通的钻穴同样会发生钻穴外孔内堵塞。

（3）当停止供风和保持钻杆旋转时，钻孔不出渣，可见，应用圆钻杆，主要依靠风力排渣。

（4）试验过程中，圆钻杆旋转与钻穴区煤体形成的摩擦类似于滚动摩擦，对钻穴区煤体的扰动作用较小，试验支架及钻穴模拟箱体震动较小，噪声小。

4. 3. 2. 3 堵塞状态分析

基于圆钻杆钻穴区排渣试验结果，相对较小的钻穴区容易被疏通，图4-30列举了1-1号（h=0. 3 m、L=0. 15 m）、2-3号（h=0. 5 m、L=0. 3 m）两组被疏通的钻穴。1-1号、2-3号钻穴瞬间被疏通，钻穴区周围煤渣被附带排出。

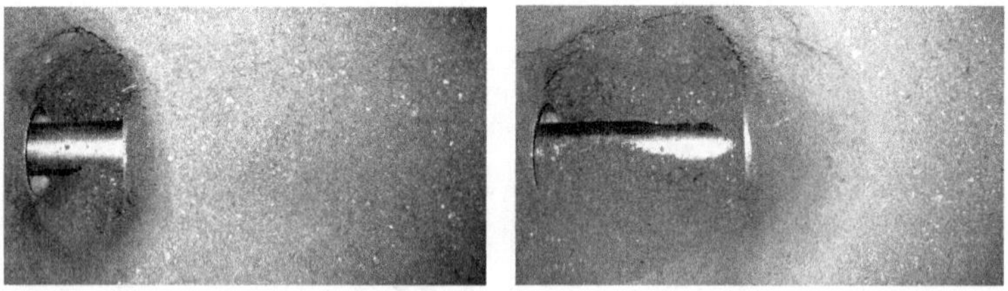

(a) 1-1号钻穴(h=0.3 m、L=0.15 m)　(b) 2-3号钻穴(h=0.5 m、L=0.3 m)

图4-30　钻穴区疏通

伴随钻穴区整体空间增大，钻穴区堵塞现象，选择两个典型的堵塞钻穴进行如下分析：

（1）当保持供风和停止钻杆旋转时，1-6号钻穴被疏通，钻穴区的大量煤渣向孔外排出，并在孔外堵塞，并形成约0. 8 m的堵塞段，如图4-31a所示。孔内堵塞状态如图4-31b所示，堵塞段受风压挤压作用，煤渣非常紧实，如图4-31d所示，因此，堵塞段煤渣处理非常困难，处理0. 8 m堵塞段，花费了近1 h的时间。

（2）当保持供风和钻杆旋转时，2-6号钻穴堵塞，图4-31b为扒开钻穴区上部煤渣的堵塞状态。由于钻杆处于旋转状态，在风压和钻杆扰动作用下，孔内堵塞初期，煤渣由钻穴区向钻孔空间充填，在钻孔区孔外形成较短的堵塞段。

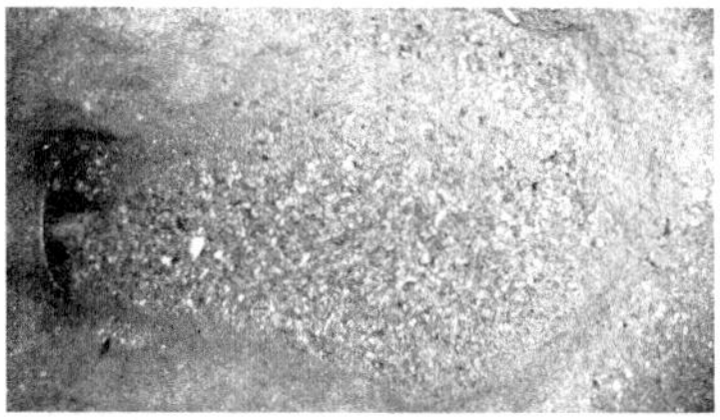

(a) 1-6号钻穴(h=0.3 m、L=0.525 m)

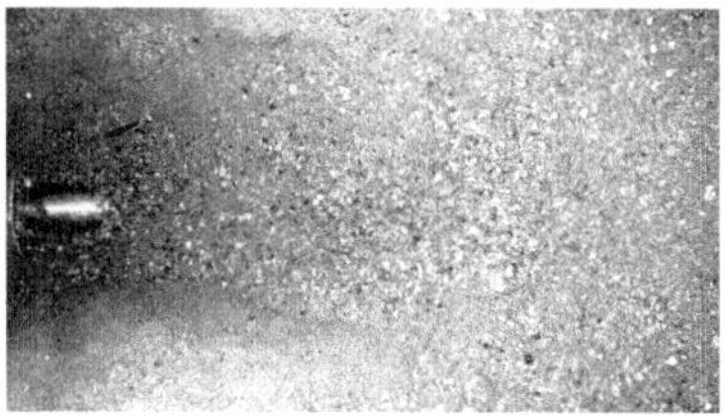

(b) 2-6号钻穴(h=0.5 m、L=0.525 m)

(c) 堵塞状态

(d) 堵塞处理

图 4-31 钻穴区堵塞

4.3.3 熔涂螺旋钻杆克服钻穴排渣试验分析

4.3.3.1 基本参数

试验方案与圆钻杆克服钻穴排渣试验相同。试验采用熔涂螺旋钻杆，外形结构如图 4-32 所示，h = 3.25 mm，凸棱宽度 l = 12 mm，钻杆最大外径 d = 70 mm。

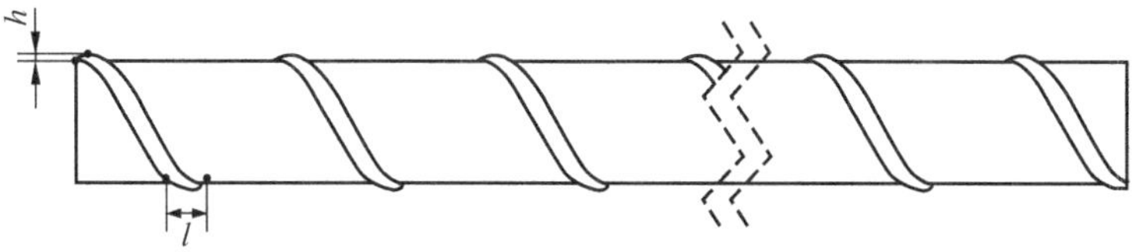

图 4-32 螺旋凸棱结构设计

由于熔涂螺旋钻杆表面为螺旋凸棱结构，螺旋凸棱存有排渣空间，基于气固耦合流体动力学原理，应用理论方法计算不同 L 条件下理论风压值 P_T，为了更接近真实解，钻杆外径应以水力直径 d_H 为准，异型管道水力直径计算公式如下：

$$d_H = 4 \times \frac{A}{S} \tag{4-6}$$

式中 A——过流断面积；

S——过流断面上流体与固体接触的周长。

基于式（4-6），对于特殊截面的钻杆，设钻杆截面积为 S_P、钻杆截面周长为 C_P、则水力直径 d_H：

$$d_H = 4 \times \frac{A}{S} = \frac{\pi D^2 - 4S_P}{\pi D + C_P} \tag{4-7}$$

通过测量，熔涂螺旋钻杆截面积 $S_P = 0.003213\ m^2$，钻杆截面周长 $C_P = 0.202\ m$，将参数代入式（4-7），可得钻进时水力直径 $d_H = 0.056\ m$，即钻孔排渣环状空间宽度为 28 mm，相当于钻杆直径 $d = 64$ mm。

4.3.3.2 试验结果分析

基于上述分析，风压值 P_T 的基本参数设置为：钻杆外径 $d = 64$ mm，其他参数与圆钻杆排渣试验参数取值相同。将上述基本参数代入式（3-21），可求解不同 L 条件下理论风压值 P_T。通过理论方法，计算不同 L 条件下理论风压值 P_T，基于试验结果，记录相应钻穴所需吹通压力 P_{E1}、P_{E2}，见表 4-3。

表 4-3 熔涂螺旋钻杆钻穴区排渣试验数据

序号	h/m	L/m	S_a/m^2	P_T/MPa	P_{E1}/MPa	P_{E2}/MPa	P_{E1}/P_T	P_{E2}/P_T	备注
1-1	0.3	0.15	0.0376	0.0055	0.005	0.005	—	—	
1-2	0.3	0.225	0.0376	0.0130	0.01	0.02	—	—	
1-3	0.3	0.3	0.0376	0.0283	0.025	0.05	0.88	1.77	
1-4	0.3	0.375	0.0376	0.0595	0.05	0.085	0.84	1.43	
1-5	0.3	0.45	0.0376	0.1229	0.1	0.15	0.81	1.22	
1-6	0.3	0.525	0.0376	0.2518	0.22	0.285	0.87	1.13	
1-7	0.3	0.6	0.0376	0.5142	0.5	0.54	0.97	1.055	
2-1	0.5	0.15	0.0615	0.0086	0.005	0.005	—	—	
2-2	0.5	0.225	0.0615	0.0203	0.02	0.025	0.98	1.23	
2-3	0.5	0.3	0.0615	0.0441	0.035	0.05	0.79	1.13	
2-4	0.5	0.375	0.0615	0.0925	0.08	0.12	0.86	1.3	
2-5	0.5	0.45	0.0615	0.1911	0.15	0.245	0.78	1.28	
2-6	0.5	0.525	0.0615	0.3917	0.25	0.435	0.64	1.11	
2-7	0.5	0.6	0.0615	0.7998	0.615	0.7	0.77	—	P_{E2}时堵塞

基于表 4-3 中的试验数据，绘制理论计算与试验测试钻穴吹通压力对比曲线，如图 4-33 所示。试验过程中，与圆钻杆排渣试验相同，1-1 号、2-1 号钻穴瞬间被吹通，不计 P_{E1}/P_T、P_{E2}/P_T。试验过程中，当保持供风和钻杆旋转时，14 组钻穴排渣试验全部疏通；当保持供风和停止钻杆旋转时，2-7 号钻穴堵塞。

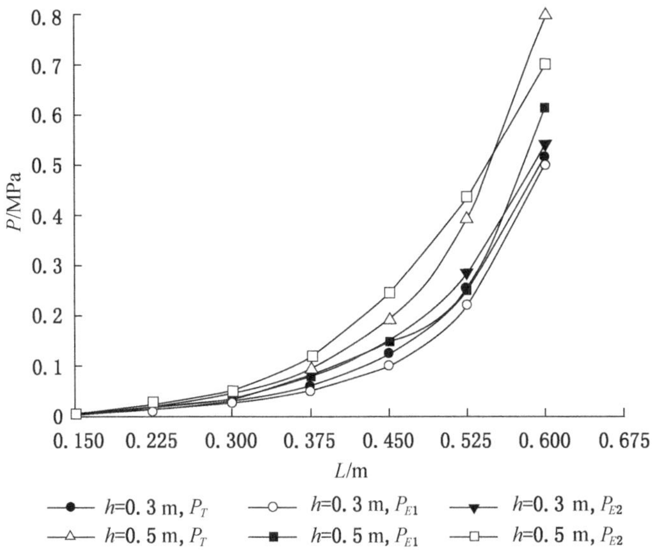

图 4-33 理论计算与试验测试钻穴吹通压力对比曲线（熔涂螺旋钻杆）

基于图 4-33，结合试验过程，对熔涂螺旋钻杆钻穴区排渣试验进行如下分析：

（1）当保持供风和钻杆旋转时，P_{E1}/P_T 平均值为 0.84；当保持供风和停止钻杆旋转时，P_{E2}/P_T 平均值为 1.27。与圆钻杆排渣试验对比，熔涂螺旋钻杆有更小的 P_{E1}/P_T，更高的 P_{E2}/P_T。可见，当钻杆被埋没时，熔涂螺旋钻杆表面凸棱结构的辅助输渣功能，更有利于钻孔疏通，同时气流沿螺旋凸棱空隙迅速流通，钻穴区的摩擦阻力降低，使钻穴区疏通需要相应的压力降低。

（2）当保持供风和停止钻杆旋转时，2-7 号钻穴堵塞，可见，应用熔涂螺旋钻杆，停止钻杆旋转，相当于失去了螺旋凸棱的辅助排渣功能。该状态下，钻杆表面的凸棱结构反而会增加被煤渣包裹段的摩擦阻力，相对于理论值 P_T 使堵塞段需要更高的吹通压力 P_{E2}，这也是熔涂螺旋钻杆 P_{E2}/P_T 相对于圆钻杆增大的原因。

（3）当停止供风和保持钻杆旋转时，钻孔能够继续出渣，由于设计钻穴整体包裹力不足使钻杆卡死，因此，该试验条件下，应用熔涂螺旋钻杆，最终能够疏通钻穴区，但由于螺旋凸棱高度较低，仅依靠其螺旋输送功能，排渣效率很低。

（4）试验过程中，熔涂螺旋钻杆旋转与钻穴区煤体形成的摩擦力较大，对钻穴区煤体有更强的扰动作用，试验过程中，箱体震动感强，噪声较大，特别是当钻孔堵塞时，试验装置的震动更为明显。

4.3.3.3　堵塞状态分析

基于熔涂螺旋钻杆钻穴区排渣试验结果，当保持供风和钻杆旋转时，14 组试验的钻穴区能够被疏通且未出现孔外堵塞现象，图 4-34 列举了 1-1 号钻穴（h=0.3 m、L=0.15 m）、1-3 号钻穴（h=0.3 m、L=0.3 m）、2-5 号钻穴（h=0.5 m、L=0.45 m）、2-7 号钻穴（h=0.5 m、L=0.6 m）四组被疏通的钻穴。相比圆钻杆排渣试验，熔涂螺旋钻杆钻穴区排渣效率较高，例如 2-7 号钻穴，通过较长时间的排渣，在风压和螺旋输送共同作用下，钻杆上方的煤渣基本完全被排出孔外。

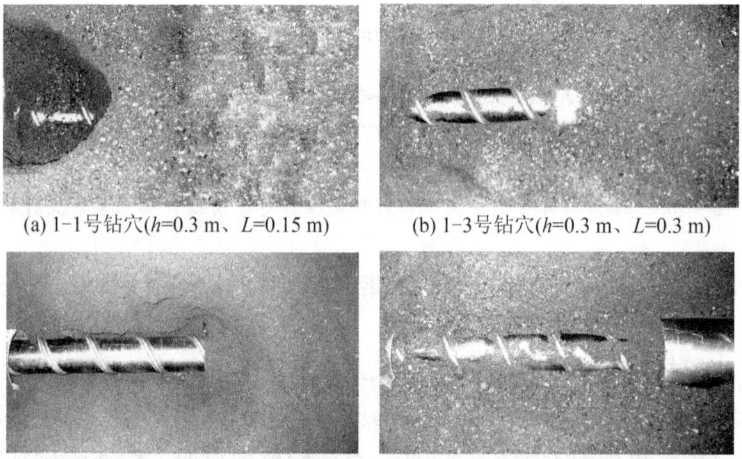

(a) 1-1号钻穴(h=0.3 m、L=0.15 m)　(b) 1-3号钻穴(h=0.3 m、L=0.3 m)

(c) 2-5号钻穴(h=0.5 m、L=0.45 m)　(d) 2-7号钻穴(h=0.5 m、L=0.6 m)

图 4-34　钻穴区疏通（熔涂螺旋钻杆）

当保持供风和停止钻杆旋转时，伴随钻穴区整体空间增大，2-7 号钻穴区堵塞现象，在高风压作用下，堵塞段延伸到钻穴区外 0.6 m，图 4-35a 为孔外压实状态，图 4-35b 为孔外堵塞段末端状态。在堵塞状态下，开启电机使钻杆旋转时，钻穴区的煤渣将快速向堵塞段填充，使堵塞段更为紧实，在侧压作用下，有机玻璃管有被压裂的趋势。

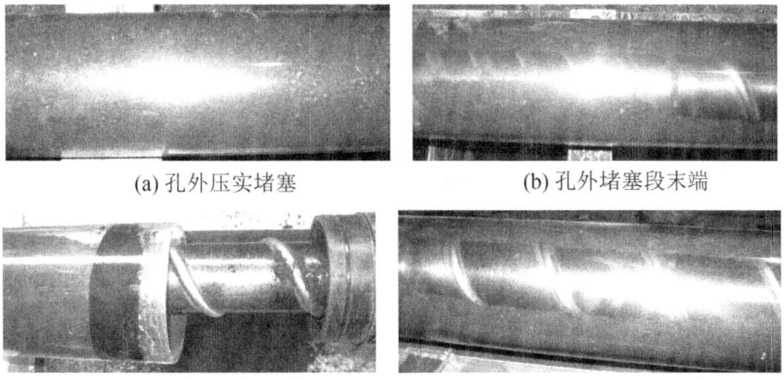

(a) 孔外压实堵塞　(b) 孔外堵塞段末端

(c) 完全堵塞　(d) 堵塞处理

图 4-35　钻穴区堵塞

4.3.4 棱状刻槽钻杆克服钻穴排渣试验分析

4.3.4.1 基本参数

通过测量，钻杆截面积 $S_P=0.002667\ \text{m}^2$，钻杆截面周长 $C_P=0.206\ \text{m}$，将参数代入式（4-7），可得钻进时水力直径 $d_H=0.059\ \text{m}$，即钻孔排渣环状空间宽度为 29.5 mm，相当于钻杆直径为 61 mm。

4.3.4.2 试验结果分析

风压值 P_T 的基本参数设置为：钻杆外径 $d=61$ mm，其他参数保持不变。将上述基本参数代入相关公式，可求解不同 L 条件下理论风压值 P_T。基于试验结果，记录相应钻穴所需吹通压力 P_{E1}、P_{E2}，见表 4-4。

表 4-4　棱状刻槽钻杆钻穴区排渣试验数据

序号	h/m	L/m	S_a/m^2	P_T/MPa	P_{E1}/MPa	P_{E2}/MPa	P_{E1}/P_T	P_{E2}/P_T	备注
1-1	0.3	0.15	0.0376	0.0051	0.005	0.005	—	—	
1-2	0.3	0.225	0.0376	0.0175	0.01	0.025	—	—	
1-3	0.3	0.3	0.0376	0.0248	0.02	0.035	0.81	1.41	
1-4	0.3	0.375	0.0376	0.0506	0.04	0.07	0.79	1.38	
1-5	0.3	0.45	0.0376	0.1013	0.085	0.135	0.84	1.33	
1-6	0.3	0.525	0.0376	0.2011	0.16	0.21	0.8	1.04	

表 4-4（续）

序号	h/m	L/m	S_a/m^2	P_T/MPa	P_{E1}/MPa	P_{E2}/MPa	P_{E1}/P_T	P_{E2}/P_T	备注
1-7	0.3	0.6	0.0376	0.3976	0.4	0.455	1.01	1.14	
2-1	0.5	0.15	0.0615	0.0079	0.005	0.005	—	—	
2-2	0.5	0.225	0.0615	0.0183	0.01	0.01	—	—	
2-3	0.5	0.3	0.0615	0.0386	0.03	0.05	0.78	1.3	
2-4	0.5	0.375	0.0615	0.0786	0.065	0.08	0.83	1.02	
2-5	0.5	0.45	0.0615	0.1574	0.15	0.165	0.95	1.05	
2-6	0.5	0.525	0.0615	0.3125	0.31	0.33	1	1.06	
2-7	0.5	0.6	0.0615	0.6176	0.55	0.64	0.9	1.04	P_{E2}时孔外堆积

基于表 4-4 中的试验数据，绘制理论计算与试验测试钻穴吹通压力对比曲线，如图 4-36 所示。试验过程中，保持供风和钻杆旋转时，14 组钻穴排渣试验全部完成；保持供风和停止钻杆旋转时，2-7 号钻穴发生孔外煤渣堆积，但未形成堵塞。

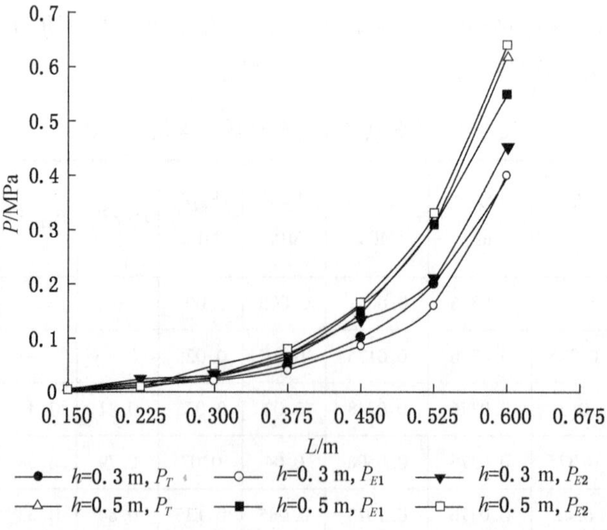

图 4-36　理论计算与试验测试钻穴吹通压力对比曲线（棱状刻槽钻杆）

基于图 4-36，结合试验过程，对棱状刻槽钻杆钻穴区排渣试验进行如下分析：

（1）当保持供风和钻杆旋转时，P_{E1}/P_T 平均值为 0.87；当保持供风和停止钻杆旋转时，P_{E2}/P_T 平均值为 1.18。棱状刻槽钻杆是以 F-Mr 为主要排渣原理排渣的，与圆钻杆和熔涂螺旋钻杆 P_{E1}/P_T、P_{E2}/P_T 值具有相同的变化规律。基于表 4-4 中的试验数据，对比圆钻杆和熔涂螺旋钻杆试验数据，相同钻穴的吹通压力相对较低，可见，棱状刻槽钻杆旋转时，相比前两种钻具，具有更大的排渣空间，由于钻杆旋转形成的排渣空间更有利于缓解煤渣对钻杆的包裹力，同时气流更容易通过，钻穴区沿轴向输出的摩擦阻力降低，使钻穴区更容易在相应较低的吹通压力条件下疏通。

（2）当保持供风和停止钻杆旋转时，14 组钻穴排渣试验全部完成，其中 2-7 号钻穴吹通压力 $P_{E2}=0.64$ MPa。试验过程中，由于钻孔较短，煤渣运移输送距离较短，因此，未形成孔外堵塞，但钻穴外钻孔形成较长距离的孔底堆积，有堵塞的趋势。当钻穴略有增长，钻穴将出现堵塞，无法疏通。应用棱状刻槽钻杆，停止钻杆旋转，将失去风流起主动力输渣作用的排渣空间，该状态下，钻杆表面的螺旋凹槽同样会增加被煤渣包裹段的摩擦阻力，可见，对于棱状类钻具，在钻杆停转时，非常不利于孔内输渣，会增大钻孔堵塞的概率。

（3）当停止供风和保持钻杆旋转时，孔内煤渣主要受径向扰动作用，钻杆表面螺旋槽槽深较浅且为不间断状态，因此，钻孔能够出渣，出渣量很小。

（4）试验过程中，相比前两种钻具，棱状刻槽钻杆旋转对孔内煤体的扰动作用最大，试验过程中，箱体震动很强，噪声很大。

4.3.4.3 堵塞状态分析

当保持供风和钻杆旋转时，应用棱状刻槽钻杆，钻穴区不易堵塞。图 4-37 列举了 1-1 号钻穴（$h=0.3$ m、$L=0.15$ m）、1-3 号钻穴（$h=0.5$ m、$L=0.3$ m）、2-5 号钻穴（$h=0.5$ m、$L=0.45$ m）、2-7 号钻穴（$h=0.5$ m、$L=0.6$ m）四组被疏通的钻穴。棱状刻槽钻杆依靠风力排渣，在堵塞区通过钻杆旋转获得气流运移排渣空间，因此，对于该类型钻杆，保证钻杆旋转和充分的风压供给是预防钻孔堵塞的重要技术手段。

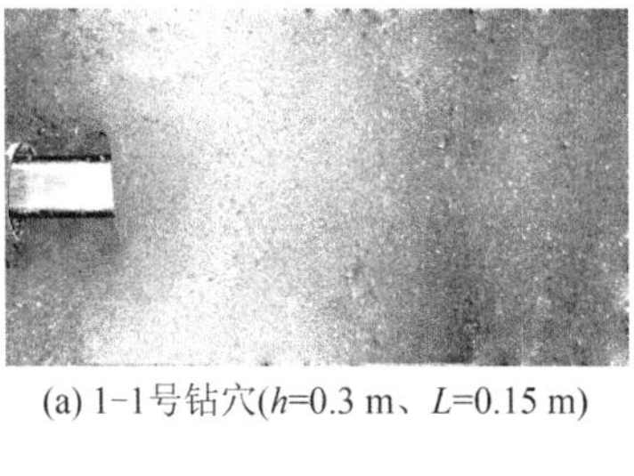

(a) 1-1号钻穴(h=0.3 m、L=0.15 m)

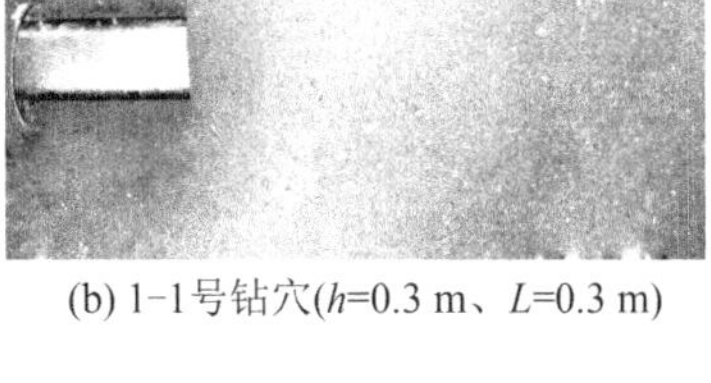

(b) 1-1号钻穴(h=0.3 m、L=0.3 m)

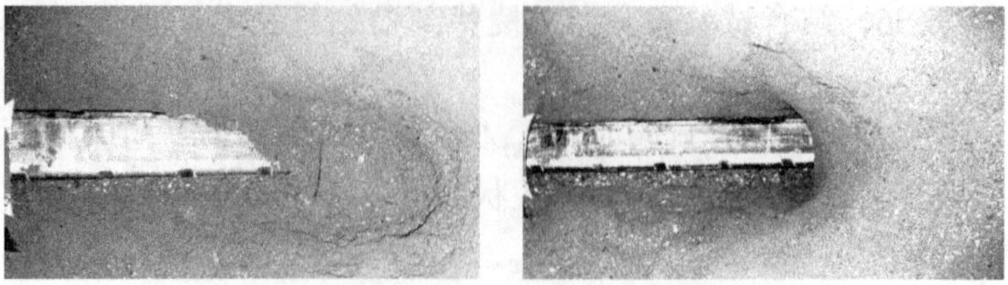

(c) 1-1号钻穴(h=0.5 m、L=0.45 m)　(d) 1-1号钻穴(h=0.5 m、L=0.6 m)

图 4-37 钻穴区疏通（棱状刻槽钻杆）

4.4 孔内钻屑运动流固耦合数值分析

4.4.1 分析方案与控制方程

4.4.1.1 分析方案

应用实体建模软件建立常态钻孔、填充型钻穴数值模型，设定与钻进相近的边界条件，采用数值分析 FLUENT 软件进行计算。基于流体力学原理，对孔内钻屑运动进行气固耦合计算，从微观的角度观察分析不同钻孔形态，孔内钻屑颗粒的运动轨迹、运动时间、速度、动压等参数的变化特点。通过观察分析不同形态钻孔孔内钻屑的运动状态，结合前几章的理论分析，能够从数值分析的角度对孔内钻屑运移规律有更深入的认识；同时，通过不同形态钻孔，孔内钻屑颗粒运动轨迹、时间、速度等关键参数的对比分析，不仅可以验证钻穴形成对钻进的影响，而且可以验证本书提出的排渣原理以及在此基础上提出的新型钻杆是否具有科学性。

本书主要进行两个方面的模拟分析：

（1）常规圆钻杆常态钻孔、填充型钻穴排渣数值模拟分析。

（2）新型钻具克服填充型钻穴区的排渣数值模拟分析。

4.4.1.2 控制方程

1. 流动类型

流体的流动分为层流流动和湍流流动，判断流动是层流还是湍流，关键在于其雷诺数是否超过临界雷诺数，对于圆形管内流动，特征长度 L 取圆管直径 d。一般认为临界雷诺数为 2320，当 $Re < 2320$ 时，管内是层流；当 $Re > 2320$ 时，管内是湍流，其求解公式为

$$Re = \frac{vd}{\nu} \tag{4-8}$$

当特征长度取水力直径 d_H 时，则雷诺数的表达式为

$$Re = \frac{vd_H}{\nu} \tag{4-9}$$

2. 流固耦合控制方程

根据风力排渣钻进的实际应用过程，采用两种模型进行计算：用来计算连续相的重整化群 $k-\varepsilon$ 模型；用来计算钻屑颗粒运移的离散相模型。

1）连续相控制方程

FLUENT 提供的湍流模型包括：单方程模型、双方程模型（标准 $k-\varepsilon$ 模型、重整化群 $k-\varepsilon$ 模型、可实现 $k-\varepsilon$ 模型）、雷诺应力模型和大涡模拟（LES）。

基于分析物理模型的外形特征，在钻穴区形成不规则的流体通道，同时考虑模型计算时间，选择重整化群 $k-\varepsilon$ 模型。重整化群 $k-\varepsilon$ 模型来源于严格的统计技术，它和标准 $k-\varepsilon$ 模型相似，但是有以下改进：

（1）重整化群 $k-\varepsilon$ 模型在 ε 方程中加了一个条件，有效改善了精度。

（2）考虑到湍流旋涡，提高了精度。RNG 理论为湍流 Prandtl 数提供了一个解析公式，然而标准 $k-\varepsilon$ 模型使用的常数是用户提供的。

（3）标准 $k-\varepsilon$ 模型是一种高雷诺数的模型，RNG 理论提供了一个考虑低雷诺数流动黏性的解析公式。

（4）这些特点使得 RNG 理论的 $k-\varepsilon$ 模型比标准 $k-\varepsilon$ 模型有更高的可信度和精度。

2）离散相模型

本书需要求解钻屑颗粒运动轨迹，FLUENT 中通过积分拉氏坐标系下的颗粒作用力微分方程求解离散相颗粒的轨道。在计算过程中，采用相间耦合计算方法。

4.4.2 孔内钻屑颗粒运移数值模拟

4.4.2.1 计算模型及边界条件

1. 数学模型

1）常态钻孔数学模型

常态钻孔排渣模型如图 4-38 所示，通过模型进渣入口 1 设置气体气流速度和钻屑喷射质量流量，钻杆 2 设置为旋转体，模型排渣出口 4 设置压力，根据计算原理，可设置为静压状态。

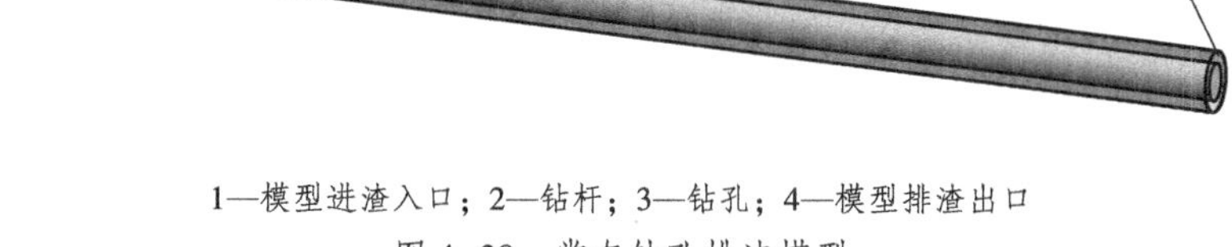

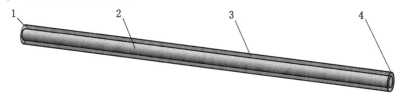

1—模型进渣入口；2—钻杆；3—钻孔；4—模型排渣出口

图 4-38 常态钻孔排渣模型

基于孔内排渣数学模型计算原理，在上述模型的基础上，通过软件，在钻杆与钻孔壁之间生成气固耦合体的运移空间，图 4-39 为常态钻孔数值计算模型。

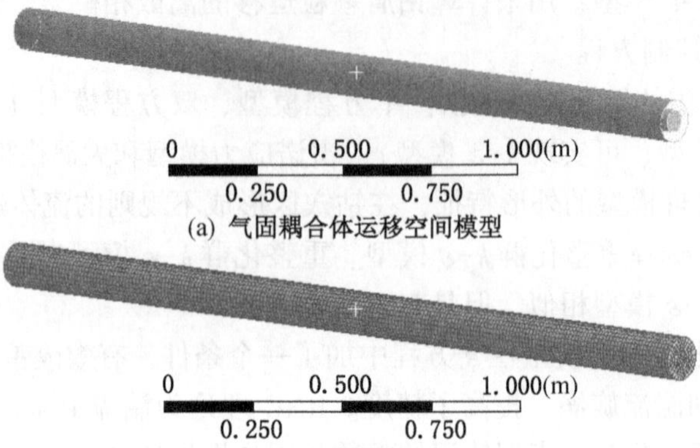

(a) 气固耦合体运移空间模型

(b) 网格划分

图 4-39 常态钻孔数值计算模型

2）钻穴区数学模型

由于实际工程中钻穴区形态多样，建立钻穴区数学模型难度较大。实际形成的钻穴区，受钻孔空间限制，钻穴形成初期，孔内排渣空间被堵塞，无排渣通道，为分析钻穴区对钻屑运移速度、风压的影响，钻穴模型以填充型钻穴为例。假设钻穴区上部存在一定高度的排渣通道，以此衡量钻穴对钻孔堵塞的影响，图 4-40 为填充型钻穴排渣模型。假设钻穴区形成一定高度的钻屑堆积体，在钻孔壁与钻穴内钻屑压实区之间留有排渣空间，即填充型钻穴顶部排渣通道。

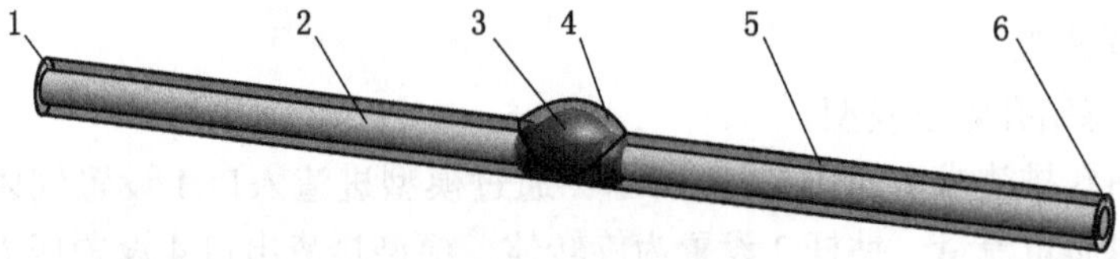

1—模型进渣入口；2—钻杆；3—钻穴内钻屑压实区；4—填充型钻穴顶部排渣通道；5—钻孔；6—模型排渣出口

图 4-40 填充型钻穴排渣模型

填充型钻穴排渣模型相对复杂，在钻穴区处存在较复杂的曲面，通过软件计算钻孔壁与钻穴内钻屑压实区之间形成的气固耦合体运移空间。为了保证计算精度，将钻穴内气流耦合体运移空间设置为精细网格，图 4-41 为填充型钻穴数值计算模型。

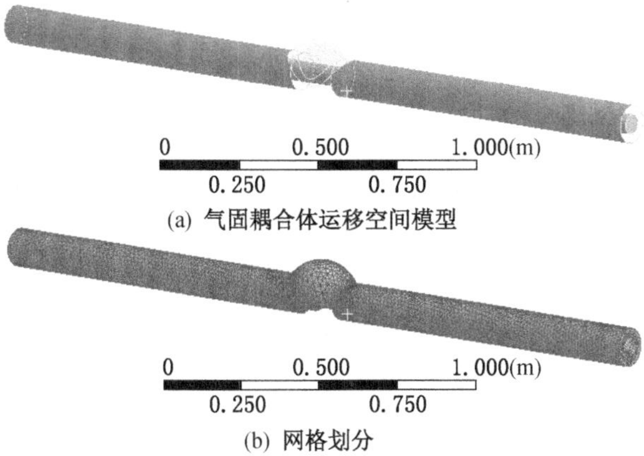

图 4-41 填充型钻穴数值计算模型

2. 边界条件

1）水力直径与湍流强度

计算模型中流固耦合体运动空间整体为圆环状，基于式（4-6）可得水力直径 d_H：

$$d_H = 4 \times \frac{A}{S} = 4 \times \frac{\frac{\pi}{4}(D^2 - d^2)}{\pi(D + d)} = D - d \tag{4-10}$$

计算模型中钻孔直径 $D = 120$ mm、圆钻杆直径 $d = 73$ mm，其水力直径 $d_H = 0.047\text{m}$。

基于式（4-9），可得雷诺数 $Re = 4.76 \times 10^4$，$Re \gg 2320$，计算模型选择湍流模型，其湍流强度计算公式如下：

$$I = \frac{u'}{\overline{u}} = 0.16Re^{-\frac{1}{8}} \tag{4-11}$$

式中 I——湍流强度，%；

u'——湍流的脉动速度，m/s；

$\overline{u}$——湍流的平均速度，m/s；

Re——按水力直径计算的雷诺数。

将已知参数代入式（4-11），可得湍流强度 $I = 0.0416$。

2）喷射质量流量

对于孔内钻屑运移气固两相流数值模拟，喷射质量流量 Q_s 是一个重要参数，为观测钻屑粒子加速过程，设粒子初速度为 0。在实际钻孔工程中，受地应力、瓦斯压力等众多因素影响，将产生附加钻屑量。因此，钻头破煤形成的 Q_s 并非定值，但通过建立常态钻孔和钻穴区排渣模型，给定同一定值 Q_s，可分析钻穴区对钻屑运移速度及风压的影响，根据正常钻进过程中钻进排渣量的取值范围，取 $Q_s=0.132$ kg/s。

综上所述，可得计算模型的边界条件如下：

（1）入口风速：15 m/s。

（2）出口：静压状态。

（3）钻杆：钻杆设为旋转钢体，旋转速度为 280 r/min。

（4）水力直径：$d_H=0.047$ m。

（5）湍流强度：$I=4.16\%$。

（6）煤颗粒平均直径：$d_s=0.002$m。

（7）离散相以入口面为煤颗粒喷射源，喷射质量流量 $Q_s=0.132$ kg/s。

4.4.2.2 钻屑质量分数分布

通过计算，得到不同情况下孔内钻屑质量分数分布云图，如图 4-42、图 4-43 所示。

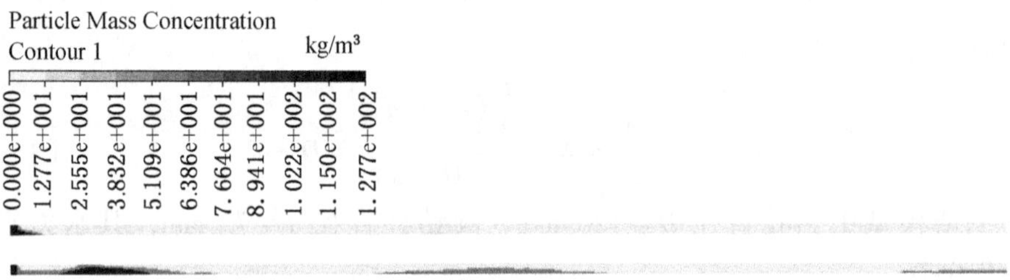

图 4-42 常态钻孔钻屑质量分数孔内分布云图

图 4-43 填充型钻穴钻屑质量分数孔内分布云图

基于图 4-42、图 4-43 不同情况下的钻屑质量分布云图，可知：

（1）钻屑颗粒通常在钻孔底部聚积形成局部高质量分数，无钻屑情况下钻屑最大质量分数为 127.7 kg/m³，钻穴堵塞状态下钻屑最大质量分数为 401 kg/m³，可见，钻穴的形成，使钻孔底部钻穴聚积区的钻屑质量分数成倍增长。

（2）在钻穴前端，形成了质量分数高达 401 kg/m³ 的钻屑聚积区，且有逐渐增长的趋势，如钻穴上部通道堵塞，钻穴前端必然快速形成较长的堵塞段，使钻孔排渣通道发生完全堵塞。

4.4.2.3　孔内钻屑颗粒运动轨迹跟踪

在计算过程中，应用软件粒子跟踪功能，随机捕捉其中 1 个钻屑颗粒的运动情况，对常态钻孔、钻穴区两种情况的数值模型进行对比分析。由于粒子运动能量来源于高速运动的气流，结合气固耦合相关知识，对粒子的运动时间、速度、静压及动压进行对比分析，对于理解钻穴区对钻孔排渣的影响具有重要意义。

图 4-44 为钻屑颗粒沿轨迹运动时间与长度关系图，常态钻孔钻屑颗粒轨迹长度分布较为稳定，钻屑颗粒的运动长度为 2.5 m 左右，运动时间约为 0.5 s，基本以直线形式排出孔外；当孔内出现钻穴时，钻屑颗粒轨迹长度接近 4.5 m，运动时间约为 0.8 s，可见，在钻穴区，因排渣通道突然缩小，钻屑颗粒的运动轨迹更为曲折，颗粒从入口启动到出口排出，需要更长的时间；当孔内局部出现钻屑颗粒堆积时，如不及时疏通，钻孔堵塞的概率将大为增加。

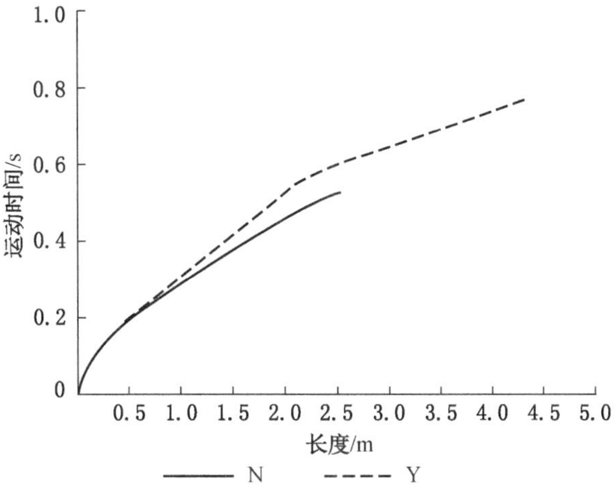

图 4-44　钻屑颗粒沿轨迹运动时间与长度关系图

图 4-45 为钻屑颗粒速度沿轨迹长度分布图，常态钻孔模型中，钻屑颗粒在

2.5 m 长度区间内，钻屑颗粒由启动、加速到排出孔外，历时 0.5 s，钻屑颗粒速度达到 8 m/s；当孔内存在钻穴时，钻屑颗粒在钻穴区得到加速，最高速度接近 12 m/s，最终排出孔外的钻屑颗粒速度仍然在 12 m/s 以上。尽管钻穴区能够使穿越钻穴的钻屑颗粒得到加速，但在该区域前端，将有大量钻屑难以穿越钻穴区，如图 4-43 所示，同时，大颗粒钻屑难以穿越钻穴区，更容易在钻穴区堆积，使钻孔堵塞。

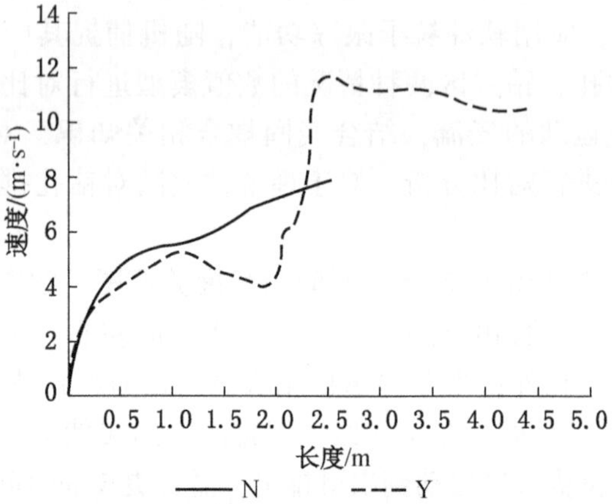

图 4-45 钻屑颗粒速度沿轨迹长度分布图

图 4-46 为钻屑颗粒静压沿轨迹长度分布图，左侧纵轴为常态钻孔静压分布情况，右侧纵轴为钻穴静压分布情况。常态钻孔静压沿钻屑颗粒轨迹长度分布较

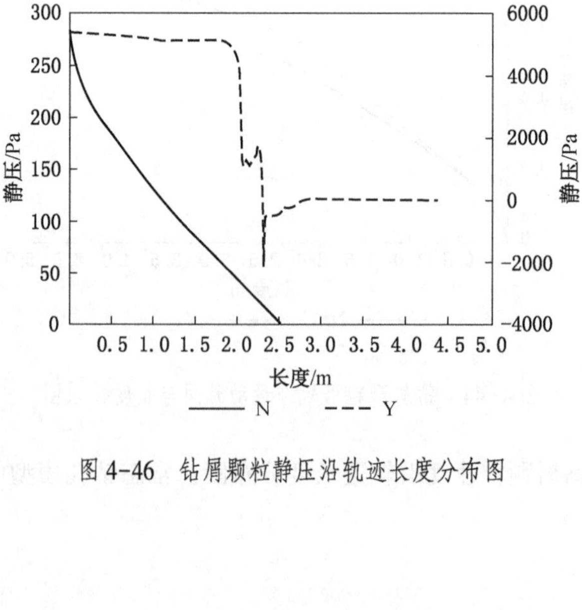

图 4-46 钻屑颗粒静压沿轨迹长度分布图

为稳定，钻屑颗粒的运动长度为 2.5 m 左右，基本以直线形式排出孔外。由于模型计算长度较小，压差仅为 280 Pa；在钻穴区产生很大的波动，钻穴区绝对压差接近 5500 Pa，最大压差接近 7500 Pa，且钻屑颗粒轨迹长度为 5 m，可见，在钻穴区，因排渣通道突然缩小，气流的压力损耗将数倍增长。

图 4-47 为钻屑颗粒动压沿轨迹长度分布图，钻屑颗粒动压是指颗粒总压与静压之差，由气流速度动能转化为压力能，推动钻屑颗粒运动，常态钻孔内钻屑，动压保持相对稳定；而钻穴区，出现瞬间动压波峰，表明该区域气流速度加速，同时使能够穿越该区域的钻屑颗粒速度获得更大的动能。

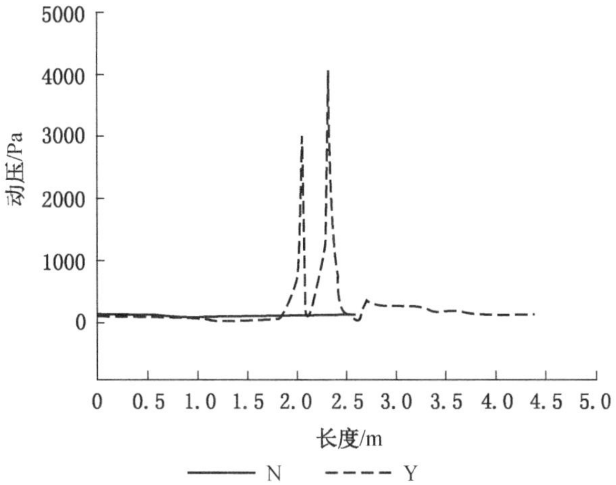

图 4-47 钻屑颗粒动压沿轨迹长度分布图

4.4.3 新型钻具克服钻穴数值模拟

4.4.3.1 F-Ma 系列钻具克服钻穴数值模拟

基于 F-M 法排渣原理，F-Ma 系列钻具最早主要为高叶片螺旋钻杆，在此基础上先后研制了刻槽钻杆、低螺旋钻杆和熔涂螺旋钻杆等。不同 F-Ma 系列钻具，在现场施工中也起到不同的作用。由于 F-Ma 系列钻具排渣理念相同，因此，针对 F-Ma 系列钻具在钻穴区所起的作用，本书以熔涂螺旋钻杆为例进行克服“钻穴”数值模拟分析。

1. 计算模型

钻穴区计算模型与图 4-40 类似，应用熔涂螺旋钻杆，其相应流固耦合排渣空间与钻杆外形结构相匹配，如图 4-48 所示。

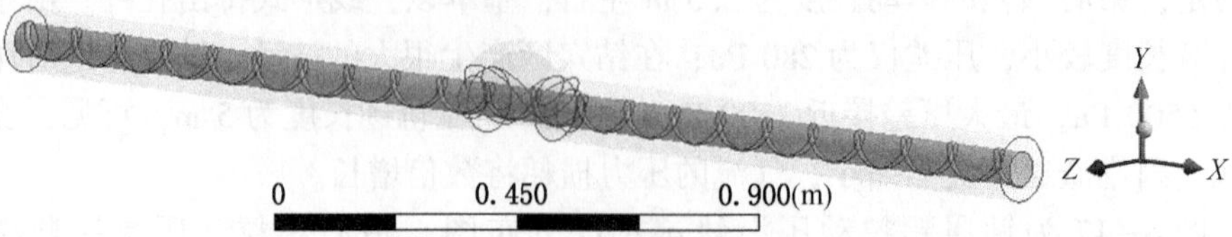

图 4-48 熔涂螺旋钻杆“钻穴”数值计算模型

2. 边界条件

由于钻杆外形结构变化，水力直径 d_H、湍流强度 I 发生变化，基于式(4-7)，可得计算模型的水力直径 $d_H=0.056$ m，湍流强度 $I=4.07\%$，其他条件不变。

3. 钻穴区排渣通道观测

图 4-49 为填充型钻穴气流速度分布云图。图 4-49a 为气流速度分布云图，图 4-49b 为 Y 向气流速度分布云图，图 4-49c 为 Z 向气流速度分布云图。

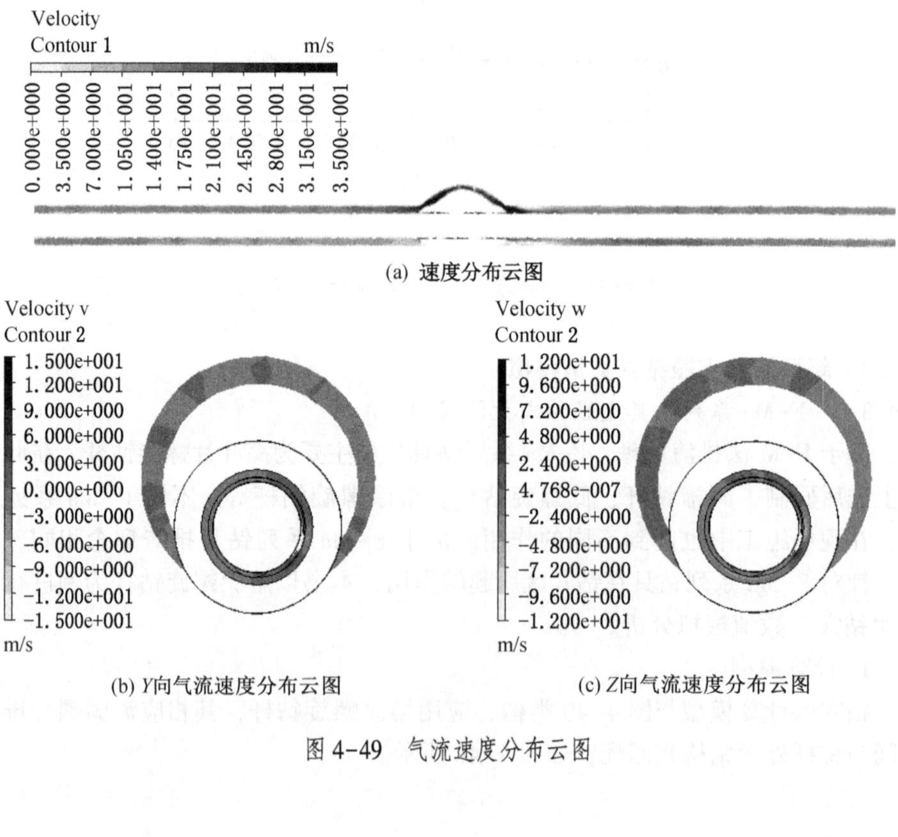

(a) 速度分布云图

(b) Y向气流速度分布云图

(c) Z向气流速度分布云图

图 4-49 气流速度分布云图

基于图4-49，分析如下：

（1）基于图4-49，气流在钻穴区存在两条通道，一条为填充型钻穴上部固有排渣通道，另一条为钻杆表面螺旋凸棱形成的通道。

（2）基于图4-49a，受钻穴区顶部空间突然缩小的限制，气流在钻穴区顶部得到加速，形成高速气流区，基于第2章关于孔内钻穴形成的压损分析，高速气流有利于扩充排渣通道高度，但同时带来较大的压力损耗，对孔内排渣是不利的。

4. 钻屑颗粒运动轨迹跟踪

熔涂螺旋钻杆在钻穴区能够保证两条气流通道，如图4-49b所示，设钻杆与钻穴堆积区之间的排渣空间为内通道 P_{in}，钻穴堆积区与钻穴顶部孔壁之间的排渣空间为外通道 P_{out}。在内通道 P_{in} 和外通道 P_{out} 分别随机捕捉其中1个钻屑颗粒的运动情况，分别对粒子运动时间、速度、静压及动压进行对比分析，图4-50为钻屑颗粒跟踪运移轨迹分析。

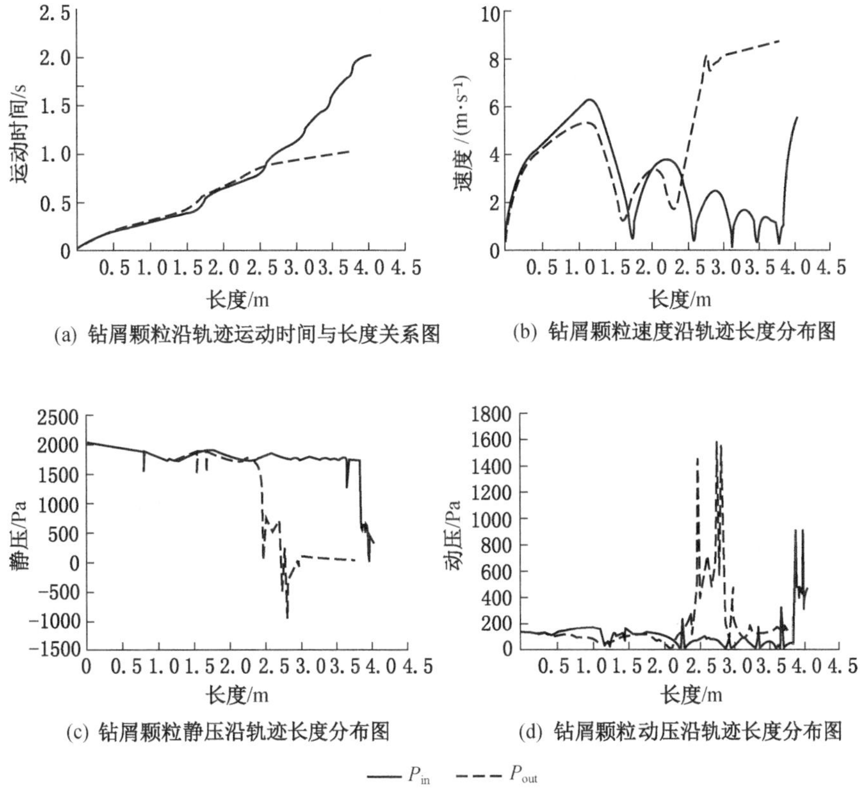

(a) 钻屑颗粒沿轨迹运动时间与长度关系图

(b) 钻屑颗粒速度沿轨迹长度分布图

(c) 钻屑颗粒静压沿轨迹长度分布图

(d) 钻屑颗粒动压沿轨迹长度分布图

图4-50 钻屑颗粒跟踪运移轨迹分析

基于图 4-50，对粒子运动时间、速度、静压及动压参数的跟踪结果分析如下：

（1）如图 4-50a 所示，内通道钻屑粒子受气流推动与螺旋凸棱摩擦力双重作用，钻屑粒子环绕螺旋凸棱旋转排出，因此，钻屑粒子在内通道运行距离和时间相对较长，从启动到排出孔外，运行距离达 4 m，运行时间约 2 s；在外通道钻屑粒子，运行时间约 1 s，运行距离 3.8 m。可见，应用熔涂螺旋钻杆，当钻杆被煤渣埋没时，钻杆旋转对钻屑形成的螺旋输送力仍然能够将内通道逐渐疏通，进而将钻穴区疏通。

（2）如图 4-50b 所示，内通道钻屑粒子的速度波动情况分为三个阶段，钻穴前段受气流推动作用为主，为加速段，由启动到加速到 6 m/s；进入钻穴区后，受螺旋凸棱摩擦力影响，被追踪粒子呈现循环减速状态，粒子离开钻穴区后，粒子逐渐摆脱螺旋凸棱影响，最终在气流与螺旋凸棱双重作用下得到迅速加速，以接近 6 m/s 的速度排出孔外；外通道钻屑粒子，钻穴前段与内通道粒子运移状态相同，在钻穴区 1.25~3 m 之间，粒子速度总体上为先降低后升高的趋势。

（3）如图 4-50c 所示，内通道粒子孔内静压除局部小波动外，总体分布较为稳定，最大静压差约为 2000 Pa；外通道位置，粒子在钻穴区最大静压差约为 3000 Pa，可见，粒子穿越钻穴区时，将形成更大的压力损耗。

（4）如图 4-50d 所示，内通道钻屑粒子，在 0~3.5 m 距离内，其动压平均值在 200 Pa 以下，表明在该范围内钻屑粒子运行相对稳定；外通道粒子在钻穴区出现较大的动压波动，表明在该区域有较大的动压转化为推动粒子加速的动能，结合图 4-50b，外通道粒子以较高的速度排出孔外。

4.4.3.2 F-Mr 系列钻具克服钻穴数值模拟

F-Mr 系列钻具以棱状刻槽钻杆和熔涂三棱钻杆为例，进行克服钻穴数值模拟计算。

1. 计算模型

图 4-51 为棱状刻槽钻杆克服钻穴数值计算模型，图 4-52 为熔涂三棱钻杆克服钻穴数值计算模型。

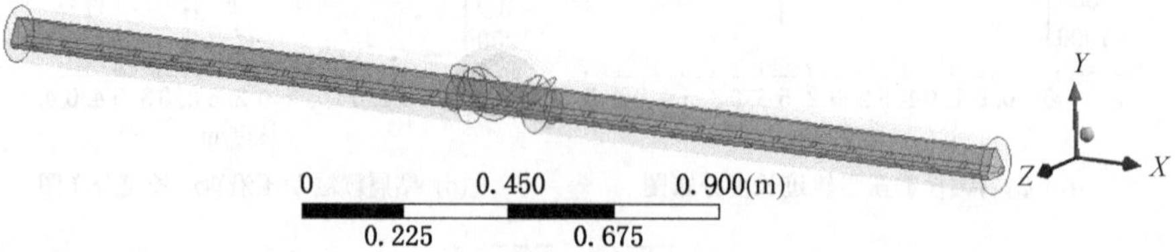

图 4-51 棱状刻槽钻杆克服钻穴数值计算模型

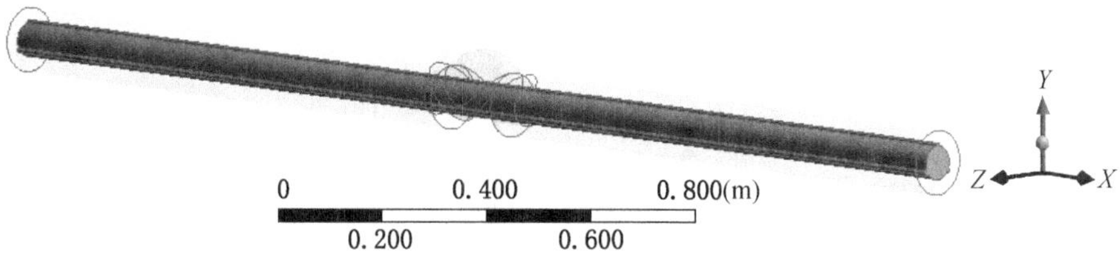

图 4-52 熔涂三棱钻杆克服钻穴数值计算模型

2. 边界条件

1）棱状刻槽钻杆克服钻穴数值模拟

基于式（4-7），可得棱状刻槽钻杆克服钻穴数值计算模型的水力直径 d_H = 0.059 m，湍流强度 I=4.05%，其他条件不变。

2）熔涂棱状钻杆克服钻穴数值模拟

基于式（4-7），可得熔涂棱状钻杆克服钻穴模型的水力直径 d_H=0.057 m，湍流强度 I=4.06%，其他条件不变。

3. 钻穴区排渣通道观测

图 4-53 为棱状刻槽钻杆气流运移速度分布云图，图 4-54 为熔涂棱状钻杆气流运移速度分布云图。

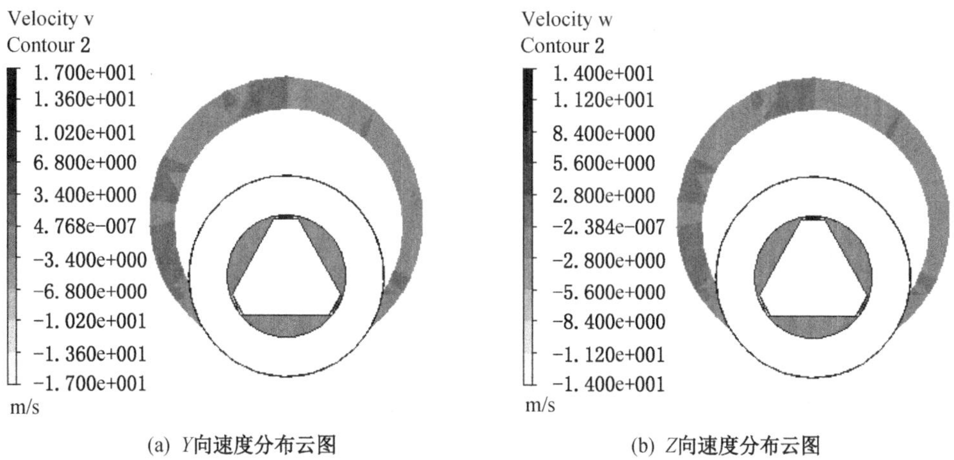

图 4-53 棱状刻槽钻杆气流运移速度分布云图

基于图 4-53、图 4-54，分析如下：

(1) 应用棱状刻槽钻杆和熔涂棱状钻杆时，钻穴区孔内形成两条气流通道，

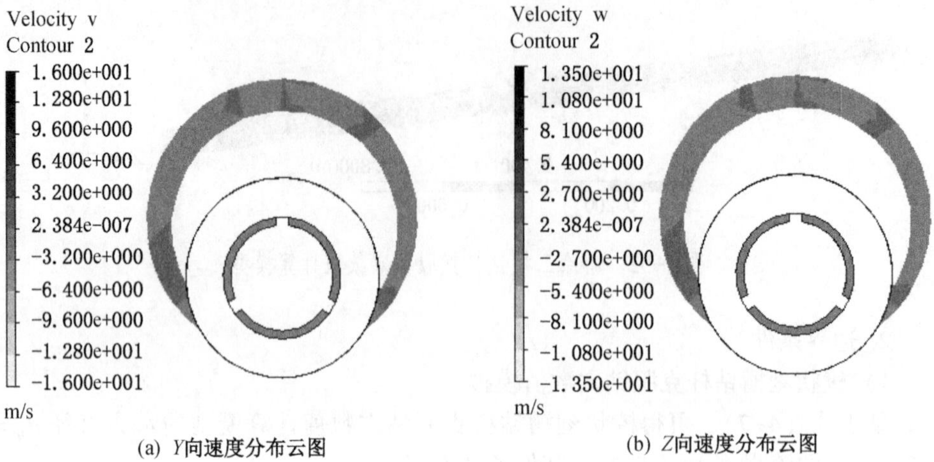

(a) Y向速度分布云图 (b) Z向速度分布云图

图 4-54 熔涂棱状钻杆气流运移速度分布云图

棱状刻槽钻杆沿钻杆周边形成对称的三个弓形排渣空间，同样，熔涂棱状钻杆周边形成类似的气流排渣空间。

（2）相比熔涂螺旋钻杆，F-Mr 系列钻具在钻杆周边能够形成更宽阔的排渣空间，但其钻具本身不具备排渣能力。

4. 钻屑颗粒运动轨迹跟踪分析

棱状刻槽钻杆和熔涂棱状钻杆在钻穴区存在两条气流通道，如图 4-54、图 4-55 所示，与熔涂钻杆类似，同样在内通道 P_{in} 和外通道 P_{out} 分别随机捕捉其中 1 个钻屑颗粒的运动情况，分别对粒子运动时间、速度、静压及动压进行对比分析，如图 4-55 至图 4-58 所示。

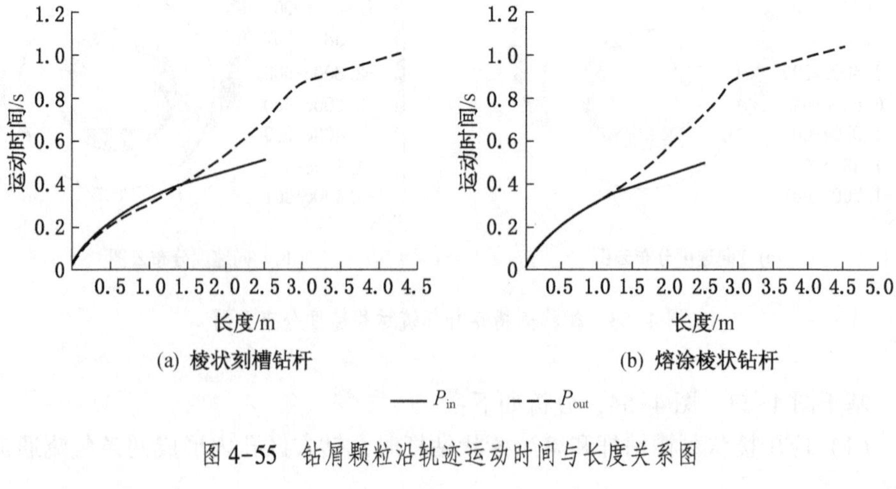

(a) 棱状刻槽钻杆 (b) 熔涂棱状钻杆

图 4-55 钻屑颗粒沿轨迹运动时间与长度关系图

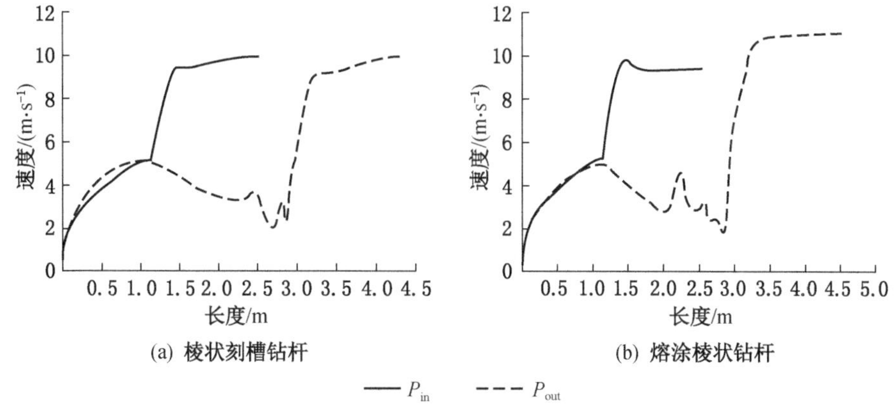

图 4-56　钻屑颗粒速度沿轨迹长度分布图

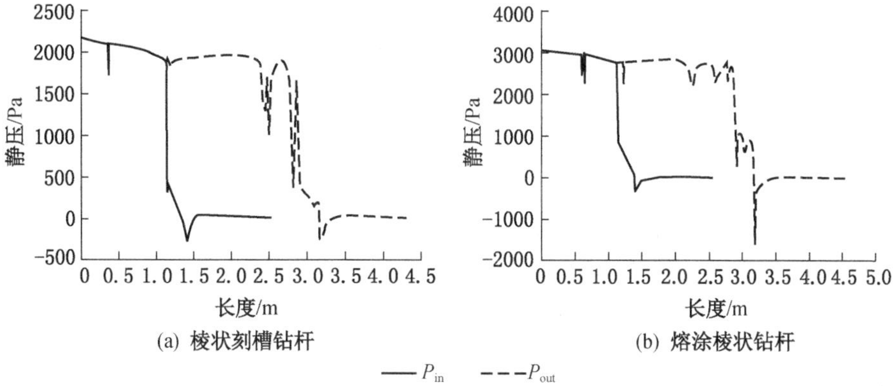

图 4-57　钻屑颗粒静压沿轨迹长度分布图

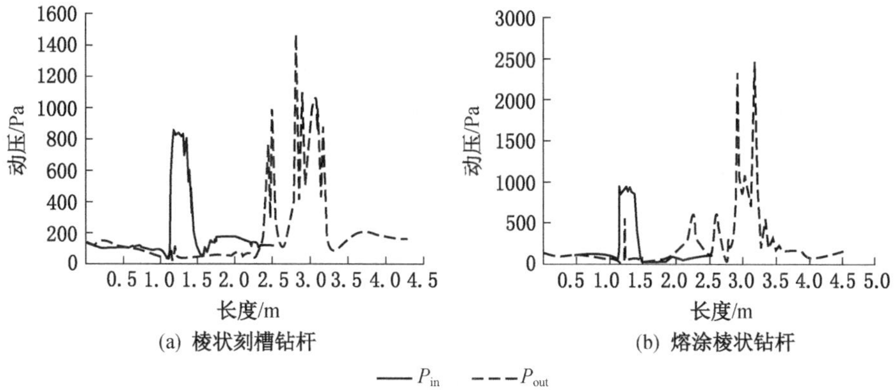

图 4-58　钻屑颗粒动压沿轨迹长度分布图

基于图 4-55 至图 4-58，分析如下：

（1）基于图 4-55，棱状刻槽钻杆和熔涂棱状钻杆在内通道的钻屑粒子从启动到排出孔外，运行时间约 0.5 s，运行距离 2.5 m。在外通道钻屑粒子，应用棱状刻槽钻杆，运行时间约为 1 s，运行距离 4.3 m；应用熔涂棱状钻杆，运行时间约为 1.03 s，运行距离 4.6 m。可见，应用棱状刻槽钻杆和熔涂棱状钻杆，从粒子运行时间和距离的角度分析，应用两种钻杆，孔内粒子运移规律接近。

（2）基于图 4-56，应用两种不同钻杆，在钻穴区内通道位置，粒子速度得到加速，加速段为 1~1.5 m 位置，加速到 10 m/s 后，基本以相同速度排出孔外；在外通道钻屑粒子，在 1~3.5 m 之间，粒子速度呈现明显的波动，总体上为先降低后升高的趋势。应用棱状刻槽钻杆，以 10 m/s 速度排出孔外；应用熔涂棱状钻杆，以 11 m/s 速度排出孔外。从粒子速度角度分析，同样体现了应用两种钻杆，粒子运移规律的相似性。

（3）基于图 4-57，应用两种不同钻杆，孔内静压分布具有较大的差别，在钻穴区内通道位置，应用棱状刻槽钻杆，粒子最大静压差约为 2250 Pa；应用熔涂棱状钻杆，粒子静压差约为 3250 Pa。在钻穴区外通道位置，应用棱状刻槽钻杆，粒子最大静压差为 2250 Pa；应用熔涂棱状钻杆，粒子最大静压差为 4500 Pa。从数据上对比，应用熔涂棱状钻杆，粒子穿越钻穴区时，形成更大的压力损耗；从能耗角度分析，应用棱状刻槽钻杆能够有效减小压力损耗。

（4）基于图 4-58，应用两种不同钻杆，在钻穴区内通道 1~1.5 m 位置，钻屑颗粒获得较大的动压，两种情况下获得的动压接近，因此，粒子加速运动形成的最终速度也接近。在钻穴区外通道位置，应用棱状刻槽钻杆，粒子获得最大动压 1500 Pa 左右；应用熔涂棱状钻杆，粒子获得最大动压为 2500 Pa 左右，因此，在外通道，应用熔涂棱状钻杆获得了相对较大的速度，但也会带来相对较高的压力损耗。

综合上述四个方面分析，两种钻具孔内粒子运移规律有很多类似之外，应用熔涂棱状钻杆可能会带来较大的压损，但其排渣原理及性能能够代替棱状刻槽钻杆。从加工工艺的角度分析，熔涂棱状钻杆应用等离子熔涂技术在圆钻杆表面熔涂凸棱，工艺简单，能够获得更好的强度，因此，熔涂棱状钻杆具有很好的应用推广前景。

4.5 钻进工艺方案设计与工程应用

4.5.1 钻进工艺理论应用方法

近几年，伴随煤矿开采向纵深发展，突出煤层数量增多，我国瓦斯抽采治理管控更为严格，瓦斯抽采钻孔施工更加困难。本书围绕钻进排渣问题，对孔内钻屑运移机理、钻进排渣理念及配套钻具研制进行了较深入的研究，如何将工艺理论研究成果应用到工程实践，实现理论研究价值，是本章的重点。图 4-59 为钻进工艺理论工程应用方法流程。

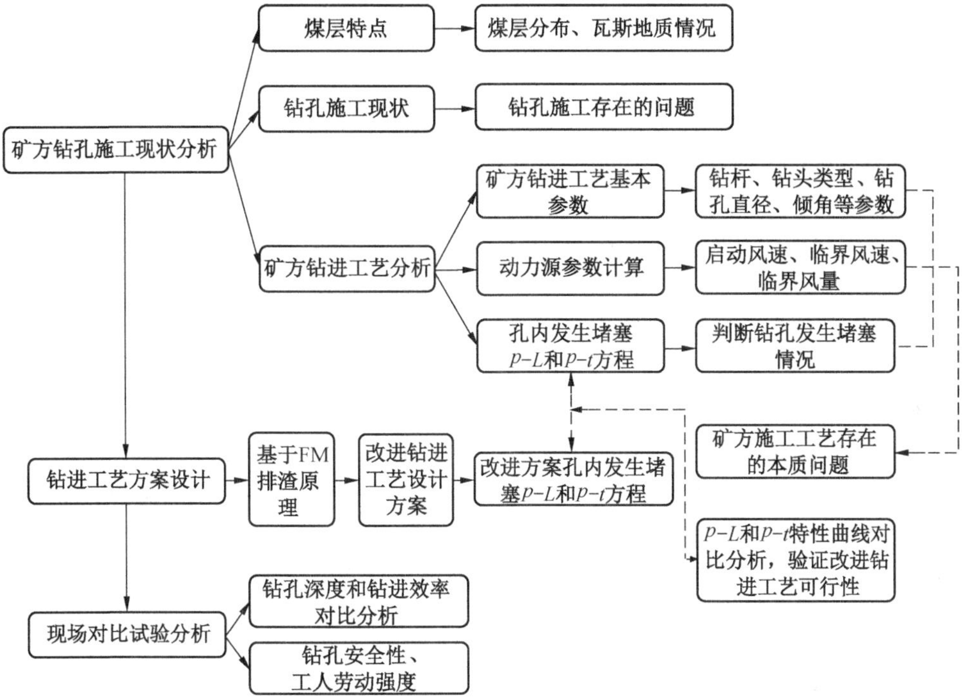

图 4-59　钻进工艺理论工程应用方法流程

应用钻进工艺理论研究成果，结合施工地点地质条件和钻孔施工工艺参数，建立相应 $p-L$、$p-t$ 方程，判断施工地点钻进工艺存在的问题。基于 FM 钻进排渣理念提出相应改进方案，同样，建立相应 $p-L$、$p-t$ 方程，评价改进方案的可行性，通过现场试验，验证钻进工艺理论及新型钻具的优越性。在实际应用中，应注意 $p-L$ 方程与 $p-t$ 方程之间的逻辑关系与区别。

4.5.1.1　*p-L* 方程

钻屑在孔内堆积并形成堵塞段 L 是风力失去排渣通道的重要原因，风压及时吹通钻屑堆积形成的堵塞段保证了钻进施工的正常进行。$p-L$ 方程综合考虑了影响钻孔施工的各种因素，不仅能够解释钻孔收缩、孔内失稳形成钻穴对钻孔堵塞的影响，同时能够根据施工地点地质条件，科学评价不同钻孔施工工艺参数的优越性。因此，$p-L$ 方程是研究钻屑孔内堵塞规律的最基本方程。

4.5.1.2 $p-t$ 方程

基于 $p-L$ 方程，考虑堵塞段 L 增长需要钻屑量的累积，将时间 t 引入，建立 $p-t$ 方程。由于时间 t 与钻头破煤速度形成的钻屑量质量流量 Q_s、钻屑运移速度 v_s 有着重要的关系，煤层条件和钻进速度直接影响钻屑量 Q_s 的大小。从时间 t 的角度分析，更能突显钻孔发生收缩或钻穴对钻孔施工的影响，同时，在考虑钻屑附加系数 K_D 的情况下，也能够解释突出煤层钻孔施工困难的原因。

综上所述，$p-t$ 方程受钻屑量质量流量 Q_s 影响较大，钻屑量质量流量 Q_s 影响因素较多，非线性强，因此，当钻屑量质量流量 Q_s 难以判断时，应以 $p-L$ 方程评价结果为准。

4.5.2 焦煤公司九里山矿成孔试验

4.5.2.1 钻孔施工现状分析

1. 煤层特点

焦煤公司九里山矿为煤与瓦斯突出矿井，煤层瓦斯含量高，瓦斯压力大，局部为构造煤。施工地点为 15051 工作面，工作面走向长度 889.5 m，倾斜长度 83 m，地面标高+94 m，工作面标高−289.1～−342.8 m，平均埋深 400 m。煤层厚度 1.5～6.3 m，平均厚度 4.5 m，煤层平均倾角 11.5°～13.5°，煤层直接顶为灰黑色粉砂岩，富含植物化石，局部缺失，厚度 0～7.4 m，基本顶为中粒砂岩，平均厚度 11.5 m；煤层底板为灰黑色粉砂岩，富含云母碎片及植物化石。瓦斯含量参考 15051 工作面回风眼测定的原始含量值 20.05 m^3/t，煤层瓦斯压力 1.6 MPa。

2. 钻孔施工现状

（1）施工地段煤体水分较大，钻头破煤后形成的渣体黏在一起，呈团状，施工地段瓦斯压力为 1.6 MPa，煤体酥软，孔壁易失稳，钻孔变形严重。矿方采用低螺旋钻杆施工，由于低螺旋钻杆表面焊接成形的钢带宽而低，螺旋槽之间很容易被黏着的煤渣覆盖，失去输送煤渣的作用，这加重了钻杆的整体质量，因此，该施工地段采用低螺旋钻杆，施工效果较差。

（2）低螺旋钻杆表面的钢带凸棱采取焊接工艺，因此，钢带与杆体之间存在受力弱面，在施工过程中钢带有脱离现象，钻杆旋转阻力明显增大，严重影响钻进施工。

应用低螺旋钻杆，卡钻、叶片脱离现象频繁，整体表现为钻机动力损耗大、处理事故耗时长、工人劳动强度大、钻进效率较低。

3. 矿方钻进工艺分析

1）矿方钻进工艺基本参数

施工地点为 15051 工作面运输巷上帮下排钻孔，该区域煤层顶板相对稳定变化不大，煤层底板有起伏呈波浪状，运输巷实揭3条断层，均为正断层，东部靠近方庄断层位置煤层局部发生褶曲。受煤层底板起伏及局部构造影响，下排钻孔施工难度较大，煤层局部夹矸严重，钻孔易穿矸变向，钻杆磨损严重。

煤体为碎粒煤，局部存在软分层，坚固性系数f为0.4~0.6，埋深400 m，γ取2.7 g/cm^3，初始原岩应力σ_0为10.8 MPa，弹性模量为900~1500 MPa（取弹性模量1260 MPa），黏聚力为0.6 MPa，内摩擦角为23°，泊松比ν为0.3，设钻孔理想平均直径D为89 mm，将参数代入式（2-13），可得孔壁最大位移u_p为4 mm，钻孔收缩比D_c为8.8%。

通过调研，15051工作面运输巷上帮煤层平均倾角为12.5°，钻孔为仰孔，钻孔倾角设计为9°、10°、11°。矿方应用ϕ73 mm×1m低螺旋钻杆，中心钻杆直径为63.5 mm、叶片高度为4.75 mm、宽度为20 mm、ϕ89 mm复合片钻头。

矿方应用低螺旋钻杆施工钻孔，通过测量，钻杆截面积S_P为0.003359 m^2，钻杆截面周长C_P为0.215m，考虑钻孔收缩比后，钻孔直径缩小为81 mm，将参数代入式（4-7），可得钻进时水力直径d_H为0.015 m，即钻孔排渣环状空间宽度为7.5 mm，相当于钻杆直径为66 mm。

基于上述分析，矿方钻孔基本参数：考虑钻孔收缩比后，设钻孔平均直径D为81 mm，钻杆直径d为66 mm，钻孔为仰孔，取较小钻孔倾角θ为9°，侧压系数k为0.5，钻杆表面呈螺旋状，煤与钻杆表面的摩擦系数f_1取0.25，孔内裂隙发育，破碎带分布面积较大，煤体含水在一定程度上降低了堵塞段煤与孔壁之间的摩擦系数，综合考虑，摩擦系数f_2取0.4。

矿方钻头破煤平均速度v_d为0.417 m/min（0.00695 m/s），可得理想状态下Q_s为0.06 kg/s。应用ϕ42 mm钻杆现场实测施工地点钻屑量为2.2~2.6 kg/m，矿方测试钻屑量为2.3~2.9 kg/m，测试地点对钻孔瓦斯涌出初速度q较敏感，对钻屑量不敏感。以钻屑量指标法的测量结果为参考，理论上k_D为1.2~1.5，受钻孔直径变大、钻杆扰动等因素影响，k_D有增大的趋势，k_D取2，则Q_s为0.12 kg/s，该取值方法存在一定误差，相同条件下，定性分析钻孔堵塞的时间效应，其分析结论是可靠的。

2）动力源参数计算

（1）启动风速、临界风速、临界风量。将相应参数代入式（2-33），可计算启动风速v_a为5.5/s，一般情况下，临界风速$v_k > 2v_a$，$v_k > 11$ m/s。通过现场观测，钻屑平均颗粒直径在1~3 mm范围所占比例较大，因此，a取17，煤体含水，β为5×10^{-5}，设计深度L为65 m，即基于式（2-55），可计算临界风速v_k为20 m/s，则临界风量Q_k为2.08 m^3/min。

（2）所需风压 p 计算。基于第 2 章钻进过程中风压损失计算方法，根据矿方钻进工艺参数，综合考虑各因素，通过计算，固气速度比 ϕ' 为 0.63，固气混合比 m 为 4.3，λ_{a1} 为 0.03，λ_{a2} 为 0.08，ζ_{a1} 为 0.42，ζ_{a2} 为 0.64。

孔底钻屑加速压损 $\Delta p_{c\to a}$：663 Pa。

气固两相流摩擦压损 $\Delta p_{c\to f}$：5.33×10^5 Pa。

钻屑悬浮提升的重力压损 $\Delta p_{c\to g}$：2443 Pa。

气流的局部压损：1.688×10^4 Pa。

综上所述，所需最小风压 p 为 5.53×10^5 Pa，即所需风压 p 大于 0.553 MPa。施工地点最大供风压力为 0.7 MPa，因此，当孔内钻穴区较少或形成的钻穴被及时疏通时，风压能够满足需要。

3）钻孔堵塞 p–L 和 p–t 特性曲线分析

基于第 3 章常态钻孔堵塞段力学分析模型，将上述基本参数代入式（3-9），可得

$$p = 30.8(e^{47.26L} - 1) \tag{4-12}$$

利用 Maple 软件，拟合 p–L 特性曲线，如图 4-60 所示。

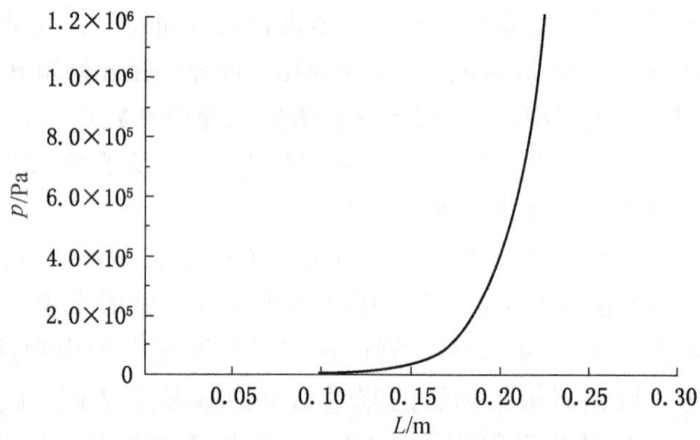

图 4-60 钻进工艺 p–L 特性曲线

根据第 3 章常态钻孔堵塞的时间效应分析模型，假设堵塞位置距离钻孔前端面 30 m，将上述基本参数代入式（3-37），可得

$$p = 30.8(e^{3.84t-9.61} - 1) \tag{4-13}$$

利用 Maple 软件，拟合 p–t 特性曲线，如图 4-61 所示。

基于图 4-60、图 4-61，对钻进工艺进行如下分析：

（1）基于式（4-12），当 $30.8(e^{47.26L}-1) < 0.2$ MPa 时，即形成的堵塞段

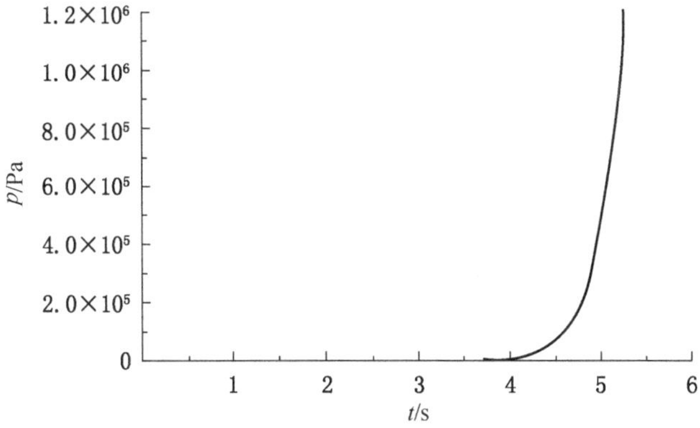

图 4-61 钻进工艺 $p-t$ 特性曲线

长度 $L<0.19$ m 时，能够保证管路风压迅速吹通堵塞段，结合图 4-60，当堵塞段长度 $L>0.19$ m 时，吹通风压会迅速上升。

（2）基于式（4-13），当 $30.8\ (e^{3.84t-9.61}-1)<0.2$ MPa 时，钻孔堵塞的绝对安全时间 T_A 为 $t<4.8$ s。

矿方应用了低螺旋钻杆，孔内实现了双动力排渣原理钻进，通过分析，孔内钻屑发生堆积并形成堵塞段的绝对安全时间段很短，且施工地点瓦斯含量、瓦斯压力高，孔内煤炮、喷孔动力现象频繁，孔内极易堵塞，在堵塞段相对较短的情况下，由于低螺旋钻杆表面螺旋凸棱的输送功能，堵塞段能够被疏通，但通常会造成卡钻、断钻现象，影响钻进深度和钻进效率。

4.5.2.2 钻进工艺方案设计

1. 改进钻进工艺方案设计

结合矿方施工现状、存在的问题，以及矿方钻进工艺孔内堵塞 $p-L$ 和 $p-t$ 特性曲线分析结论，改进后的钻进工艺设计方案如下：

1）增大排渣空间

在钻杆外径不变的条件下，增大排渣空间最简单的方式是增大钻头直径，但过大的钻头直径会给钻机带来过大的动力损耗，也会导致钻头破煤量增大，钻孔堵塞的概率也会提高。因此，选用 ϕ94 mm 复合片钻头增大排渣空间。

2）降低排渣阻力

将螺旋凸棱设计成光滑圆弧状，$h=3.25$ mm，凸棱宽度 $l=12$ mm，螺距 $S=116$ mm。

3）提高钻杆强度

应用熔涂螺旋钻杆提高钻杆强度，图 4-62 为熔涂螺旋钻杆实物。

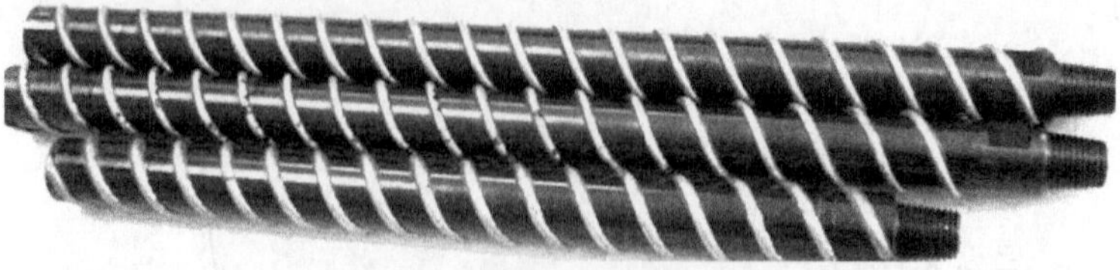

(a) 整体结构

(b) 局部放大

图 4-62 熔涂螺旋钻杆实物

4）适当降低钻头破煤速度

相同钻孔参数条件下，钻头破煤速度越高，钻屑排渣量越高。当局部出现堆积堵塞时，堵塞段长度增长速度越快，因此，适当降低钻进破煤速度，可有效缓解钻孔堵塞的概率。钻进设计可直接考虑将钻头破煤平均速度降低为0.333 m/min。

2. 改进钻进工艺设计方案孔内堵塞 $p-L$ 和 $p-t$ 特性曲线分析

1）改进钻进工艺基本参数

通过改进钻进工艺设计方案，设钻孔理想平均直径 $D=94$ mm，将煤岩力学参数代入式（2-13），孔壁最大位移 $u_p=4$ mm，钻孔缩比 $D_c=8.8\%$。钻进时水力直径 $d_H=0.022$ m，即钻孔排渣环状空间宽度为 11 mm，相当于钻杆直径为 64 mm。

基于上述分析，改进钻进工艺基本参数：钻孔平均直径 $D=86$ mm，钻杆直径 $d=64$ mm，熔涂钻杆表面为光滑圆弧凸棱，降低了与钻屑之间的摩擦系数，因此，堵塞段煤与钻杆表面的摩擦系数 $f_1=0.15$，其他参数不变。

钻头破煤平均速度 $v_d=0.333$ m/min（0.00555 m/s），可求得 $Q_s=0.054$ kg/s，k_D 取值相同，则 $Q_s=0.108$ kg/s。

2）$p-L$ 和 $p-t$ 特性曲线分析

将基本参数代入式（3-9），可得

$$p = 46.2(e^{26.67L} - 1) \tag{4-14}$$

结合式（4-12），利用 Maple 软件，拟合现行钻进工艺和改进后的钻进工艺 $p-L$ 特性曲线，如图 4-63 所示。

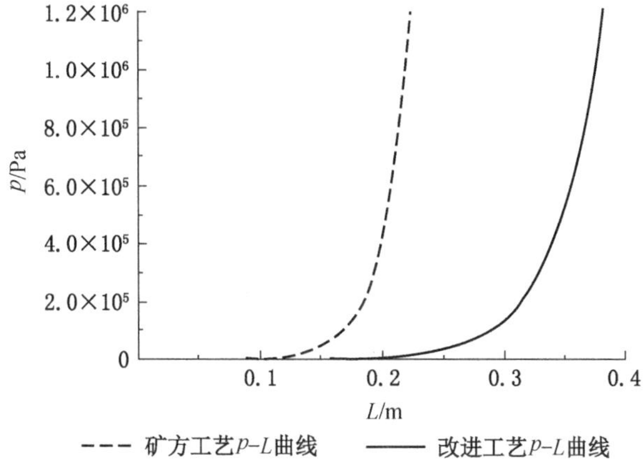

图 4-63 现行及改进后钻进工艺 p-L 特性曲线

将改进钻进工艺基本参数代入式（3-37），可得

$$p = 46.2(e^{1.39t-3.47} - 1) \tag{4-15}$$

结合式（4-13）、式（4-15），利用 Maple 软件，拟合现行钻进工艺和改进后的钻进工艺 p-t 特性曲线，如图 4-64 所示。

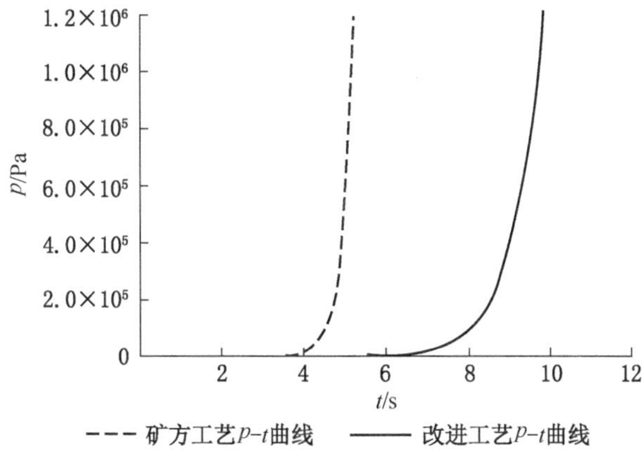

图 4-64 现行及改进后钻进工艺 p-t 特性曲线

基于图 4-63、图 4-64，改进后的钻孔施工工艺得到了改进，分析如下：

（1）基于图 4-63、图 4-64，改进后的钻进工艺 p-L、p-t 特性曲线整体右移，可见，通过施工工艺的改进，结合第 3 章的分析可知，钻孔堵塞的可能性明显降低。

（2）基于式（4-14）、式（4-15），当 $46.2\ (e^{26.67L}-1) < 0.2$ MPa、$46.2\ (e^{1.39t-3.47}-1) < 0.2$ MPa 时，即形成的堵塞段长度 $L < 0.31$m 时，钻孔堵塞的绝对安全时间 T_A 为 $t < 8.5$ s。相比矿方施工工艺，钻孔堵塞的绝对安全时间增加了 77%，因此，可间接推断改进后的钻进工艺，钻孔排渣更为顺畅，堵塞的概率降低。

3. 工业性试验情况分析

基于钻孔试验数据，得到如下结论：

（1）使用矿方钻杆累计钻进 13 天，施工钻孔 31 个，累计深度 1927 m，单孔平均深度 62 m，平均每天进尺 148 m；采用熔涂螺旋钻杆，施工钻孔 33 个，使用新型钻杆累计钻进 12 天，累计深度 2080 m，平均深度 63 m，除见矸钻孔外，均能够达到设计深度 65 m，平均每天进尺 173 m，熔涂螺旋钻杆钻进效率提高 17%。

（2）熔涂螺旋钻杆表面为圆弧状凸棱，阻力小，煤渣不易附着，同时，凸棱高度设计合理，钻进深度基本都能够达到设计深度。由于钻杆的排渣原理相同，且钻孔设计深度较小，两种钻杆的平均钻进深度差别不大。

（3）熔涂螺旋钻杆表面形成的凸棱采用等离子熔涂技术，将硬质合金粉末熔涂在钻杆表面，因此强度高，不易脱离，遇矸石具有较好的穿矸能力，熔涂螺旋钻杆可用于穿层钻孔，扩展了钻杆的使用范围。

（4）矿方钻孔施工，几乎每个钻孔都发生卡钻现象，个别钻孔出现叶片脱落卡钻现象。通过钻进施工工艺的改进，应用熔涂螺旋钻杆施工，卡钻现象明显降低，未出现断钻现象。钻孔直径的加大、钻杆外形结构的改进，使孔内排渣空间增大，排渣更为顺畅。因此，改进后的施工钻进工艺，避免了花费大量时间处理卡钻问题，降低了工人劳动强度，间接提高了钻进效率。

4.5.3 郑煤集团白坪矿成孔试验

4.5.3.1 钻孔施工现状分析

1. 煤层特点

白坪矿 21001 工作面运输巷，煤质软，煤坚固性系数在 0.1~0.3 范围内，煤层厚度变化幅度大，受滑动构造影响，由于顶底板岩层相对顺层滑动，造成煤层塑性流动，煤层厚度局部具有突变性，如图 4-65 所示。该工作面位于白坪矿滑动构造中部，工作面煤层整体受煤层与顶底板层段发育的层间滑动构造影响，层间滑动在二$_1$ 煤层及顶底板较发育，顶底板岩层相对顺层滑动，局部滑面斜切层面，地层强烈变形，出现小型不协调褶曲、镜面、擦痕，裂隙发育，煤层原生结构遭到破坏而成为构造煤。

21001 工作面附近测定的最大原始瓦斯压力为 0.24 MPa，原始瓦斯含量为

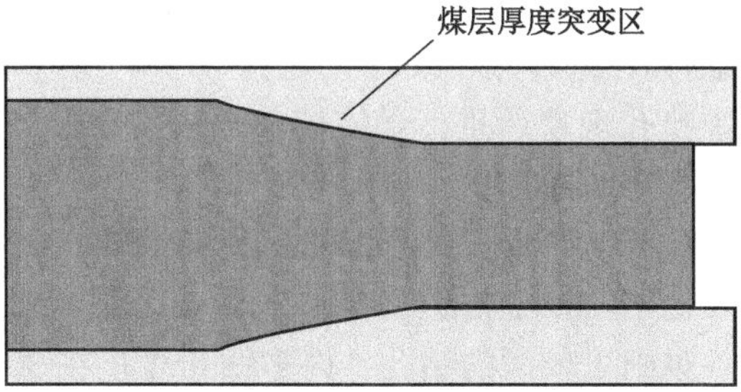

图 4-65 煤层厚度突变

2.8 m^3/t，根据“郑煤集团白坪煤矿二$_1$煤层瓦斯地质图”区域划分，21001 工作面运输巷位于无突出危险区。但由于受煤层厚度变化影响，尽管实测瓦斯压力小，但在煤体厚度突变区域地应力场、瓦斯压力场具有明显的突变性，存在应力、瓦斯异常带，结合施工地点 21001 工作面地质情况及钻孔施工情况，具体分析如下：

（1）煤层厚度变化表现为两种情况：一种是煤层突然变薄；另一种是煤层突然变厚。煤层局部变薄和变厚的影响不同，煤层厚度局部变薄时，在煤层薄的部分，垂直地应力增加；煤层厚度局部变厚时，在煤层厚的部分，垂直地应力减小，而在煤层厚的部分两侧的正常厚度部分，垂直地应力增加。煤层局部变薄和变厚区域将产生应力集中现象，应力集中程度受煤层厚度变化幅度的控制。

（2）煤层厚度变化越剧烈，应力集中程度越高，对煤层的钻孔施工影响越大。21001 工作面煤厚范围为 0~15 m，平均煤厚 3.2 m，最厚处可达平均煤厚的 3~5 倍，即在煤层厚度突变区域，煤层厚度可能会减小到较厚煤层的 20%~30%，在煤层厚度突变区域，将产生较强的应力集中现象，平均应力可以达到原始地应力的 1.5~2.5 倍。

（3）煤层厚度局部变化区域应力集中程度，与煤层和顶底板的整体强度有关，差别越大应力集中程度越高。21001 工作面煤层顶板为中粒砂岩，底板为砂质泥岩，由于煤层坚固性系数仅为 0.15，煤岩体的单轴抗压强度约为 1.5 MPa，可见，煤层和顶底板的整体强度相差较大。因此，可导致在煤层厚度突变区域产生附加应力，可使应力集中程度提高 10%~20%。基于上述分析，在 21001 工作面煤层厚度突变区域，平均应力可达到原始地应力的 1.65~2.75 倍。

2. 钻孔施工现状

基于上述分析，施工地点煤层厚度局部变化区域易形成瓦斯压力突变，在厚度变化交界地带形成较高的瓦斯压力场，因此该区域的煤体整体呈现“二高一低”特征，即较高应力、较高瓦斯压力及较低煤体强度。目前，矿方主要应用光面钻杆，在该区域施工钻孔时，存在如下问题：

（1）钻进过程中喷孔现象严重，煤体较软，钻孔变形大，钻孔易失稳坍塌形成钻穴，造成钻孔排渣通道堵塞。

（2）应用常规钻杆卡钻、断钻及丢钻现象较为频繁。

（3）煤层厚度变化不均，小构造多，钻杆在该区域易弯曲、变向，钻杆易弯向顶底板岩层，很难施工较深的钻孔，许多钻孔终止在 30~50 m 范围内。这一点，在工业性试验期间得到了证明，大部分钻孔在施工很短的距离便见矸，可见，在 21001 工作面煤层厚度突变现象十分严重。

3. 矿方钻进工艺分析

（1）基本参数。白坪矿施工地点煤层属于典型的三软煤层，煤层埋深 450 m，受煤层厚度变化的影响，煤层夹矸严重，整体为软硬复合煤层，弹性模量为 800~1200 MPa。取弹性模量为 950 MPa，黏聚力为 0.57 MPa，内摩擦角为 21°，泊松比 ν 为 0.3，将煤岩力学参数代入式（2-13），可得孔壁最大位移 u_p 为 13 mm，钻孔收缩比 D_c 为 21.6%。

21001 工作面施工钻孔为仰孔，受煤层厚度变化的影响，施工钻孔倾角设计为 2°~20°。应用 ZDY3200 型钻机，ϕ73 mm×1 m 圆钻杆，钻头采用 ϕ120 mm 三翼硬质合金煤钻头。

理想状态下，钻孔平均直径 $D=120$ mm，考虑钻孔收缩比，则钻孔平均直径 $D=94$ mm，将参数代入式（4-6），可得钻进时水力直径 $d_H=0.021$m，即受煤层地质条件的影响，钻孔排渣环状空间宽度仅为 10.5 mm。

基于上述分析，矿方钻进工艺基本参数：施工仰孔时，钻孔倾角取较小值 $\theta=5°$，钻孔平均直径 $D=94$ mm，钻杆直径 $d=73$ mm，侧压系数 $k=0.5$，堵塞段煤与钻杆表面的摩擦系数 $f_1=0.1$，堵塞段煤与孔壁的摩擦系数 $f_2=0.3$。

矿方钻头平均破煤速度 $v_d=0.5$ m/min（0.00833 m/s），求得 $Q_D=0.081$ kg/s。随着工作面的推进，矿方应用钻屑指标法循环测试工作面钻孔瓦斯涌出初速度 q 和钻屑量 S，施工地点对钻孔瓦斯涌出初速度 q 较为敏感，初速度为 4~13 L/min，钻屑量波动不明显，钻屑量为 2.8~3.5 kg/m，理论上 $k_D=1.5\sim1.8$。由于施工地点煤层为典型的三软煤层，局部厚度突变区具有突出危险性，煤体强度低，孔壁变形量大，受钻杆扰动作用，孔壁松动区煤体易剥落，形成附加钻屑量，综合分析，取 $k_D=2.5$，则 $Q_s=0.203$ kg/s。

（2）动力源参数计算。

①启动风速、临界风速、临界风量。通过现场观测，钻屑颗粒平均直径多为 0.5~1.5 mm，取颗粒平均直径为 1 mm，将相应参数代入式（2-33），可计算启

动风速 $v_a=3.3$ m/s。一般情况下，临界风速 $v_k>2v_a$、$v_k>6.6$ m/s，因此，取 $a=16$，煤体松散，$\beta=2\times10^{-5}$，设计深度 $L=85$ m，基于式（2-55），可计算临界风速 $v_k=18.7$ m/s，则临界风量 $Q_k=3.01$ m³/min。

②所需风压 p 计算。基于第 2 章钻进过程中风压损失计算方法，根据矿方钻进工艺参数，综合考虑各因素，各参数计算结果为：固气速度比 $\phi'=0.78$、固气混合比 $m=7.32$、$\lambda_{a1}=0.028$、$\lambda_{a2}=0.074$、$\zeta_{a1}=0.42$、$\zeta_{a2}=0.64$。

孔底钻屑加速压损 $\Delta p_{c\to a}$：1168 Pa。

气固两相流摩擦压损 $\Delta p_{c\to f}$：5.44×10^5 Pa。

钻屑悬浮提升重力压损 $\Delta p_{c\to g}$：4533 Pa。

气流局部压损：1.93×10^4 Pa。

综上所述，所需最小风压 $p=5.69\times10^5$ Pa，即所需风压 $p>0.569$ MPa。施工地点最大供风压力为 0.65 MPa，理论计算最小风压与最大供风能力接近，在施工过程中，由于风压不稳现象明显，且施工地点附加钻屑量相对较高，现场施工堵孔现象较为严重。

（3）p-L 和 p-t 特性曲线分析。根据第 3 章常态钻孔堵塞段力学分析模型，将上述基本参数代入式（3-9），可得

$$p=55.4(e^{20.25L}-1) \tag{4-16}$$

基于式（4-16），拟合 p-L 特性曲线，如图 4-66 所示。

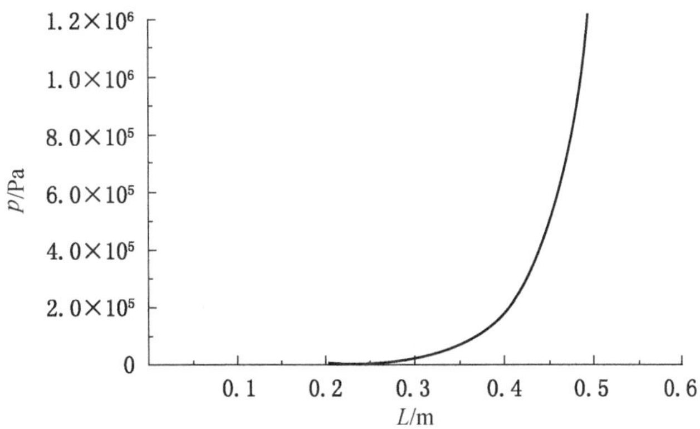

图 4-66　p-L 特性曲线

根据第 3 章常态钻孔堵塞时间效应力学分析模型，假设堵塞位置位于距离钻孔前端面 30 m 处，将上述基本参数代入式（3-37），可得

$$p=55.4(e^{1.87t-3.86}-1) \tag{4-17}$$

基于式（4-17），拟合的 $p-t$ 特性曲线如图 4-67 所示。

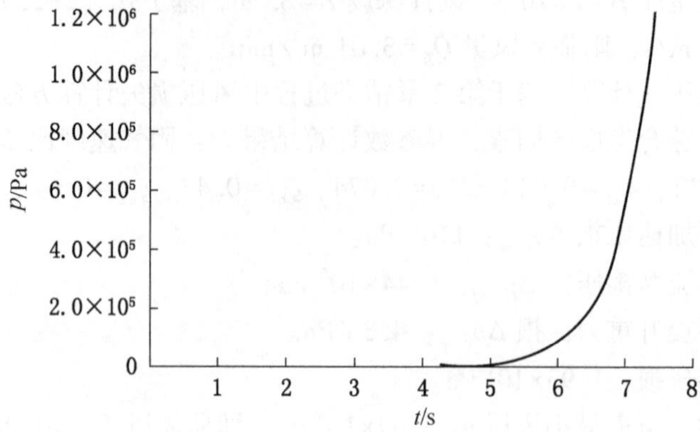

图 4-67 $p-t$ 特性曲线

基于图 4-66、图 4-67，对矿方钻进工艺进行如下分析：

基于式（4-16）、式（4-17），当 $55.4(e^{20.25L}-1)<0.2$ MPa、$55.4(e^{1.87t-3.86}-1)<0.2$ MPa 时，即形成的堵塞段长度 $L<0.4$ m 时，能够保证管路风压迅速吹通堵塞段，钻孔堵塞的绝对安全时间 T_A 为 $t<6.5$ s。

通过分析钻孔堵塞时的 $p-L$、$p-t$ 特性曲线，钻孔变形收缩对钻孔堵塞的影响非常严重，孔内堵塞的绝对安全时间段很短，在现场施工过程中，堵孔、卡钻现象严重，许多钻孔难以突破 30 m。

4.5.3.2 钻进工艺方案设计

1. 改进钻进工艺方案设计

1）增大排渣空间

目前矿方应用 ϕ120 mm 三翼硬质合金煤钻头，理论上破煤直径为 120 mm，施工地点煤层地质条件较为复杂，钻机动力损耗较大，因此放弃采用扩大钻头直径的方法增大排渣空间。基于 F-Mr 原理，应用棱状类钻杆，依据流体动力学原理，相同外径条件下，可有效减小水力直径 d_H，间接提高了钻孔的排渣空间。

通过改进钻进工艺方案设计，采用摩擦焊接式高强棱状钻杆，钻进时水力直径为 0.034m，相同收缩比条件下，钻孔排渣环状空间宽度为 17 mm，相当于钻杆直径为 60 mm。

2）降低排渣阻力

应用棱状类钻具，尽管钻孔收缩严重，钻孔被包裹和钻杆在旋转状态下，孔内仍然能够保证存在排渣通道，因此，对于三软煤层钻进，选择棱状类钻具，对于保证排渣通道，减小排渣阻力有一定的作用。

3）提高钻杆强度

常规三棱钻杆多采用插接式焊接，接头存在受力弱面，为钻杆断裂多发区，在不影响钻机夹持的情况下加大接头，接头采用了最先进的摩擦焊接工艺，最大限度地保证了易断裂接头的安全性。摩擦焊接式高强棱状钻杆实物如图 4-68 所示。

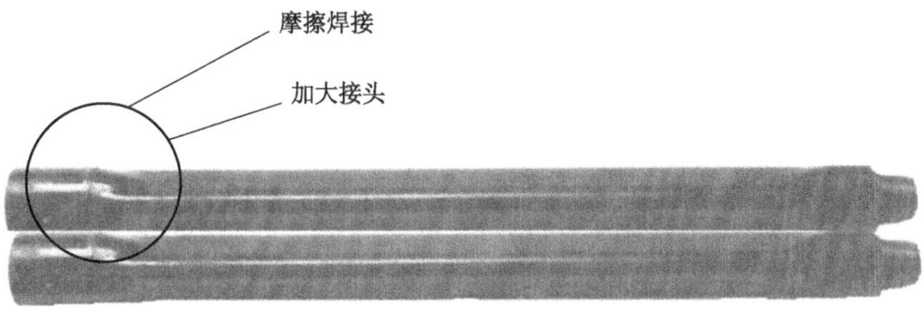

图 4-68　摩擦焊接式高强棱状钻杆实物

4）提高钻机动力

当前矿方应用 ZDY3200 型钻机，通过现场调研，在施工过程中卡钻现象比较严重，表明孔内经常出现较长的堵塞段，致使旋转阻力较大。矿方钻机曾多次出现卡瓦打滑、拉破现象，因此，推荐应用 ZDY4000S 型钻机。

5）适当降低钻进破煤速度

矿方当前平均钻进破煤速度为 0.5 m/min，钻屑量大，堵孔、卡钻等事故频繁，可直接考虑将平均钻头破煤速度降低为 0.417 m/min。

2. 改进钻进工艺设计方案孔内堵塞 p–L 和 p–t 特性曲线分析

1）改进钻进工艺基本参数

基于上述分析，矿方钻进工艺基本参数：施工仰孔时，钻孔倾角 $\theta=5°$，考虑钻孔收缩比，钻孔平均直径 $D=94$ mm，钻进时水力直径 $d_H=0.034$m，钻杆当量直径 $d=60$ mm，其他参数不变。

钻头破煤平均速度降低，$v_d=0.417$ m/min（0.00695 m/s），可求得 $Q_s=0.067$ kg/s，同样取 $k_D=2.5$，则 $Q_s=0.168$ kg/s。

2）p–L 和 p–t 特性曲线分析

将基本参数代入式（3-9），可得

$$p=80.2(e^{13.06L}-1) \tag{4-18}$$

结合式（4-16）、式（4-18），利用 Maple 软件，拟合现行钻进工艺和改进后的钻进工艺 p–L 特性曲线如图 4-69 所示。

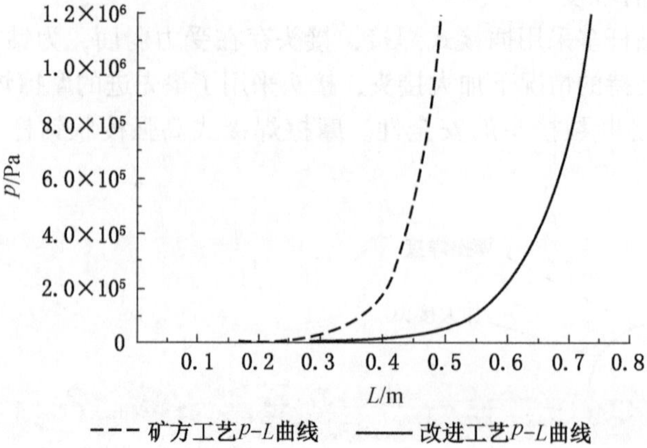

图 4-69 现行和改进后的 p-L 特性曲线

将基本参数代入式（3-37），可得

$$p = 80.2(e^{0.67t-1.38} - 1) \tag{4-19}$$

结合式（4-17）、式（4-19），利用 Maple 软件，拟合现行钻进工艺和改进后的钻进工艺 p-t 特性曲线如图 4-70 所示。

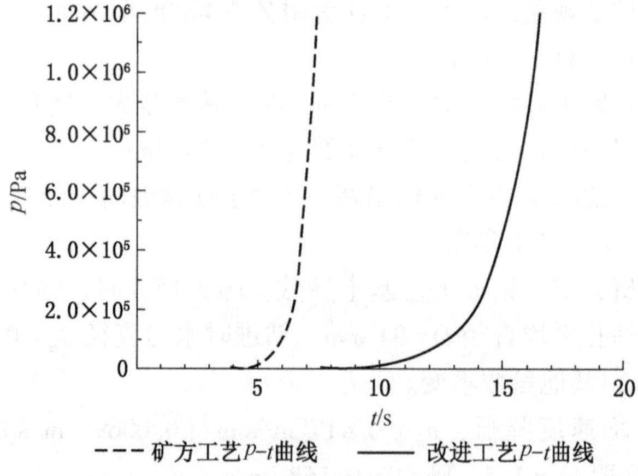

图 4-70 现行和改进后的 p-t 特性曲线

基于图 4-69、图 4-70，改进后的钻孔施工工艺得到了改进，具体分析如下：

（1）改进后的钻进工艺 p-L、p-t 特性曲线整体右移，可见，通过改进施工工艺，结合第 3 章的分析，宏观上钻孔堵塞的可能性明显降低。

（2）当 80.2（$e^{13.06L}-1$）＜0.2 MPa、80.2（$e^{0.67t-1.38}-1$）＜0.2 MPa 时，即形成的堵塞段长度 $L<0.6$ m 时，钻孔堵塞的绝对安全时间 T_A 段为 $t<14$ s。相比矿方现行施工工艺，钻孔堵塞的绝对安全时间增加了 115%，因此，可推断改进后的钻进工艺，钻孔排渣更为顺畅，堵塞的概率降低。

3. 工业性试验情况分析

基于钻孔试验数据，得到如下结论：

（1）矿方在 21001 工作面运输巷施工钻孔 82 个，累计深度 4688 m，累计钻进时间 52 天，平均深度 57.2 m，平均每天进尺 90 m；采用摩擦焊接式高强棱状钻杆，施工钻孔 58 个，累计深度 4462 m，累计钻进时间 41 天，平均深度 77 m，平均每天进尺 109 m。摩擦焊接式高强棱状钻杆，钻进深度提高 34.6%，钻进效率提高 21.1%。

（2）采用矿方常规钻杆，82 个钻孔中，仅 8 个钻孔达到设计深度，达标率仅为 9.8%；采用摩擦焊接式高强棱状钻杆，施工 58 个钻孔，28 个钻孔达到设计深度，其中 25 个钻孔达到 90 m，达标率为 48.3%。

（3）施工地点煤层厚度变化不均，小构造多，夹矸严重，钻杆在该区域易弯曲、变向，钻孔施工非常困难，钻进效率很低，在夹矸最为严重的区域，每天仅施工 1 个钻孔，矿方采用常规光面钻杆钻进，卡钻频繁，出现过脱扣、断钻现象。基于改进后的钻进设计方案，应用摩擦焊接式高强棱状钻杆，丝扣大，整体强度高，穿矸能力强，施工后期应用新型的 ZDY4000S 型钻机，提高了钻机动力，使钻进深度和钻进效率得到了进一步提升，在工业性试验期间，摩擦焊接式高强棱状钻杆与钻机动力匹配良好，未出现断钻、丢钻现象。

5　松软煤层分层切削阻尼防喷钻进技术

5.1　分层切削钻进方法

分层切削钻进方法（Stratified Cutting Drilling，SCD），通过设置不同直径的钻头，使孔底煤岩揭露面积分层、分段逐渐增大，实现了切削煤岩层数、厚度、时间可控，为控制钻进扰动和瓦斯释放面积提供了条件（图 5-1）。分层切削钻进方法的关键技术理念主要分为以下三个方面：

（1）通过调控切削层数、层间直径差、层间轴向距离等分层切削参数可有效降低钻具对钻孔的扰动，有利于提升钻孔的稳定性。

（2）分层切削参数控制着钻孔揭露面积的变化，同时影响钻孔周围煤体瓦斯解吸、扩散，进而调控钻孔周围瓦斯释放强度。

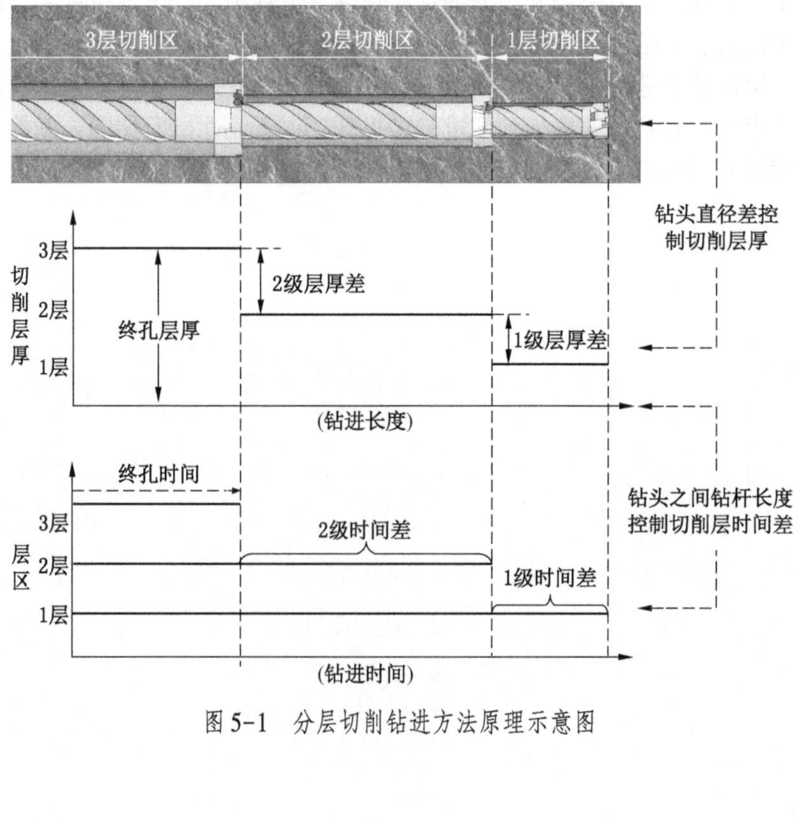

图 5-1　分层切削钻进方法原理示意图

(3) 钻头之间的层间轴向距离为进一步削弱孔底释放的瓦斯压力提供了条件，通过优化钻头之间连接钻杆的直径及其表面粗糙度，使钻杆对孔底释放的瓦斯具有阻尼作用。

分层切削钻进方法摒弃了传统钻进方法被动防护的局限性，将视角由钻孔外转向钻孔内，使钻孔揭露面积分层、分段逐级增大，在维持钻孔稳定性的同时，削弱了煤体瓦斯释放强度，推动松软煤层钻进塌孔、喷孔防治技术由被动转变为主动。通过科学调控分层切削钻进钻孔稳定性、煤体瓦斯释放特征、组合钻具力学性能、排渣防堵之间的协同关系，得到了分层切削组合钻具合理的尺度参数，有利于实现高效、安全、科学钻进，分层切削钻进方法具有广阔的应用前景。

5.2 阻尼防喷钻进技术原理

为了削弱钻孔内喷出压力，研制了孔底组合钻具，在钻孔喷孔源头主动削弱瓦斯喷涌压力。如图 5-2 所示，采用分层切削的方案进行钻进，设计孔底组合钻具结构，包括揭露钻头、阻尼钻杆和扩孔钻头，前端使用直径较小的揭露钻头钻进，随后使用阻尼钻杆、扩孔钻头。通过应用孔底组合钻具，使孔底揭露面积分级增大，从而降低高压瓦斯富集区瓦斯喷出量。如图 5-3 所示，通过增加气体流动通道的阻力削弱瓦斯喷出压力。阻尼钻杆表面设置有螺纹，阻尼钻杆表面与钻孔壁的间隙称为降压间隙，降压间隙为揭露钻头直径与阻尼钻杆最大旋转外径之

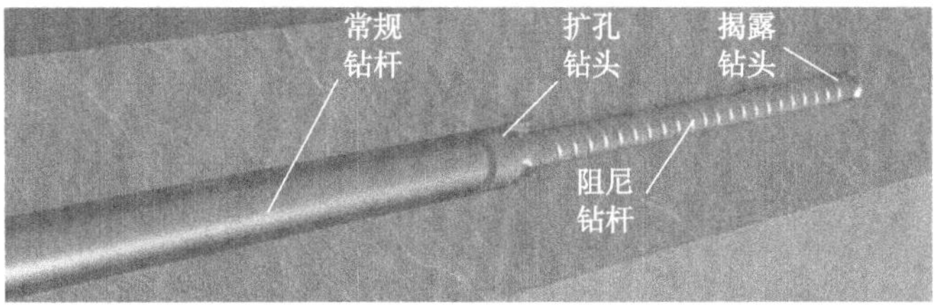

图 5-2 组合钻具结构模型

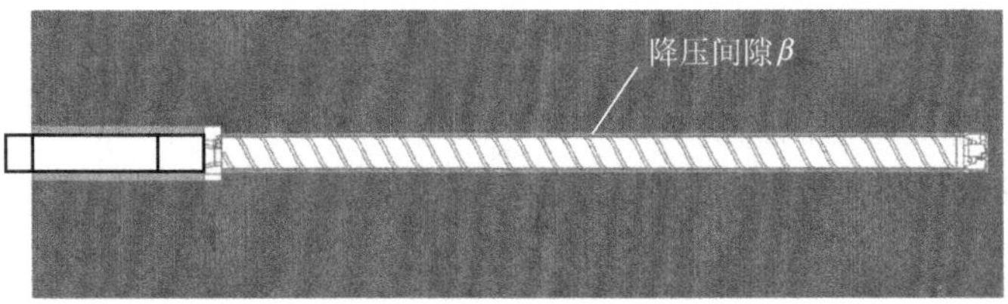

图 5-3 瓦斯喷出路径

差。设计降压间隙和螺纹高度，使同一条流线上的通风空间突然扩大和缩小，提高阻力系数，有效增加风阻，揭露钻头直径小于扩孔钻头直径，流动气体到达扩孔钻头时形成涡旋降低部分气体压力。

5.2.1 钻孔降压间隙阻尼作用表征方程

为降低瓦斯喷出压力，根据流体力学，在空气流经狭窄空间时，存在风阻系数，由于阻尼钻杆表面设置有凸起或者刻槽，因此，在同一条流线上存在通风空间突然扩大和缩小，有效增加了风阻。

在空气流经狭窄空间时，设风流总压为 P_Q、风流静压为 P_J、风流动压为 P，根据伯努利方程——流体力学中的物理方程，沿流线运动过程中，总能量守恒，对于气体可以忽略重力。

则

$$P_Q = P + P_J \tag{5-1}$$

动压计算公式为

$$P = 0.5\rho v^2 \tag{5-2}$$

式中 ρ——风流密度；

v——风速。

则

$$P_Q = 0.5\rho v^2 + P_J \tag{5-3}$$

风流在通道内做沿程流动时，由于流体层间的摩擦、流体与壁面之间的摩擦所形成的阻力称为摩擦阻力，也叫沿程阻力，沿程阻力 h_f 计算公式为

$$h_f = \lambda \frac{L}{d}\rho \frac{v^2}{2} \tag{5-4}$$

式中 d——风流通道水力直径；

λ——沿程阻力系数；

L——风流通道长度。

环形管道水力直径 d 计算公式为

$$d = 4\frac{S}{U} \tag{5-5}$$

式中 S——排渣通道断面面积；

U——排渣通道断面周长。

由式（5-2）、式（5-5）得

$$h_f = \lambda \frac{UP}{4S}L \tag{5-6}$$

如图 5-4 所示，U_1 为组合钻具截面周长，U_2 为钻孔周长，假设钻孔半径为

R，钻杆半径为 r，则风压阻力的降压间隙为 $\beta = R - r$。

$$S = \pi(R^2 - r^2) \tag{5-7}$$

$$U = 2\pi(R + r) \tag{5-8}$$

则沿程阻力可表示为

$$h_f = \lambda \frac{2\pi(R + r)P}{4\pi(R^2 - r^2)}L = \lambda \frac{P}{2\beta}L \tag{5-9}$$

设高压瓦斯聚积区内的瓦斯压力为 P_q，钻孔外静压为一常量 C，则

$$h_f + C = P_J \tag{5-10}$$

则

$$P_q = P + h_f + C \tag{5-11}$$

瓦斯流动阻力力学方程可表示为

$$h_f = \frac{\lambda L}{\lambda L + 2\beta}(P_q - C) \tag{5-12}$$

在钻孔内高压瓦斯流动时所产生的沿程阻力与沿程阻力系数 λ、风流通道长度 L、降压间隙 β 和孔底瓦斯压力 P_q 有关。

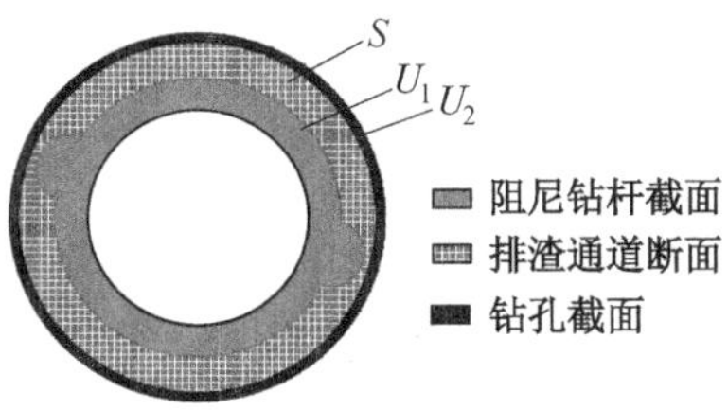

图 5-4　孔底组合钻具钻进截面模型

风流在管道内的运动为湍流，阻尼钻杆的相对粗糙度影响沿程阻力系数，本书中阻尼钻杆的相对粗糙度为螺纹高度 h 与水力直径 d 的比值，即相对粗糙度表示为 h/d。相对粗糙度高，沿程阻力系数大。

图 5-5 为瓦斯总压力递减梯度示意图，通过钻具结构创新，提高沿程阻力系数，增加风阻，当发生喷孔时，最大限度地削弱流动通道内气体静压，降低瓦斯喷出压力。

5.2.2　孔底组合阻尼钻具阻尼效果定量分析

基于式（5-12），钻孔内高压瓦斯流动时所产生的摩擦阻力与风流通道长度、降压间隙和孔底瓦斯压力有关。由式（5-12）做定量分析，设置降压间隙 β=4 mm，孔底组合阻尼钻具中阻尼钻杆长度分别为 250 mm、500 mm、

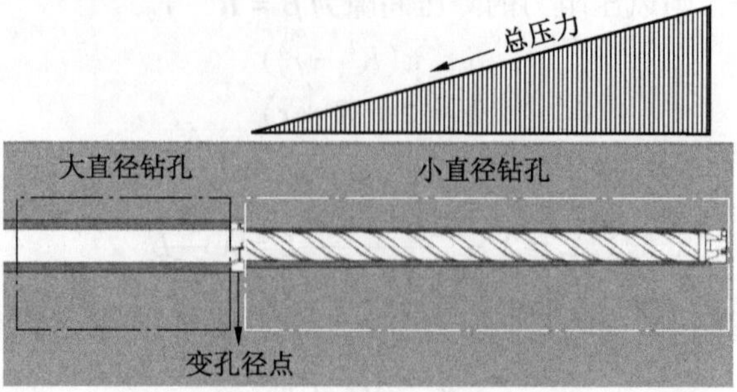

图 5-5　瓦斯总压力递减梯度示意图

1000 mm、1500 mm，阻尼钻杆螺纹高度均相等，基于式（5-12）可获得摩擦风阻与沿程阻力系数的关系，如图 5-6 所示。

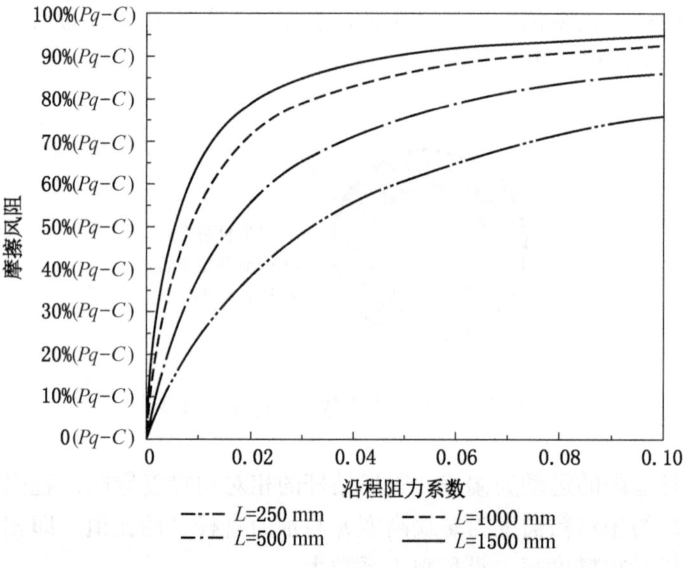

图 5-6　摩擦风阻与沿程阻力系数的关系

当降压间隙确定，沿程阻力系数 $\lambda \leqslant 0.4$ 时，摩擦风阻增长速率大。沿程阻力系数 $\lambda > 0.4$ 时，摩擦风阻增长速率小。摩擦风阻过大不利于孔内渣体排出，摩擦风阻过小阻尼效果不理想，以摩擦风阻 65%（P_q-C）~75%（P_q-C）为基准，将钻孔喷孔源喷出的瓦斯压力降低到初始的 25%~35% 之间。

设置沿程阻力系数为 0.04，阻尼钻杆长度分别为 250 mm、500 mm、1000 mm、1500 mm，代入式（5-12）可得

$$L = 250\ \text{mm 时},\ h_f = \frac{10}{10 + 2\beta}(P_q - C) \tag{5-13}$$

$$L = 500\ \text{mm 时},\ h_f = \frac{20}{20 + 2\beta}(P_q - C) \tag{5-14}$$

$$L = 1000\ \text{mm 时},\ h_f = \frac{40}{40 + 2\beta}(P_q - C) \tag{5-15}$$

$$L = 1500\ \text{mm 时},\ h_f = \frac{60}{60 + 2\beta}(P_q - C) \tag{5-16}$$

基于公式计算可获得摩擦风阻与降压间隙的关系，如图 5-7 所示。

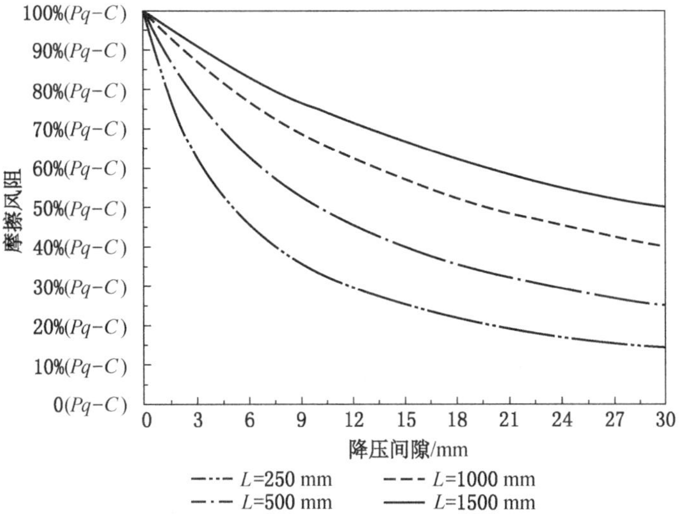

图 5-7 摩擦风阻与降压间隙的关系

以摩擦风阻 65%（$P_q - C$）~75%（$P_q - C$）为基准，即将钻孔喷孔源喷出的瓦斯压力降低到初始的 25%~35%之间。当阻尼钻杆长度 L=250 mm 时，由式（5-13）计算可得降压间隙 β 的设计需满足 1.67 mm<β<2.69 mm；当阻尼钻杆长度 L=500 mm 时，由式（5-14）计算可得降压间隙 β 的设计需满足 3.33 mm<β<5.38 mm；当阻尼钻杆长度 L=1000 mm 时，由式（5-15）计算可得降压间隙 β 的设计需满足 6.67 mm<β<10.77 mm；当阻尼钻杆长度 L=1500 mm 时，由式（5-16）计算可得降压间隙 β 的设计需满足 10 mm<β<16.15 mm。

5.3 孔底组合钻具阻尼效果数值模拟

5.3.1 常规钻具与组合阻尼钻具对比分析

5.3.1.1 计算模型及边界条件

1. 常规钻具计算模型 1

ϕ113 mm 钻头和 1 mϕ73 mm 刻槽钻杆组合，如图 5-8 所示。模型流体类型：空气；入口质量流量：0.009 kg/s；边界层类型：湍流；气流速度 v=15 m/s；入口湍流强度：6.74%；入口水力直径：0.001m；出口设置：静压；出口湍流强度：4.22%；出口水力直径：0.04209m；转速：180 r/min。

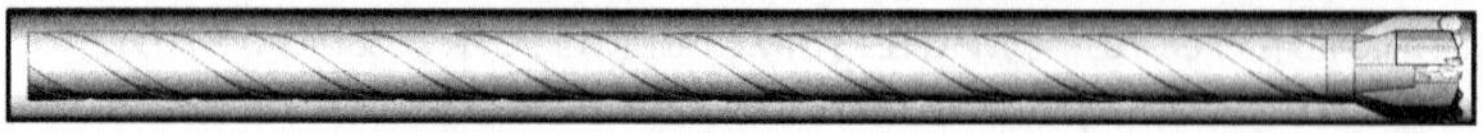

图 5-8 常规钻具计算模型 1

2. 常规钻具计算模型 2

ϕ113 mm 钻头和 1 mϕ73 mm 圆钻杆组合，如图 5-9 所示。模型流体类型：空气；入口质量流量：0.009 kg/s；边界层类型：湍流；气流速度 v=15 m/s；入口湍流强度：6.74%；入口水力直径：0.001 m；出口设置：静压；出口湍流强度：4.24%；出口水力直径 0.0405 m；转速：180 r/min。

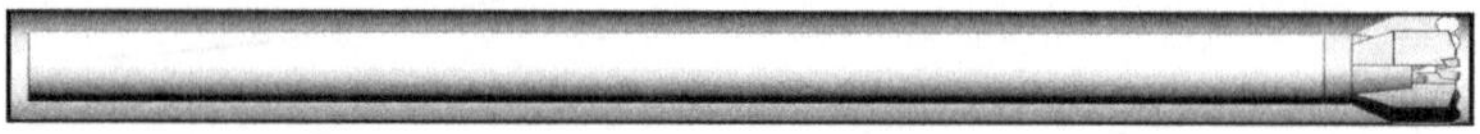

图 5-9 常规钻具计算模型 2

3. 孔底组合阻尼钻具计算模型 1

ϕ73.5 mm 揭露钻头、1 mϕ63.5 mm/h3.5 mm 熔涂钻杆（钻杆中心杆体直径 ϕ63.5 mm、熔涂凸棱高度 3.5 mm）、ϕ113 mm 扩孔钻头和 ϕ73 mm 圆钻杆组合，如图 5-10 所示。模型流体类型：空气；入口质量流量：0.009 kg/s；边界层类型：湍流；气流速度 v = 15 m/s；入口湍流强度：5.02%；入口水力直径：0.0105 m；出口设置：静压；出口湍流强度：4.25%；出口水力直径：0.04m；转速：180 r/min。

图 5-10 孔底组合阻尼钻具计算模型 1

4. 孔底组合阻尼钻具计算模型 2

ϕ73.5 mm 揭露钻头、1 mϕ63.5 mm 刻槽钻杆、ϕ113 mm 扩孔钻头和 ϕ73 mm 圆钻杆组合，如图 5-11 所示。模型流体类型：空气；入口质量流量：0.009 kg/s；边界层类型：湍流；气流速度 v =15 m/s；入口湍流强度：4.48%；入口水力直径：0.0264 m；出口设置：静压；出口湍流强度：4.25%；出口水力直径：0.04 m；转速：180 r/min。

图 5-11 孔底组合阻尼钻具计算模型 2

5.3.1.2 静压、速度分布云图

通过计算得到的不同钻具计算模型静压分布云图，如图 5-12 所示；图 5-13 为不同钻具计算模型速度分布云图。

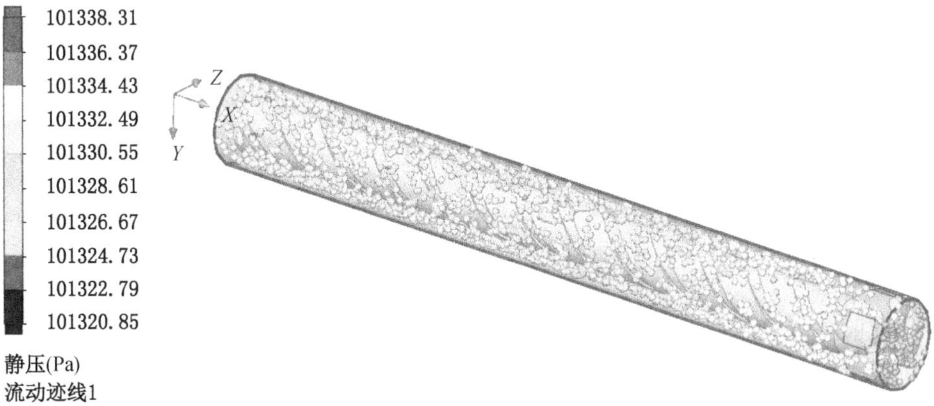

(a) 常规钻具计算模型 1

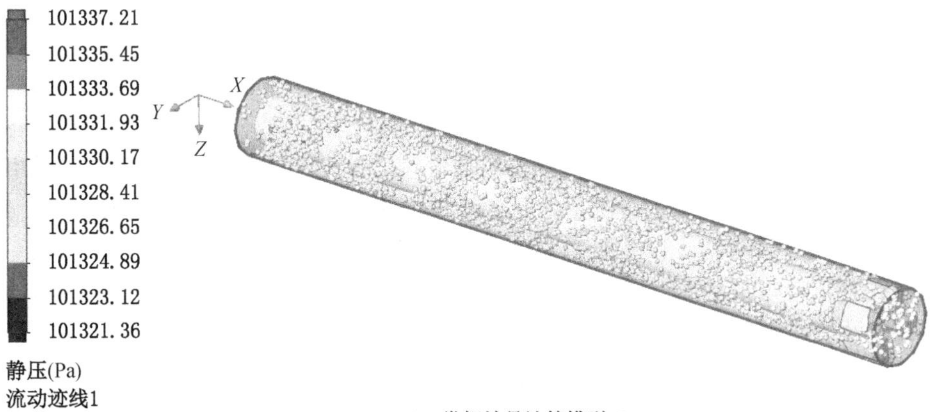

(b) 常规钻具计算模型 2

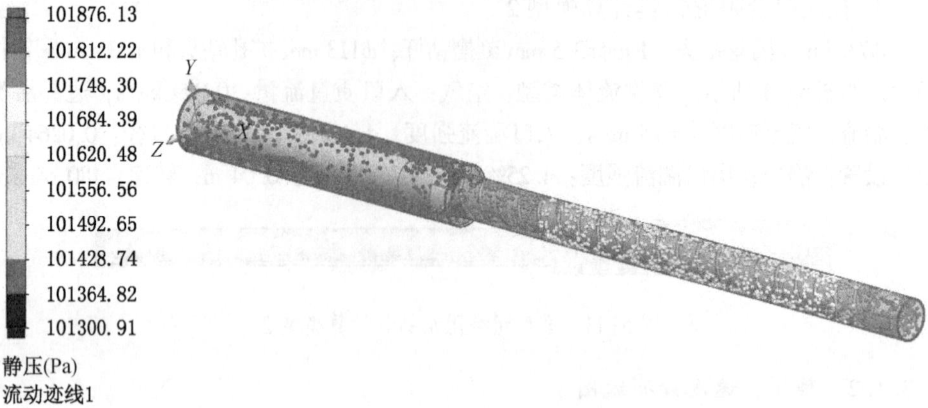

(c) 孔底组合阻尼钻具计算模型 1

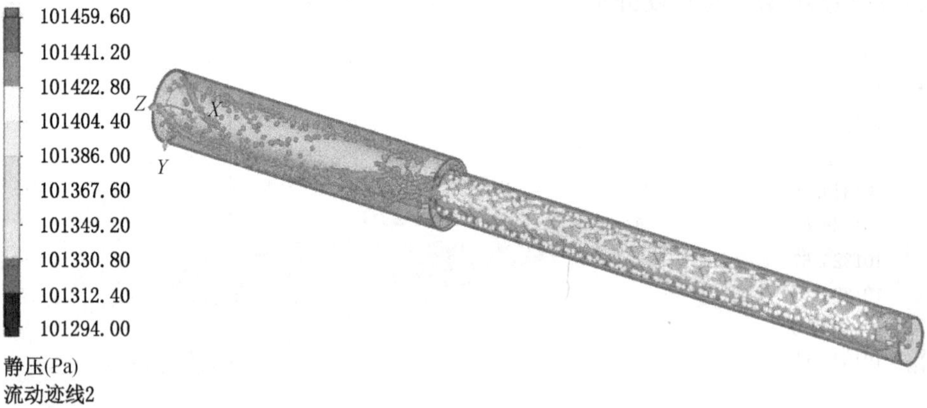

(d) 孔底组合阻尼钻具计算模型 2

图 5-12 不同钻具计算模型静压分布云图

如图 5-12a、图 5-12b 所示，采用常规钻具钻进时，计算模型出口压差为 10~20 Pa，压差波动很小，气体压力损耗是由气体流通空间的摩擦引起的。如图 5-12c 所示，采用孔底组合阻尼钻具钻进时，组合阻尼钻具计算模型 1 入口和出口压差约为 500 Pa，压差波动大，表明孔底组合阻尼钻具对气体具有阻尼作用；如图 5-12d 所示，孔底组合阻尼钻具计算模型 2 入口和出口压差约为 160 Pa，低于孔底组合阻尼钻具计算模型 1。

孔底组合阻尼钻具计算模型 1 的阻尼钻杆采用 1 mϕ63.5 mm/h3.5 mm 熔涂钻杆，孔底组合阻尼钻具计算模型 2 采用 1 mϕ63.5 mm 刻槽钻杆，在钻头直径相同的情况下，孔底组合阻尼钻具计算模型 2 的降压间隙小于孔底组合阻尼钻具 1 的降压间隙。熔涂钻杆表面相对粗糙度高于刻槽钻杆。因此，孔底组合阻尼钻具计算模型 1 沿程阻力系数高于孔底组合阻尼钻具计算模型 2，摩擦风阻过大不利于孔内渣体排出，摩擦风阻过小阻尼效果不理想。

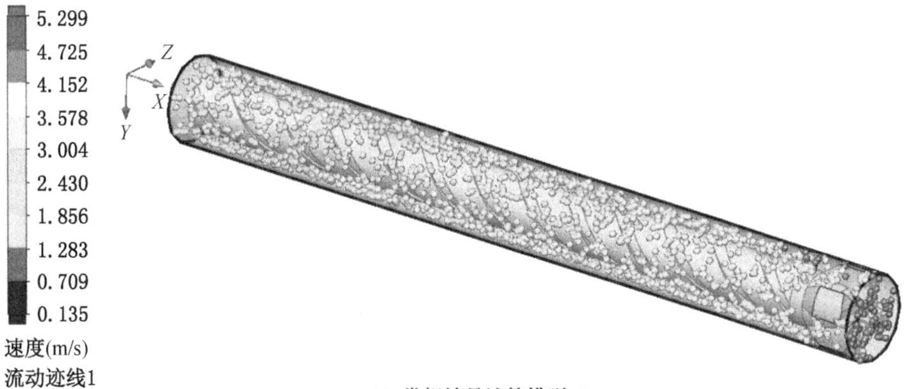

(a) 常规钻具计算模型 1

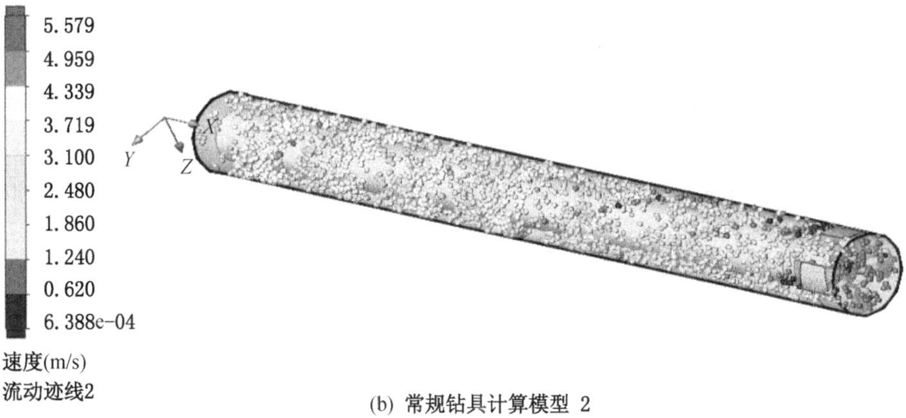

(b) 常规钻具计算模型 2

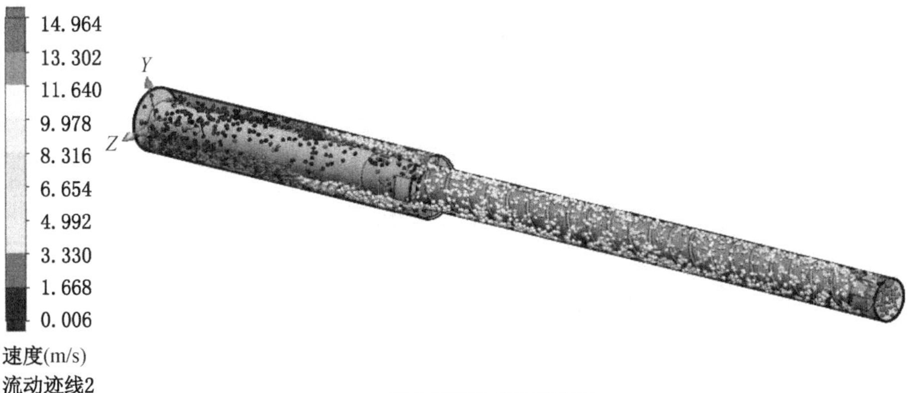

(c) 组合阻尼钻具计算模型 1

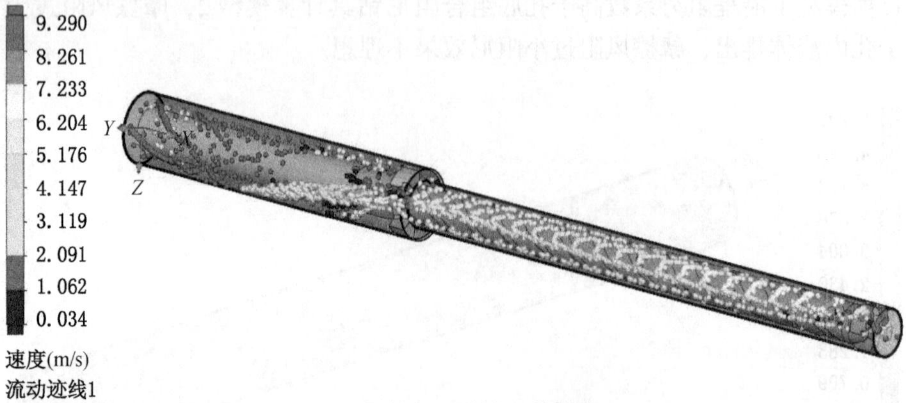

(d) 组合阻尼钻具计算模型 2

图 5-13　不同钻具计算模型速度分布云图

如图 5-13a、图 5-13b 所示，采用常规钻具钻进时，计算模型的速度较高区域出现在模型出口位置，速度为 5 m/s 左右；如图 5-13c、图 5-13d 所示，采用孔底组合阻尼钻具钻进时，计算模型的高速度区域出现在阻尼钻杆段，模型出口区域为低速区域，孔底组合阻尼钻具计算模型 1 在阻尼钻杆段速度为 15 m/s 左右，孔底组合阻尼钻具计算模型 2 在阻尼钻杆段速度为 9 m/s 左右。组合阻尼钻具对模拟喷涌气体具有阻尼作用的同时，也有利于钻屑排出。

5.3.1.3　模型观测线上静压、动压、速度、涡量参数分析

如图 5-14 所示，在不同的计算模型中设计流道观测线。

(a) 常规钻具计算模型 1

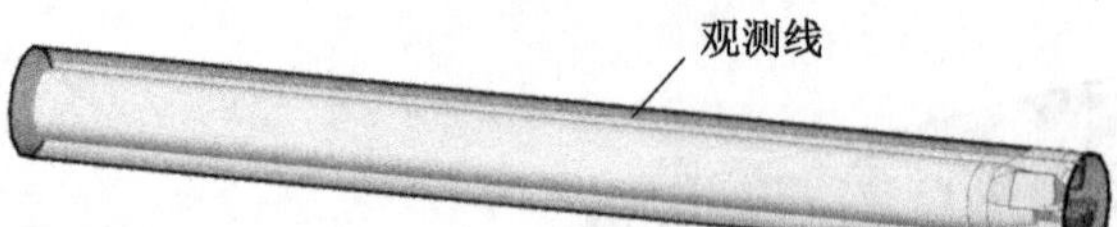

(b) 常规钻具计算模型 2

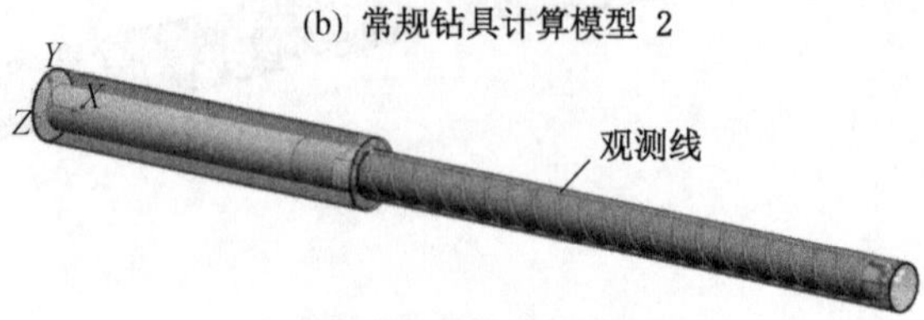

(c) 组合阻尼钻具计算模型 1

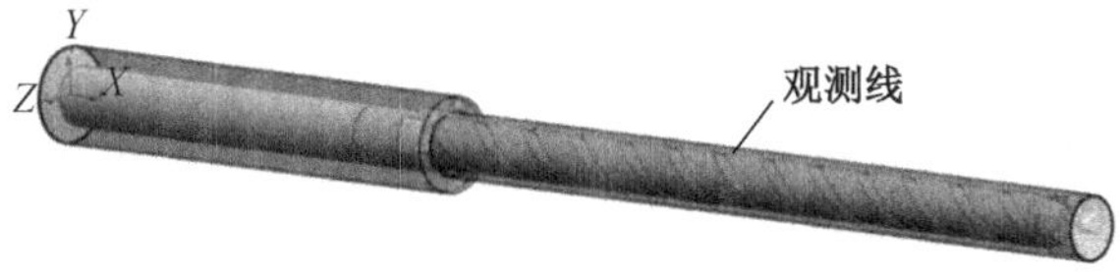

(d) 组合阻尼钻具计算模型 2

图 5-14 计算模型流道观测线

1. 静压分析

图 5-15 为常规钻具和组合阻尼钻具模型观测线上的静压，可以看出从模型入口到出口钻具在转动过程中的气体压力逐渐递减，但常规钻具卸压效果不明显。组合阻尼钻具 1 在模拟钻进过程中卸压效果明显，压力递减比较均匀，具有一定的规律性，但卸压波动大，与组合阻尼钻具 1 模拟钻进过程相比，组合阻尼钻具 2 压力递减的波动性较小。

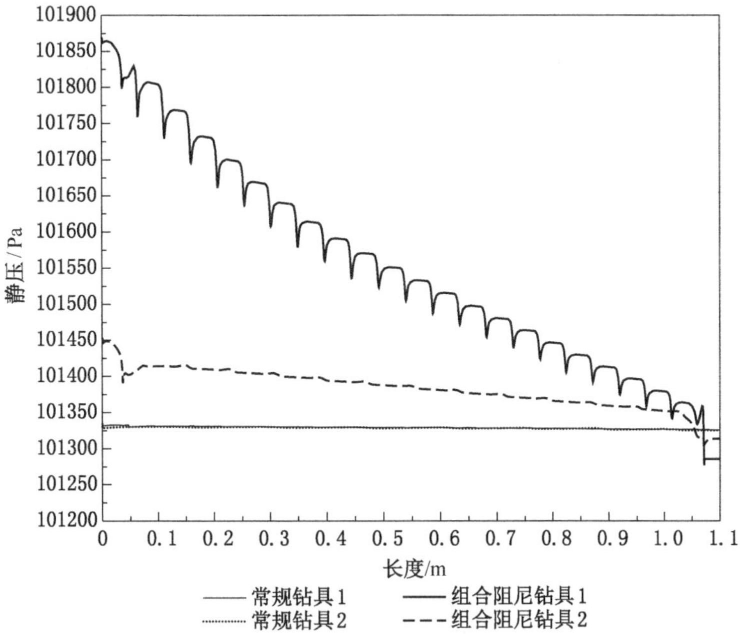

图 5-15 常规钻具与组合阻尼钻具模型观测线上的静压

2. 动压分析

图 5-16 为常规钻具和组合阻尼钻具模型观测线上的动压，动压是流体每单

位体积的动能，动压能使管内气体速度发生改变。由图 5-16 可以看出常规钻具 1 在钻进过程中杆体部分动压较小，在 2~5 Pa 之间，气体速度较低。常规钻具 2 在钻进过程中杆体部分动压波动幅度较大且动压较低，在 0~10 Pa 之间，造成气体流动速度慢。组合阻尼钻具 1 在钻进过程中动压较大，波动幅度大，在 20~90 Pa 之间，动压大使得流体获得的动能较大，在模拟钻进过程中，熔涂钻杆凸起部分，流体动压较大，获得动能较大，使得流体在较小空间内具有较大速度向外排出。组合阻尼钻具 2 与组合阻尼钻具 1 相比，组合阻尼钻具 2 模拟得出的动压数据具有规律性，在阻尼钻杆部分，动压在 20~30 Pa 范围内，动压变化幅度小使得气体流动速度变化快且稳。

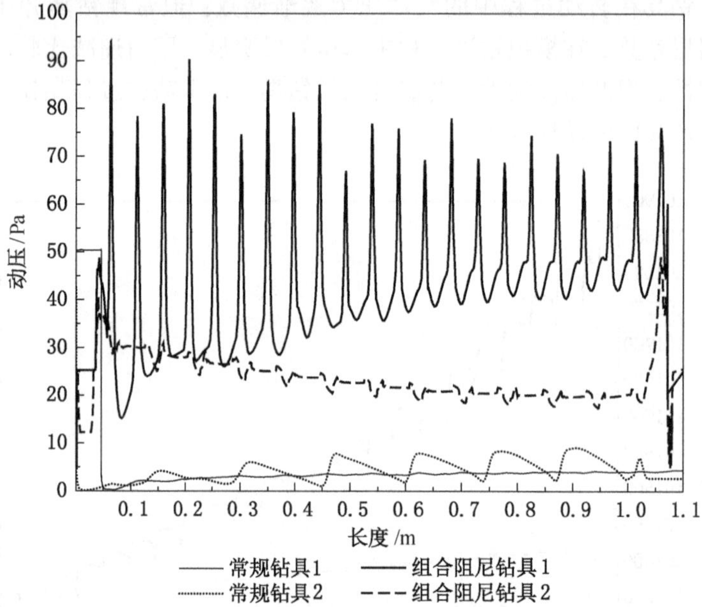

图 5-16 常规钻具和组合阻尼钻具模型观测线上的动压

3. 速度分析

图 5-17 为常规钻具和组合阻尼钻具模型观测线上的速度，在整体模拟钻进过程中，常规钻具钻杆部分速度在 2~4 m/s 之间，且常规钻具 2 钻杆部分速度变化波动性大，分析得出钻进过程中气体速度低会影响钻杆的排渣效果，容易造成卡钻、抱钻等现象。组合阻尼钻具在模拟钻进过程中，流体速度呈现有规律性的变化，速度在 6~12 m/s 之间波动，速度较大，排渣效果明显。

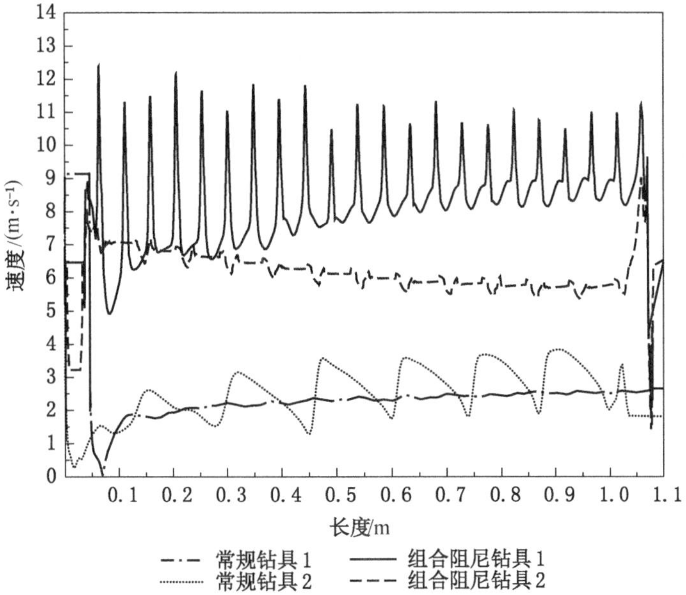

图 5-17　常规钻具和组合阻尼钻具模型观测线上的速度

4. 涡量分析

图 5-18 为常规钻具和组合阻尼钻具模型观测线上的涡量，常规钻具从入口

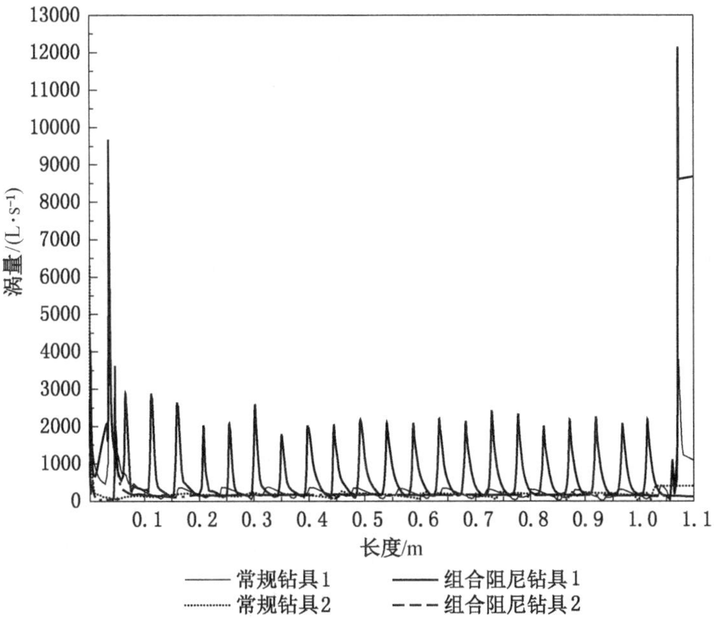

图 5-18　常规钻具和组合阻尼钻具模型观测线上的涡量

到出口涡量波动平衡，平均值小于 200。组合阻尼钻具 1 的阻尼钻杆采用带有凸棱的 ϕ63.5 mm/h3.5 mm 熔涂钻杆，且与钻孔之间的间隙较小，气体通过阻尼钻杆表面时涡流波动大，最大值达到 2500 左右，扩孔钻头旋转阻挡作用产生了涡流波峰，数值达到 12000 左右；组合阻尼钻具 2 的阻尼钻杆采用 ϕ63.5 mm 刻槽钻杆，与组合阻尼钻具 1 相比，钻杆与钻孔之间的间隙增大，气体通过阻尼钻杆表面时涡量平均为 300 左右，扩孔钻头旋转阻挡作用产生了涡流波峰，数值达到 3500 左右。沿钻杆壁面流动的气体在达到扩孔钻头处产生的碰撞损失以及形成涡旋消耗掉的能量，起到阻尼作用。

通过数值模拟，孔底组合阻尼钻具在钻进过程中，能够使喷孔产生的气流动力不断削弱，降低了高压气流在孔口高速喷出的风险，阻尼效果优于常规钻具，且在阻尼段流体的运动速度较大，有利于钻屑及时排出，避免在阻尼钻杆段出现钻孔堵塞。

5.3.2 气体质量流量对组合钻具阻尼效果影响

通过增加数值模型入口的气体质量流量来模拟孔底揭露高压瓦斯富集区时，瓦斯气体释放增多的情况。

5.3.2.1 计算模型及边界条件

模型流体类型：空气；入口处分别设置质量流量：0.009 kg/s、0.018 kg/s、0.027 kg/s、0.036 kg/s，其他边界条件保持不变，只改变入口处质量流量；出口设置：静压；边界层类型：湍流；气流速度 v = 15 m/s；转速：180 r/min。

（1）组合阻尼钻具模型为 ϕ73.5 mm 揭露钻头、1 mϕ63.5 mm/h3.5 mm 熔涂钻杆、ϕ113 mm 扩孔钻头、ϕ73 mm 圆钻杆，模型结构如图 5-10 所示。

入口湍流强度：5.02%；入口水力直径：0.0105 m。

出口湍流强度：4.25%；出口水力直径：0.04 m。

（2）组合阻尼钻具模型为 ϕ73.5 mm 揭露钻头、1 mϕ63.5 mm 刻槽钻杆、ϕ113 mm 扩孔钻头、ϕ73 mm 圆钻杆，模型结构如图 5-11 所示。

入口湍流强度：4.48%；入口水力直径：0.0264 m。

出口湍流强度：4.25%；出口水力直径：0.04 m。

5.3.2.2 模型观测线上静压、动压、速度、涡量参数分析

1. 静压分析

图 5-19 为 ϕ63.5 mm/h3.5 mm 熔涂钻杆组合阻尼钻具在模拟钻进时，入口处施加不同质量流量时观测线上的静压，图 5-20 为 ϕ63.5 mm 刻槽钻杆组合阻尼钻具在模拟钻进时，入口处施加不同质量流量时观测线上的静压。

由图 5-19、图 5-20 可以看出，模拟钻进过程中，入口处的压力值很大时，经过均匀降压，出口处的压力也会达到平稳状态。两种组合阻尼钻具都有较好的

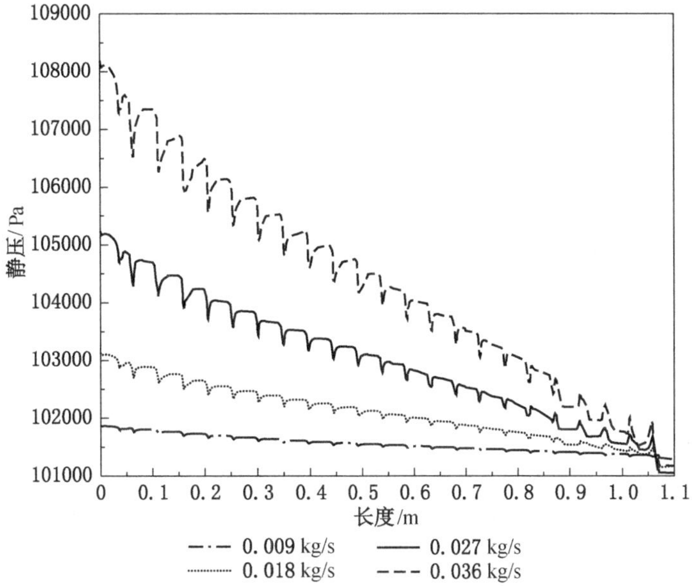

图 5-19 ϕ63.5 mm/h3.5 mm 熔涂钻杆组合阻尼钻具观测线上的静压

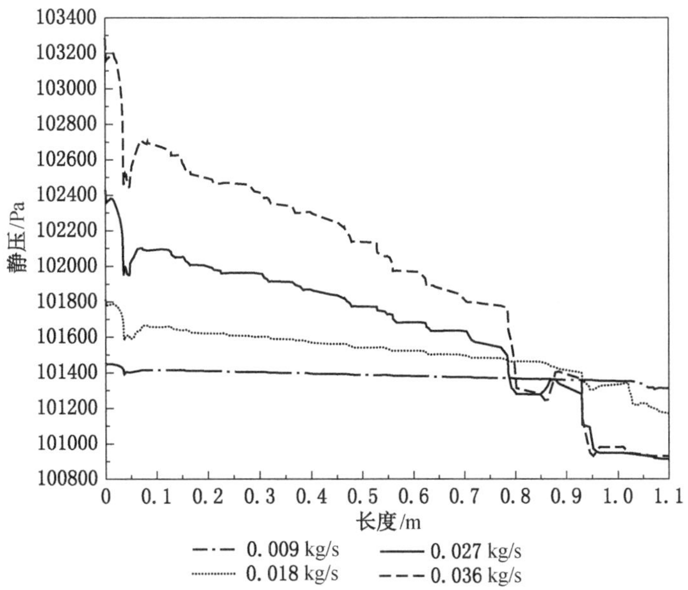

图 5-20 ϕ63.5 mm 刻槽钻杆组合阻尼钻具观测线上的静压

阻尼作用，模拟钻进过程中，入口处的压力值很大时，经过均匀卸压，出口处的压力也会达到平稳状态，两种阻尼钻具都能够将喷孔源的高压气体降低到安全值。从整体上看，相同质量流量条件下熔涂钻杆组合阻尼钻具具有更好的卸压效果，主要原因是熔涂钻杆组合阻尼钻具的降压间隙较小，数值模拟结果也验证了孔底组合阻尼钻具削弱瓦斯喷出压力作用机制的正确性。

2. 动压、速度分析

图 5-21、图 5-22 分别为 ϕ63.5 mm/h3.5 mm 熔涂钻杆组合阻尼钻具在模拟钻进时，入口处施加不同质量流量时的速度折线图、动压折线图。图 5-23、图 5-24 分别为 ϕ63.5 mm 刻槽钻杆组合阻尼钻具在模拟钻进时，入口处施加不同质量流量时的速度折线图、动压折线图。由图 5-21 至图 5-24 可以看出，不同的质量流量使得流体的动压不同，动压越大，流体获得的动能越大，使得流体在较小的空间内具有较大的速度向外排出，动压的上下波动使得流体速度产生波动，且波动具有一致性。通过对比发现，模拟钻进时 ϕ63.5 mm/h3.5 mm 熔涂钻杆组合阻尼钻具速度大于 ϕ63.5 mm 刻槽钻杆组合阻尼钻具，但熔涂钻杆组合阻尼钻具的动压、速度上下波动性大，ϕ63.5 mm 刻槽钻杆组合阻尼钻具模拟钻进时较平缓，具有较好的排渣效果。

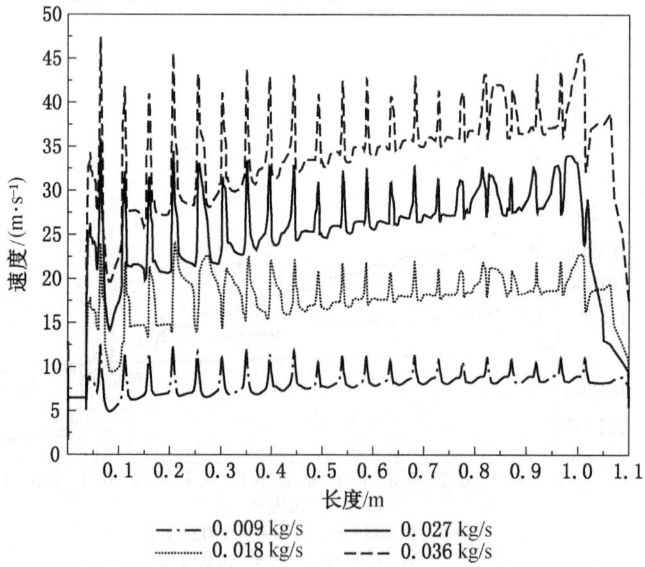

图 5-21　ϕ63.5 mm/h3.5 mm 熔涂钻杆组合阻尼钻具观测线上的速度

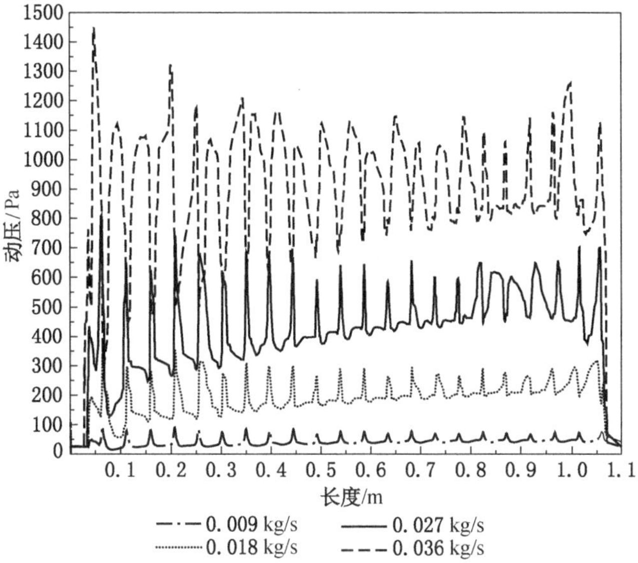

图 5-22 ϕ63.5 mm/h3.5 mm 熔涂钻杆组合阻尼钻具观测线上的动压

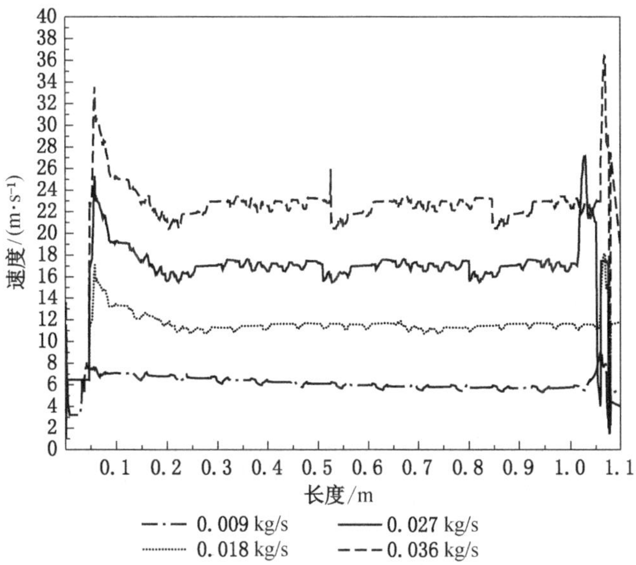

图 5-23 ϕ63.5 mm 刻槽钻杆组合阻尼钻具观测线上的速度

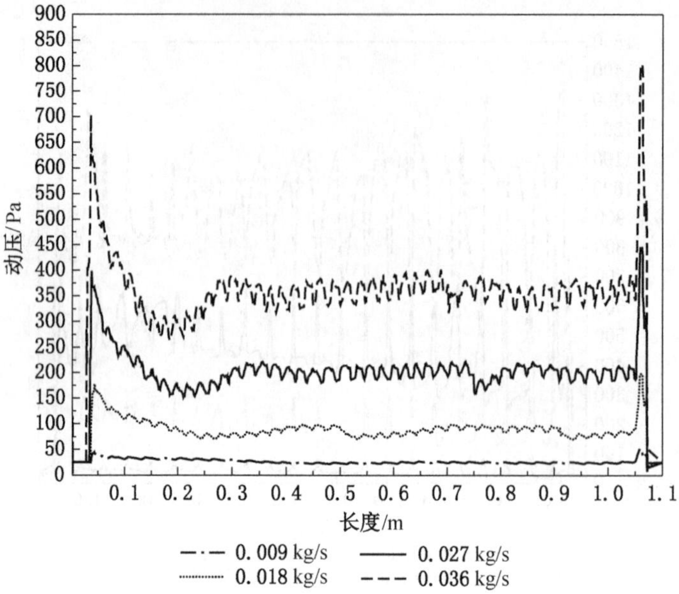

图 5-24 ϕ63.5 mm 刻槽钻杆组合阻尼钻具观测线上的动压

3. 涡量分析

图 5-25 为 ϕ63.5 mm/h3.5 mm 熔涂钻杆组合阻尼钻具在模拟钻进时，入口

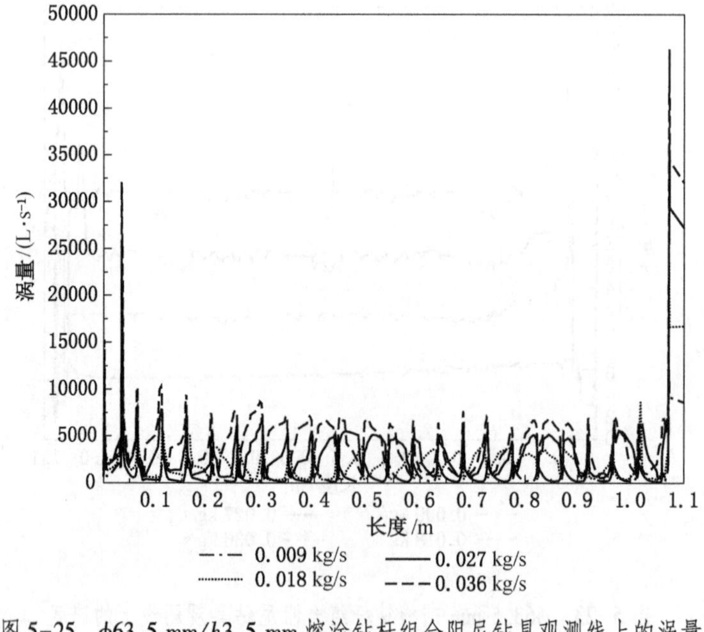

图 5-25 ϕ63.5 mm/h3.5 mm 熔涂钻杆组合阻尼钻具观测线上的涡量

处施加不同质量流量时的涡量折线图，图 5-26 为 ϕ63.5 mm 刻槽钻杆组合阻尼钻具在模拟钻进时，入口处施加不同质量流量时的涡量折线图。由图 5-25、图 5-26 可以看出，在钻进过程中，入口处和出口处的涡量都会上升，验证了当钻进过程中出现喷孔时，随着喷出气体强度的增加，组合阻尼钻具产生的阻尼作用也会增强。

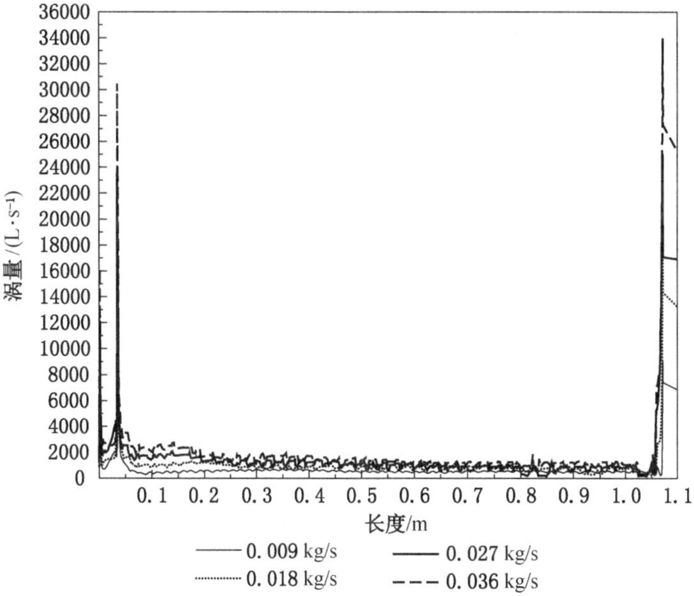

图 5-26　ϕ63.5 mm 刻槽钻杆组合阻尼钻具观测线上的涡量

5.3.3　转速对组合钻具阻尼效果的影响

5.3.3.1　计算模型及边界条件

模型流体类型：空气；分别设置转速为 160 r/min、170 r/min、180 r/min、190 r/min、200 r/min，其他边界条件保持不变，只改变钻进转速。

边界层类型：湍流；气流速度 v=15 m/s；入口质量流量：0.009 kg/s；出口设置：静压。

（1）组合阻尼钻具模型为 ϕ73.5 mm 揭露钻头、1mϕ63.5 mm/h3.5 mm 熔涂钻杆、ϕ113 mm 扩孔钻头、ϕ73 mm 圆钻杆，模型结构如图 5-10 所示。

入口湍流强度：5.02%；入口水力直径：0.0105 m。

出口湍流强度：4.25%；出口水力直径：0.04 m。

（2）组合阻尼钻具模型为 ϕ73.5 mm 揭露钻头、1 mϕ63.5 mm 刻槽钻杆、ϕ113 mm 扩孔钻头、ϕ73 mm 圆钻杆，模型结构如图 5-11 所示。

入口湍流强度：4.48%；入口水力直径：0.0264 m。

出口湍流强度：4.25%；出口水力直径：0.04 m。

5.3.3.2 模型观测线上静压、动压、速度、涡量参数分析

1. 静压分析

图 5-27、图 5-28 分别为 ϕ63.5 mm/h3.5 mm 熔涂钻杆组合阻尼钻具和 ϕ63.5 mm 刻槽钻杆组合阻尼钻具在模拟钻进时，不同转速观测线上的静压。不同转速对钻杆阻尼效果的影响可以忽略。对于 ϕ63.5 mm/h3.5 mm 熔涂钻杆组合阻尼钻具在不同转速情况下，压力下降曲线接近一致，但压力上下波动较大；ϕ63.5 mm 刻槽钻杆组合阻尼钻具在不同转速情况下，各压力下降曲线不一致，平缓均匀，波动性小。

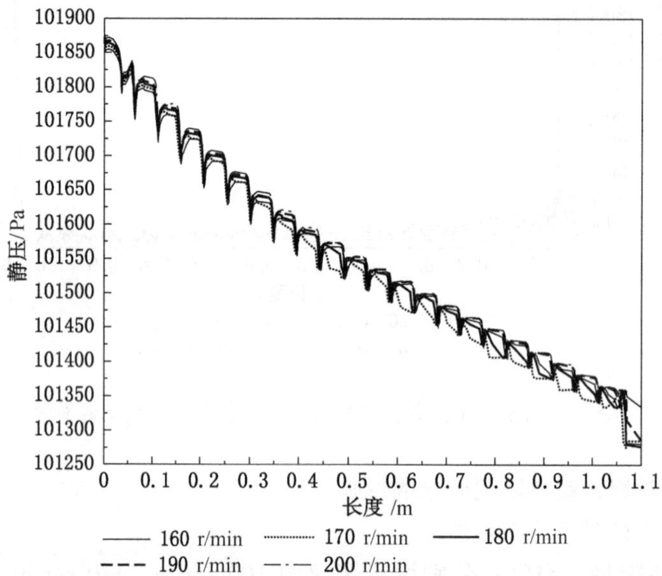

图 5-27 ϕ63.5 mm/h3.5 mm 熔涂钻杆组合阻尼钻具不同转速观测线上的静压

2. 动压、速度分析

图 5-29、图 5-31 分别为 ϕ63.5 mm/h3.5 mm 熔涂钻杆组合阻尼钻具在模拟钻进时，不同转速观测线上的动压、速度，图 5-30、图 5-32 分别为 ϕ63.5 mm 刻槽钻杆组合阻尼钻具在模拟钻进时，不同转速测线上的动压、速度。不同转速对两种钻具影响不大，两种钻具的速度和动压曲线变化接近一致，相比较两种钻具 ϕ63.5 mm 刻槽钻杆组合阻尼钻具的速度和动压波动性小。

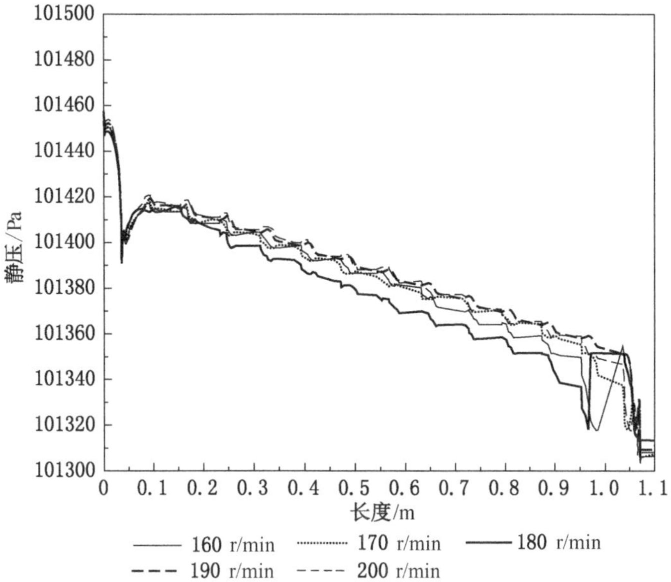

图 5-28 ϕ63.5 mm 刻槽钻杆组合阻尼钻具不同转速观测线上的静压

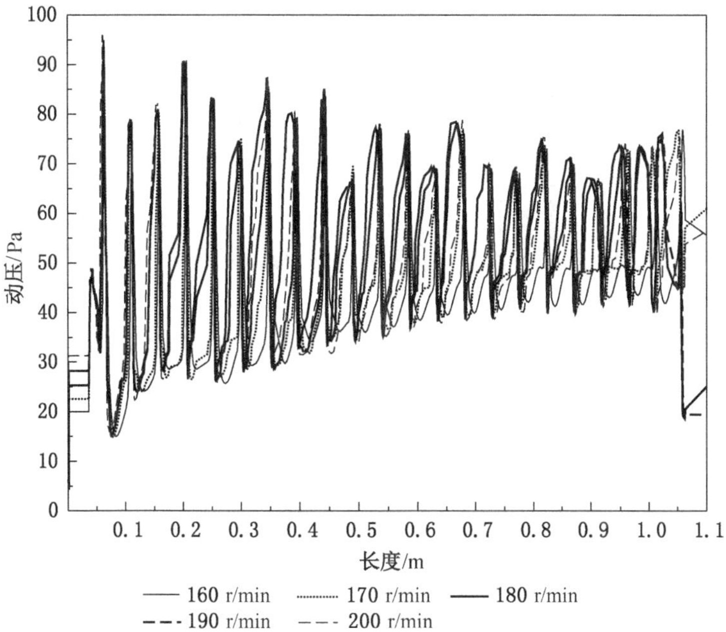

图 5-29 ϕ63.5 mm/h3.5 mm 熔涂钻杆组合阻尼钻具不同转速观测线上的动压

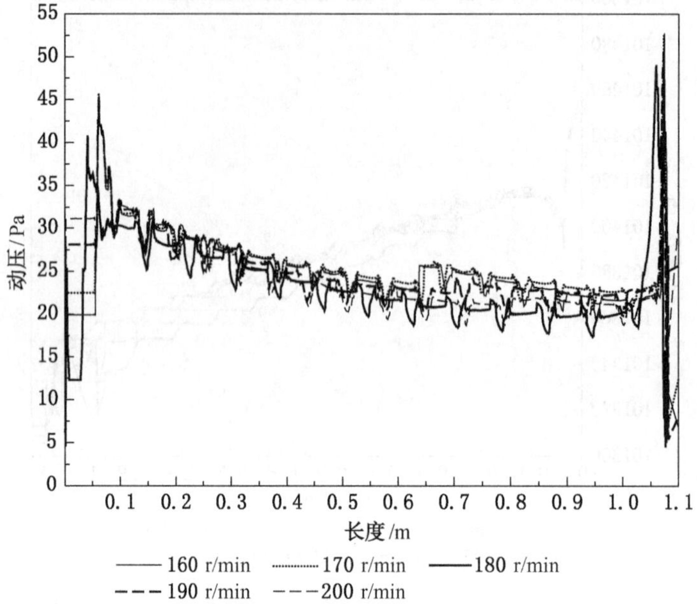

图 5-30 ϕ63.5 mm 刻槽钻杆组合阻尼钻具不同转速观测线上的动压

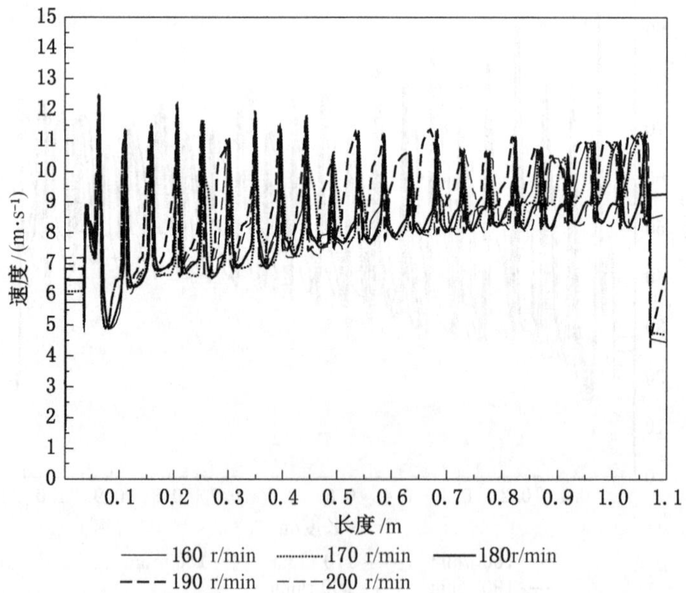

图 5-31 ϕ63.5 mm/h3.5 mm 熔涂钻杆组合阻尼钻具不同转速观测线上的速度

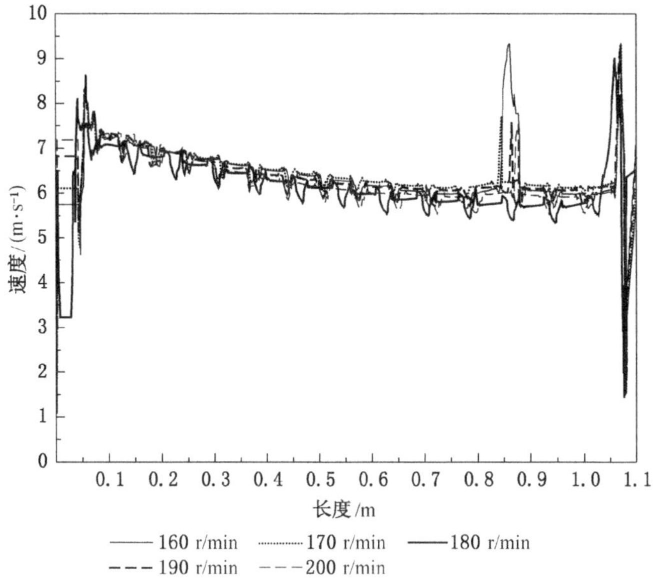

图 5-32 ϕ63.5 mm 刻槽钻杆组合阻尼钻具不同转速观测线上的速度

3. 涡量参数分析

图 5-33 为 ϕ63.5 mm/h3.5 mm 熔涂钻杆组合阻尼钻具在模拟钻进时，入口

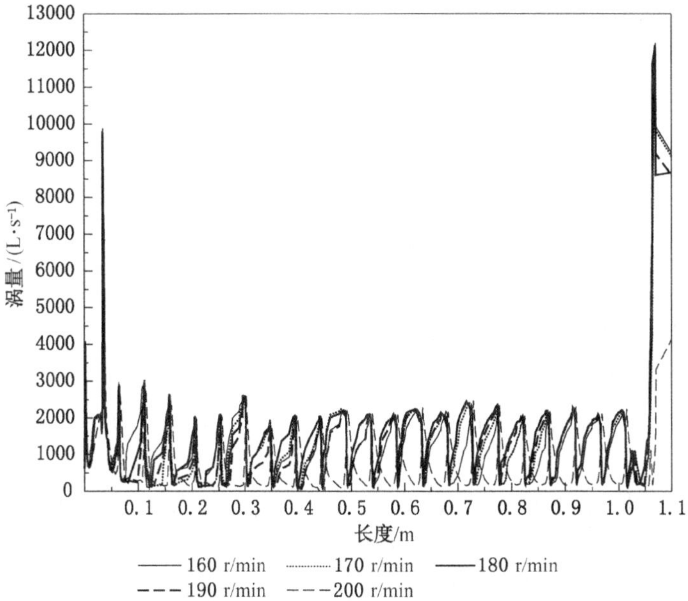

图 5-33 ϕ63.5 mm/h3.5 mm 熔涂钻杆组合阻尼钻具不同转速观测线上的涡量

处施加不同转速时观测线长度与涡量的关系，图 5-34 为 ϕ63.5 mm 刻槽钻杆组合阻尼钻具在模拟钻进时，入口处施加不同转速时观测线长度与涡量的关系。由图 5-33、图 5-34 可以看出，在钻进过程中，入口处和出口处的涡量都会上升，通过涡量变化分析流体运动方向。转速的不同对涡量大小无明显影响，熔涂组合阻尼钻具中间段涡量在 2500（1/s）左右，涡量大于刻槽组合阻尼钻具涡量，熔涂组合阻尼钻具旋涡更明显。

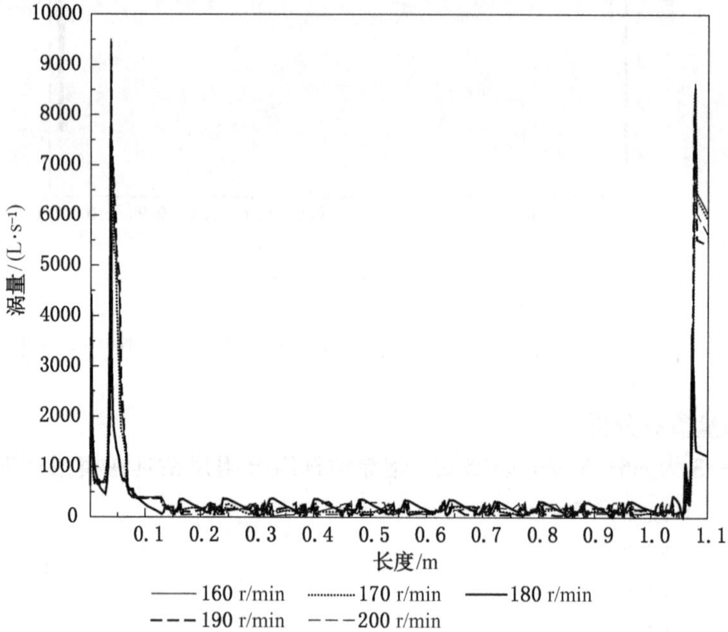

图 5-34 ϕ63.5 mm 刻槽钻杆组合阻尼钻具不同转速观测线上的涡量

5.3.4 阻尼钻杆长度对组合钻具阻尼效果的影响

5.3.4.1 计算模型及边界条件

模型流体类型：空气；阻尼钻具分别设置为 0.25 m、0.5 m、0.75 m、1 m，其他边界条件保持不变；角速度：180 r/min。

边界层类型：湍流；气流速度：v=15 m/s；入口质量流量：0.009 kg/s；出口设置：静压。

（1）组合阻尼钻具模型为 ϕ73.5 mm 揭露钻头、ϕ63.5 mm/h3.5 mm 熔涂钻杆、ϕ113 mm 扩孔钻头、ϕ73 mm 圆钻杆，模型结构如图 5-35 所示。

入口湍流强度：5.02%；入口水力直径：0.0105 m。

出口湍流强度：4.25%；出口水力直径：0.04 m。

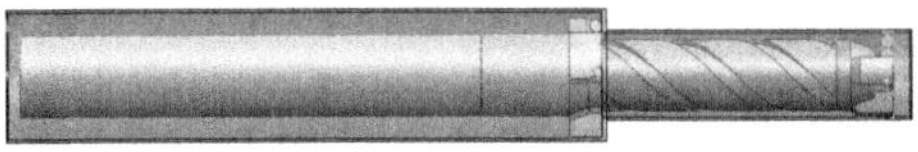

(a) 0.25 m熔涂阻尼钻杆

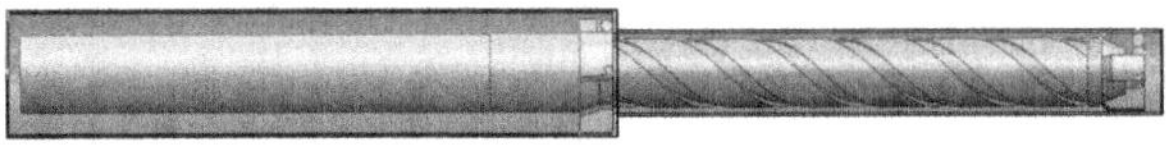

(b) 0.5 m熔涂阻尼钻杆

(c) 0.75 m熔涂阻尼钻杆

(d) 1 m熔涂阻尼钻杆

图 5-35 ϕ63.5 mm/h3.5 mm 熔涂阻尼钻杆不同长度模型

(2) 组合阻尼钻具模型为 ϕ73.5 mm 揭露钻头、ϕ63.5 mm 刻槽钻杆、ϕ113 mm 扩孔钻头、ϕ73 mm 圆钻杆，模型结构如图 5-36 所示。

入口湍流强度：4.48%；入口水力直径：0.0264 m。

出口湍流强度：4.25%；出口水力直径：0.04 m。

(a) 0.25 m刻槽阻尼钻杆

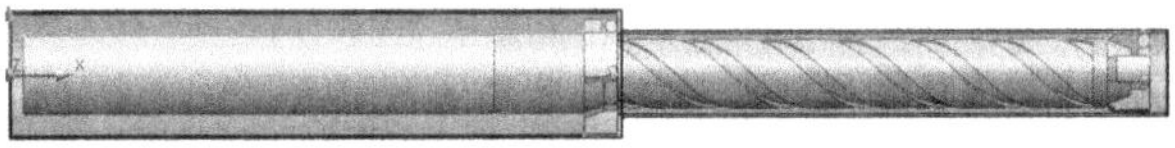

(b) 0.5 m刻槽阻尼钻杆

(c) 0.75 m刻槽阻尼钻杆

(d) 1 m刻槽阻尼钻杆

图 5-36 ϕ63.5 mm 刻槽阻尼钻杆不同长度模型

5.3.4.2 模型观测线上静压、动压、速度、涡量参数分析

1. 不同长度熔涂阻尼钻杆模型观测线上静压、动压、速度、涡量参数分析

图 5-37 至图 5-40 为不同长度熔涂阻尼钻杆模型观测线上的静压、动压、速度、涡量，可以看出随着钻杆长度的增加，其压降增强，压降和阻尼钻杆长度呈正相关。阻尼钻杆短，阻尼效果不理想。阻尼钻杆长，不利于排渣。考虑现场施工钻具安装的便捷和钻机到钻孔壁的距离，阻尼钻杆长度设置为 1 m。不同长度模型孔内动压、速度波动情况接近。从涡量的变化角度分析：阻尼钻杆长度为 0.25 m、0.50 m、0.75 m 时的涡量接近一致，阻尼钻杆长度为 1 m 时，涡量比前三种大，且在入口处和出口处涡量迅速增大。

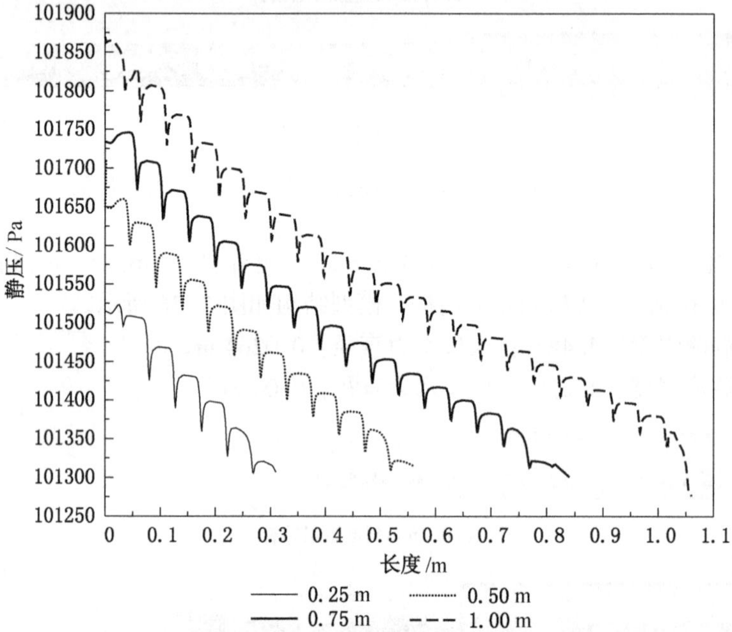

图 5-37 不同长度熔涂阻尼钻杆模型观测线上的静压

2. 不同长度刻槽阻尼钻杆模型测线上静压、动压、速度、涡量参数分析

图 5-41 至图 5-44 为不同长度刻槽阻尼钻杆模型观测线上的静压、动压、速度、涡量。不同长度刻槽阻尼钻杆整体变化规律与熔涂阻尼钻杆类似。由图 5-41 至图 5-44 可以看出，长度为 1 m 时，压降效果最显著。不同长度模型孔内动压的变化和速度的变化基本一致，动压的变化决定孔内流体获得的动能大小。从涡量的变化角度分析：当长度为 1 m 时，涡量波动最强，对气流的阻尼效果最为明显。

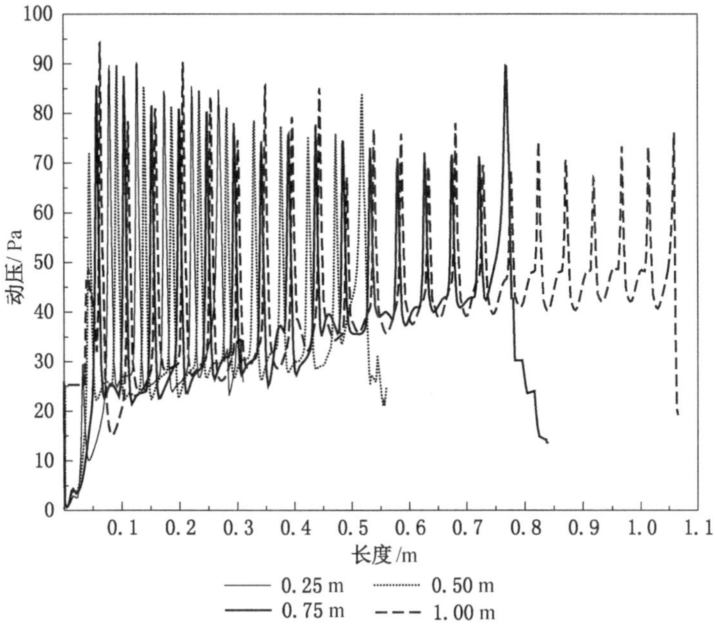

图 5-38　不同长度熔涂阻尼钻杆模型观测线上的动压

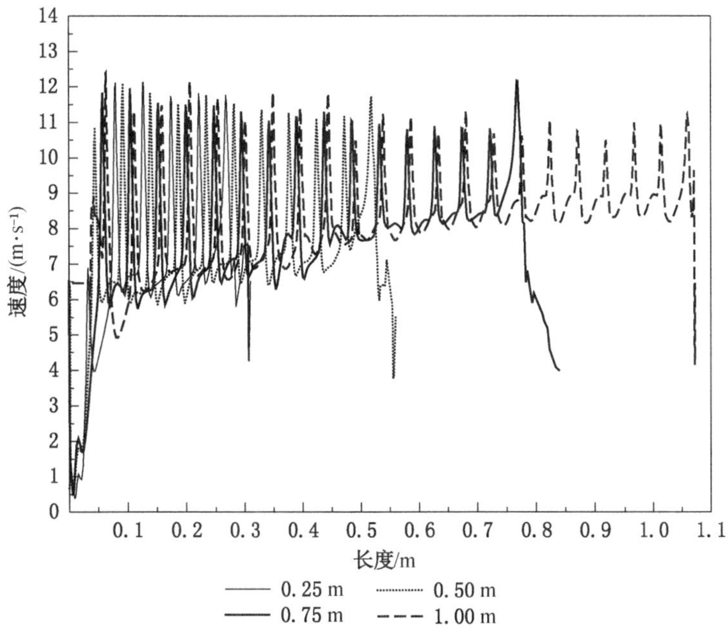

图 5-39　不同长度熔涂阻尼钻杆模型观测线上的速度

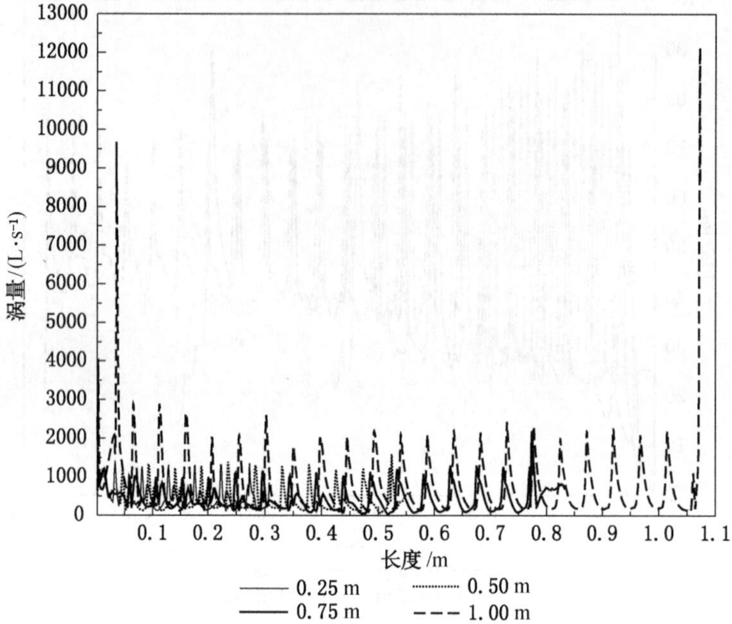

图 5-40 不同长度熔涂阻尼钻杆模型观测线上的涡量

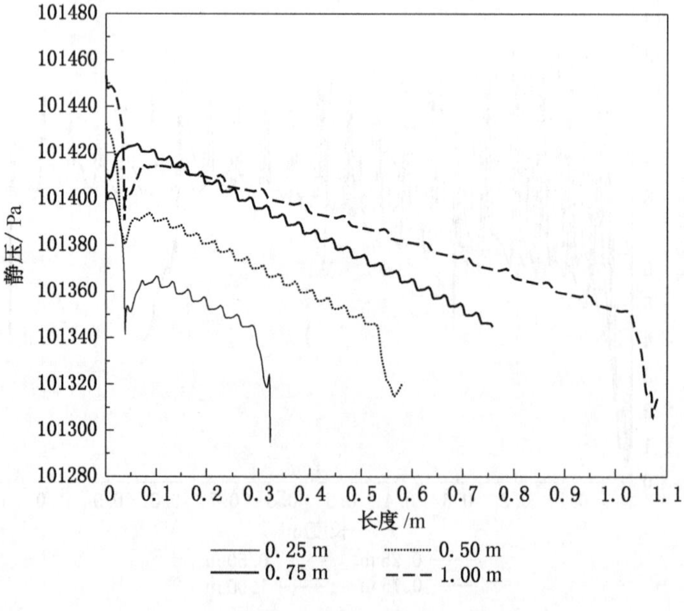

图 5-41 不同长度刻槽阻尼钻杆模型观测线上的静压

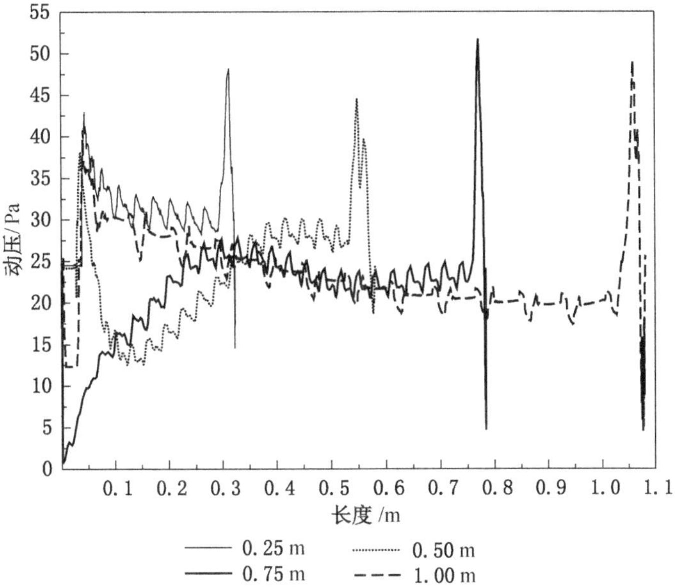

图 5-42 不同长度刻槽阻尼钻杆模型观测线上的动压

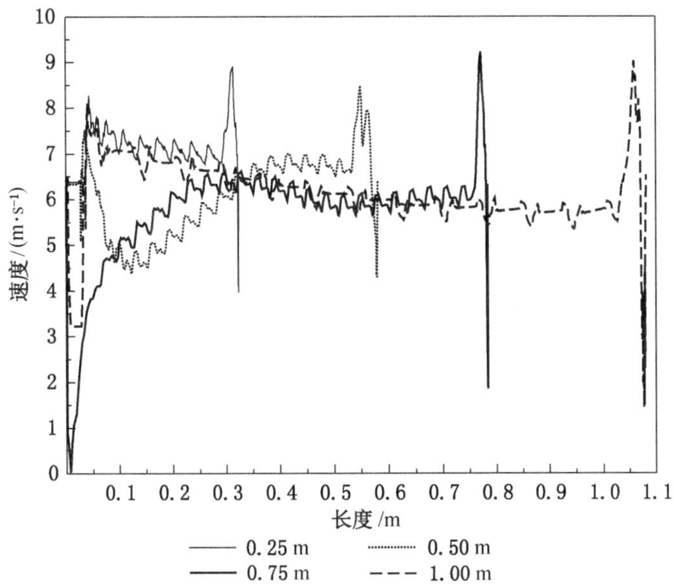

图 5-43 不同长度刻槽阻尼钻杆模型观测线上的速度

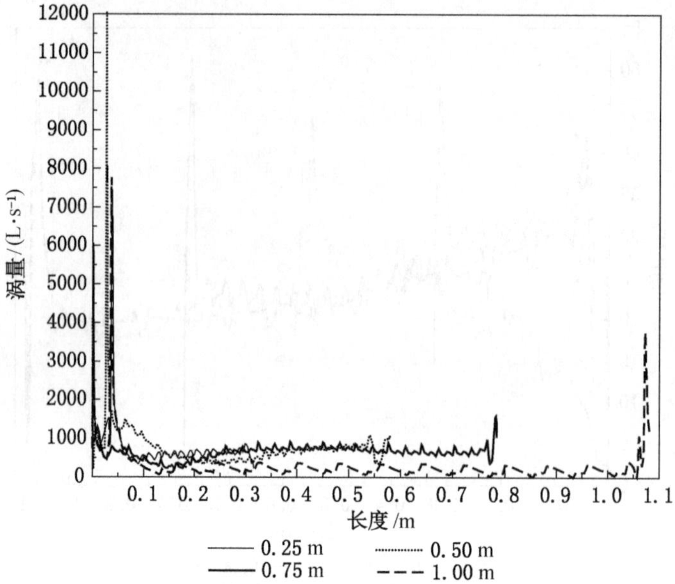

图 5-44 不同长度刻槽阻尼钻杆模型观测线上的涡量

5.3.5 揭露钻头直径对组合钻具阻尼效果的影响

5.3.5.1 计算模型及边界条件

组合阻尼钻具模型为揭露钻头（直径分别设置为 73.5 mm、75 mm、76.5 mm、78 mm）、1 mϕ63.5 mm/h3.5 mm 熔涂钻杆、ϕ113 mm 扩孔钻头、ϕ73 mm 圆钻杆组合。

模型流体类型：空气；边界层类型：湍流；出口设置：静压；转速：180 r/min；气流速度：$v=15$ m/s；入口质量流量：0.009 kg/s。湍流强度与水力直径见表 5-1。

表 5-1 湍流强度与水力直径（钻头直径不同）

项目	类　型	湍流强度	水力直径
入口	ϕ73.5 mm 揭露钻头	5.02%	0.01050 m
	ϕ75 mm 揭露钻头	4.94%	0.01199 m
	ϕ76.5 mm 揭露钻头	4.87%	0.01347 m
	ϕ78 mm 揭露钻头	4.80%	0.01496 m
出口	—	4.25%	0.04m

5.3.5.2 模型观测线上静压、动压、速度、涡量参数分析

图 5-45 至图 5-48 为熔涂钻杆在使用不同直径钻头时模拟介质的静压、动压、

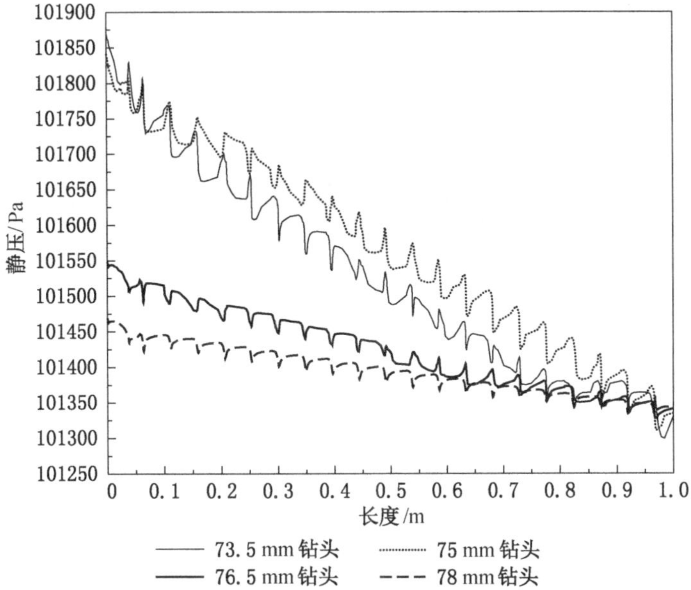

图 5-45 熔涂阻尼钻具不同直径钻头模型观测线上的静压

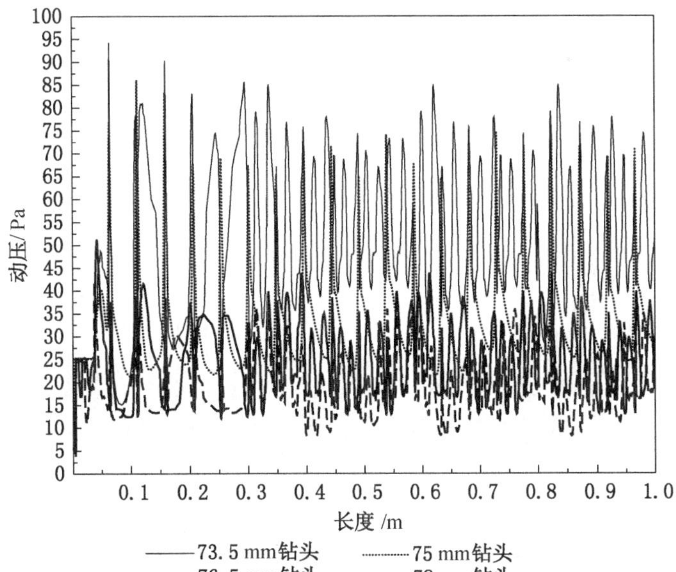

图 5-46 熔涂阻尼钻具不同直径钻头模型观测线上的动压

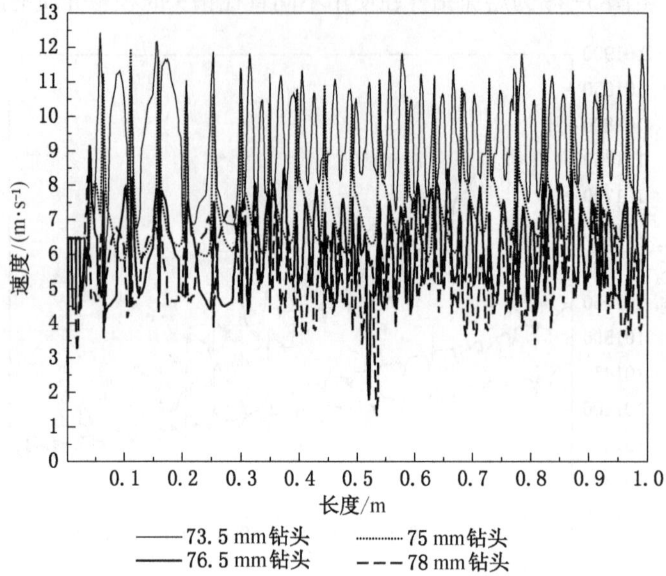

图5-47 熔涂阻尼钻具不同直径钻头模型观测线上的速度

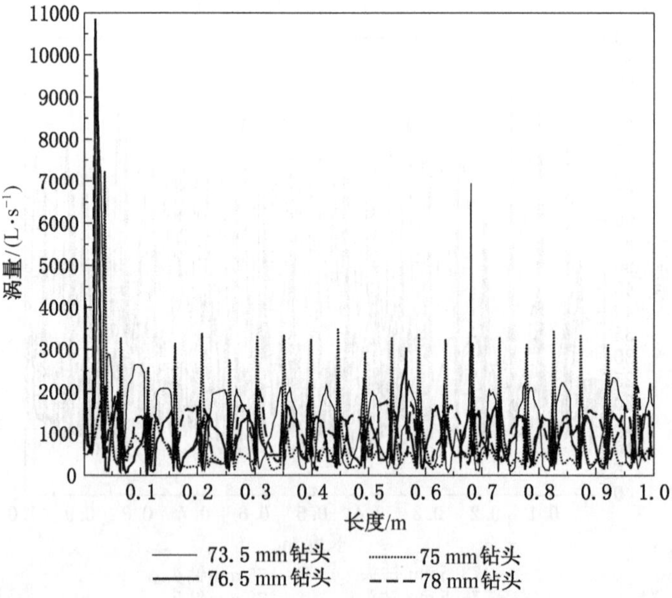

图5-48 熔涂阻尼钻具不同直径钻头模型观测线上的涡量

速度、涡量数值，由图 5-45 至图 5-48 可以看出降压间隙（揭露钻头直径与阻尼钻杆最大旋转外径之差）对阻尼效果的影响较大。当钻头直径为 73.5 mm 与 75 mm 时孔内静压下降最快，都具有较好的阻尼效果。降压间隙减小到 0 时，说明没有气体流动。综合考虑压降，当钻头直径为 73.5 mm 时孔内降压间隙合适，阻尼效果最好。孔内流速曲线与孔内动压曲线波动规律一致，因为在同样的流体空间中动压与流速呈线性相关，伴随揭露钻头直径的增大，气流速度波动较为平稳，具有较好的排渣效果。

5.3.6 熔涂钻杆螺纹高度对阻尼效果的影响

5.3.6.1 计算模型及边界条件

组合阻尼钻具模型为 ϕ73.5 mm 揭露钻头、熔涂钻杆（螺纹高度分别设置为 2.5 mm、3.0 mm、3.5 mm、4.0 mm）、ϕ113 mm 扩孔钻头、ϕ73 mm 圆钻杆组合。

模型流体类型：空气；边界层类型：湍流；出口设置：静压；转速：180 r/min；气流速度：$v=15$ m/s；入口质量流量：0.009 kg/s。湍流强度与水力直径见表 5-2。

表 5-2 湍流强度与水力直径（螺纹高度不同）

项目	类　型	湍流强度	水力直径
入口	螺纹高度 2.5 mm	4.99%	0.011 m
	螺纹高度 3.0 mm	5.00%	0.0107 m
	螺纹高度 3.5 mm	5.02%	0.0105 m
	螺纹高度 4.0 mm	5.04%	0.0102 m
出口	—	4.25%	0.04 m

5.3.6.2 模型观测线上静压、动压、速度、涡量参数分析

图 5-49 至图 5-52 为熔涂钻杆不同螺纹高度条件下模拟介质的静压、动压、流速与涡量数值。熔涂钻杆螺纹高度越高，沿程阻尼系数越大，摩擦风阻越大。由图 5-50、图 5-51 可以看出，当螺纹高度为 4 mm 时孔内的动压与流速最大；当螺纹高度为 4 mm 时孔内的涡量最大。因此，在不影响正常钻进和排渣的前提下，螺纹高度尽可能取最大值。

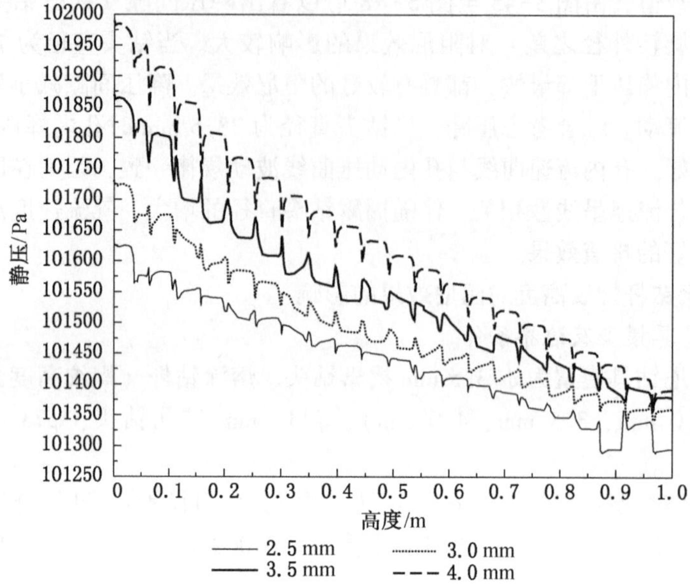

图 5-49 熔涂钻杆不同螺纹高度模型观测线上的静压

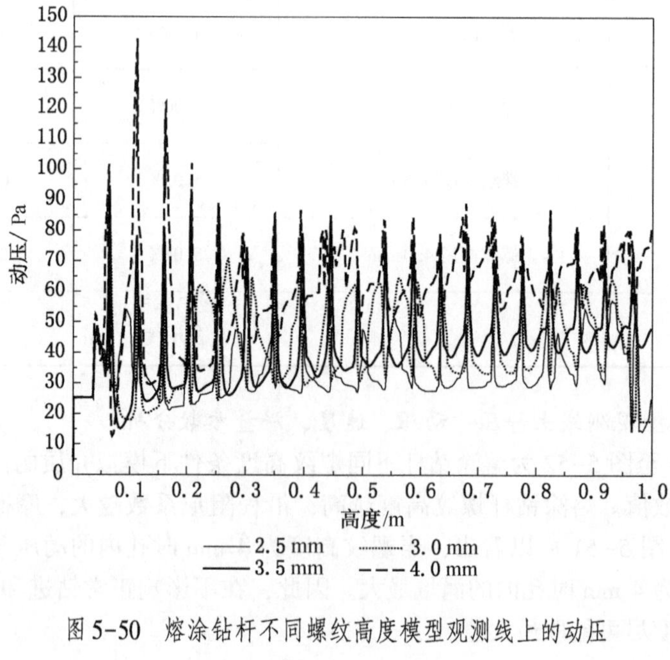

图 5-50 熔涂钻杆不同螺纹高度模型观测线上的动压

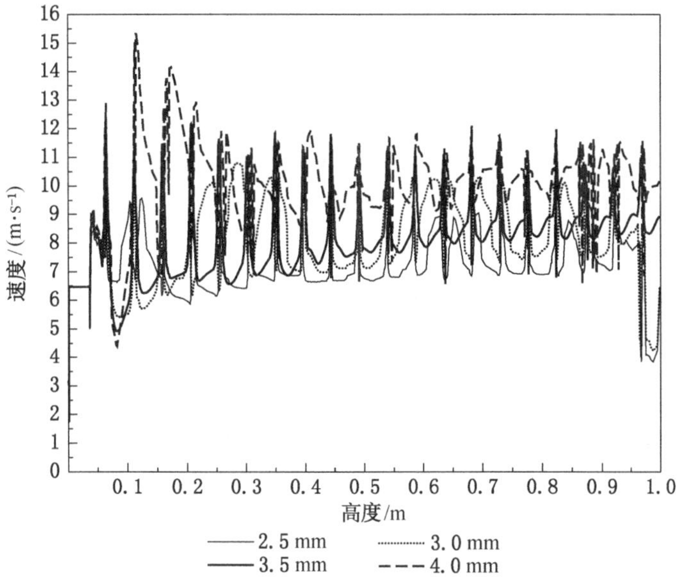

图 5-51 熔涂钻杆不同螺纹高度模型观测线上的速度

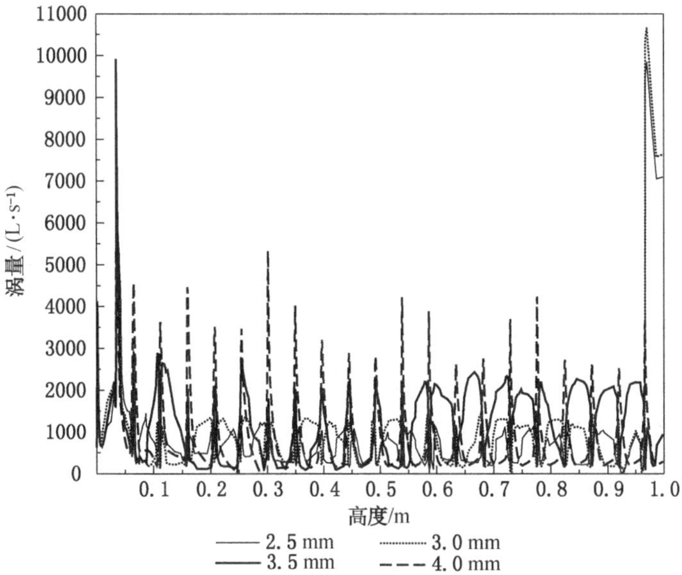

图 5-52 熔涂钻杆不同螺纹高度模型观测线上的涡量

5.3.7　熔涂钻杆螺纹螺距对阻尼效果的影响

5.3.7.1　计算模型及边界条件

组合阻尼钻具模型为 $\phi73.5$ mm 揭露钻头、1 m$\phi63.5$ mm/$h3.5$ mm 熔涂钻杆、$\phi113$ mm 扩孔钻头、$\phi73$ mm 圆钻杆组合。熔涂钻杆螺距分别设置为 75 mm、85 mm、95 mm、105 mm，115 mm，其他边界条件保持不变，模型如图 5-53 所示。

模型流体类型：空气；边界层类型：湍流；转速：180 r/min；气流速度：$v=15$ m/s；出口设置：静压。

入口湍流强度：5.02%；入口水力直径：0.0105 m。

出口湍流强度：4.25%；出口水力直径：0.04 m。

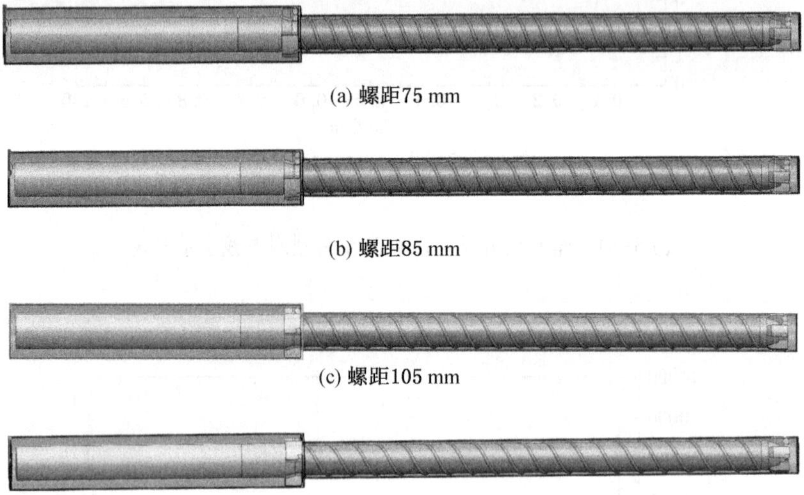

(a) 螺距75 mm

(b) 螺距85 mm

(c) 螺距105 mm

(d) 螺距115 mm

图 5-53　$\phi63.5$ mm/$h3.5$ mm 熔涂钻杆不同螺距阻尼钻具模型

5.3.7.2　模型观测线上静压、动压、速度、涡量参数分析

图 5-54 至图 5-57 为熔涂钻杆不同螺距条件下的模拟介质的静压、动压、流速与涡量数值。螺距越小，钻杆表面的凸棱越密集，阻尼效果越好，如图 5-54 所示；当螺距为 75 mm 时，孔内静压下降速度最快，阻尼效果最好。如图 5-55、图 5-56 所示，当螺距为 75 mm 时，速度、动压波动较大，表明当螺距为 75 mm 时，由于钻杆凸棱过于密集，其螺旋角不利于排渣。尽管螺距为 75 mm 时有较好的阻尼作用，但因速度、动压波动过大，可能会造成渣体在局部堆积。综合考虑，当螺距为 95 mm 时，钻杆具有较好的阻尼效果，其速度、涡量波动也较为平稳。

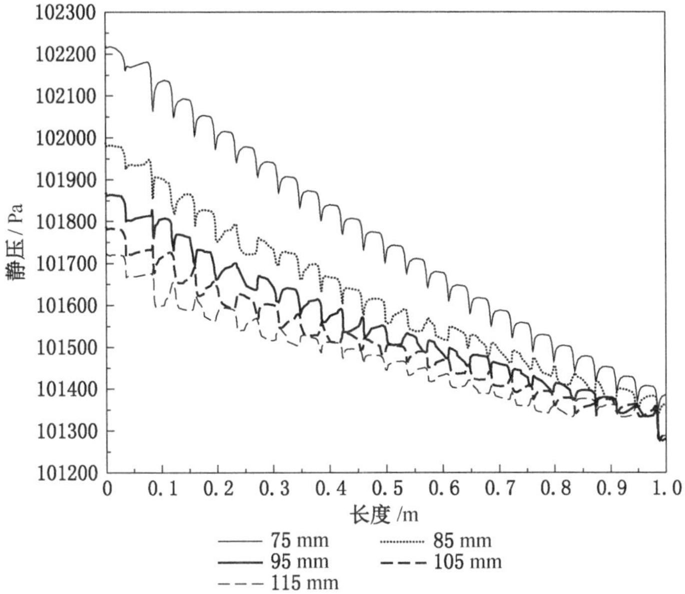

图 5-54 熔涂钻杆不同螺距模型观测线上的静压

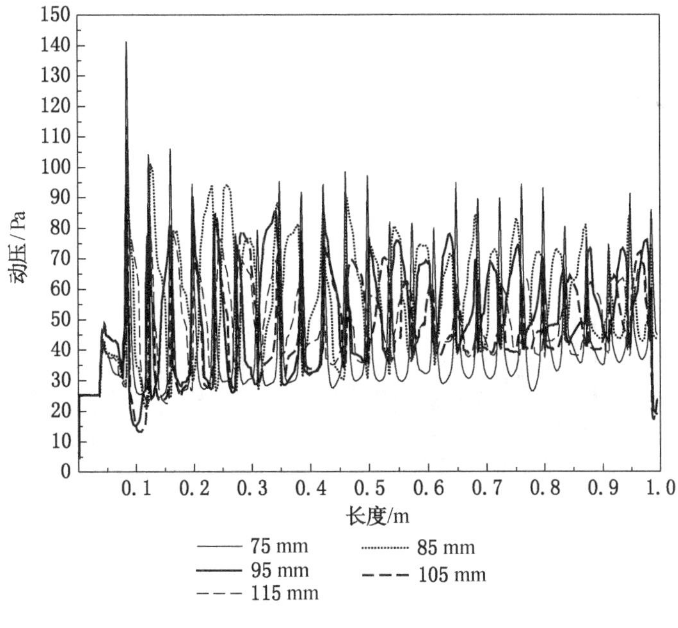

图 5-55 熔涂钻杆不同螺距模型观测线上的动压

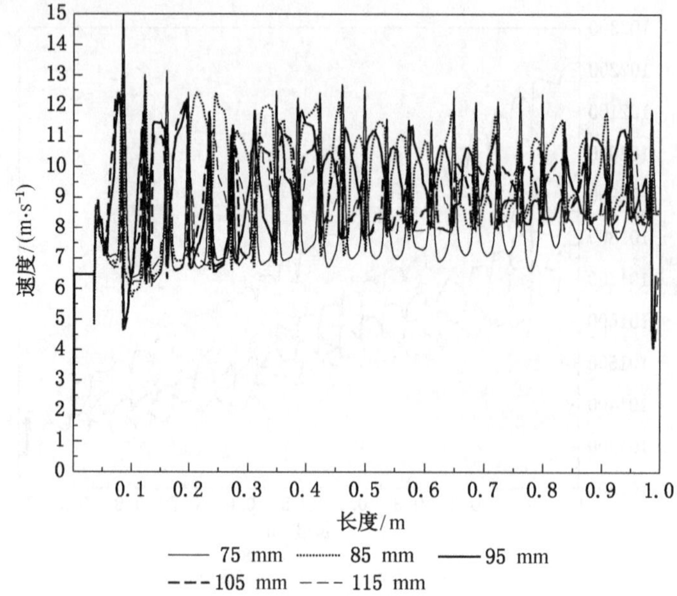

图 5-56 熔涂钻杆不同螺距模型观测线上的速度

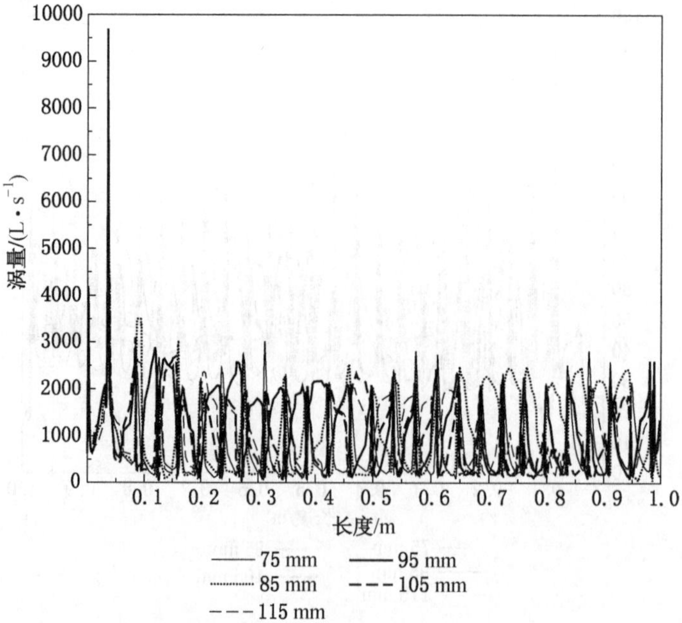

图 5-57 熔涂钻杆不同螺距模型观测线上的涡量

5.4 孔底组合阻尼钻具结构设计与强度分析

5.4.1 孔底组合阻尼钻具结构设计

基于孔底组合阻尼钻具的数值模拟结构优化，结合现场钻孔施工装备，孔底组合阻尼钻具设计如下两个方案。

（1）方案1：揭露钻头+阻尼钻杆（熔涂钻杆）+扩孔钻头，如图5-58所示。

①揭露钻头：ϕ73.5 mm。基于钻头直径对钻具阻尼效果的影响结论，选择较小的揭露钻头直径，可以降低钻进时的揭露面积，初期试验设计揭露钻头直径为73.5 mm。

②阻尼钻杆（熔涂钻杆）：芯杆直径63.5 mm、螺纹高度4.75 mm、螺纹宽度10 mm、螺距95 mm、长度1 m。

考虑到现场钻进试验时，需要穿过一层坚硬的灰岩，由于熔涂钻杆表面的螺纹采用等离子熔覆技术由硬质合金粉末熔覆而成，具有较强的耐磨性，初期试验选择熔涂钻杆。基于熔涂钻杆螺纹高度对钻具阻尼效果的影响结论，螺纹高度越高，阻尼效果越好，螺纹高度设计为4.75 mm，熔涂钻杆的最大旋转外径为73 mm。基于熔涂钻杆螺纹螺距对钻具阻尼效果的影响结论，螺距设计为95 mm。考虑到安全性，初期试验将熔涂钻杆长度设计为1 m。

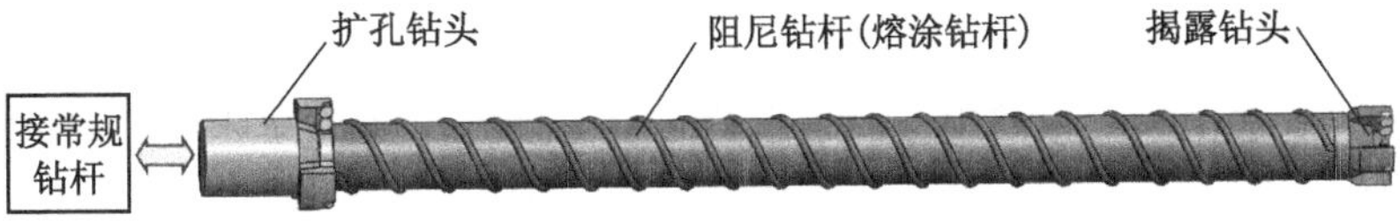

图5-58 方案1结构图

③扩孔钻头：ϕ113 mm。扩孔钻头安装在阻尼钻杆一端，实现随钻扩孔，屯兰矿施工穿层钻孔时采用ϕ113 mm弧角钻头，初期试验设计扩孔钻头直径为113 mm。

（2）方案2：揭露钻头+阻尼钻杆（刻槽钻杆）+扩孔钻头，如图5-59所示。

方案2为备选方案，如果方案1出现排渣不顺畅，可采用此方案，主要目的是增大排渣空间。

①揭露钻头：ϕ73.5 mm。

②阻尼钻杆（刻槽钻杆）：ϕ63.5 mm。刻槽钻杆设计为三螺旋槽体结构。螺旋槽螺距为240 mm，成形后的槽体之间的间距为80 mm；槽体宽度为23 mm；槽体设计为T形结构槽，一端切深为2 mm，另一端切深为4 mm。初期试验将刻槽钻杆长度设计为1m。

③扩孔钻头：ϕ113 mm。刻槽钻杆设计为三螺旋槽体结构。螺旋槽螺距为 240 mm，成形后的槽体之间的间距为 80 mm；槽体宽度为 23 mm；槽体设计为 T 形结构槽，一端切深为 2 mm，另一端切深为 4 mm。初期试验将刻槽钻杆长度设计为 1 m。

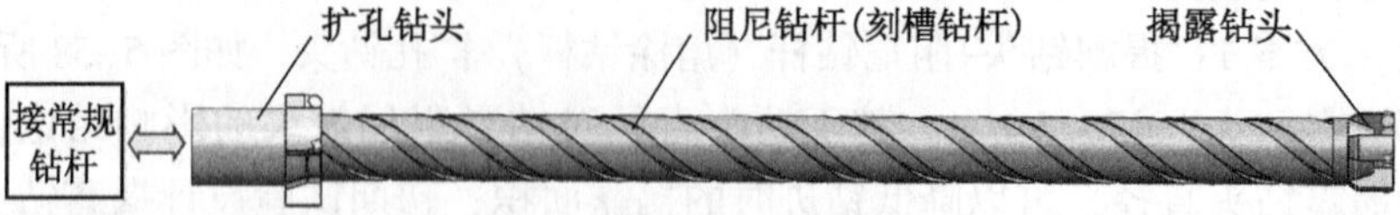

图 5-59　方案 2 结构图

5.4.2　熔涂钻杆强度分析

利用 solidworks simulation 对钻具进行力学分析，对钻具强度进行校核。应用孔底组合阻尼钻具施工时，钻具主要受推力和扭矩复合作用，整体分析阻尼钻杆是受力的薄弱环节，因此，以阻尼钻杆为研究对象，对其强度进行分析。

熔涂钻杆模型一端固定，另一端加载推力和扭矩。

钻杆杆体材料选择 R780 地质管材，屈服强度 7.8×10^8。钻杆加载端设置推力 50 kN，扭矩 4000 N · m。

5.4.2.1　钻杆应力及变形分析

图 5-60 为钻杆应力分布云图，整体上看，钻杆的最大应力出现在钻杆公接头附近应力集中区，为 1.785×10^8 N/m²，小于钻杆的屈服强度。图 5-61 为钻杆位移分布云图，最大位移也出现在钻杆母接头附近，最大值为 1.681 mm。

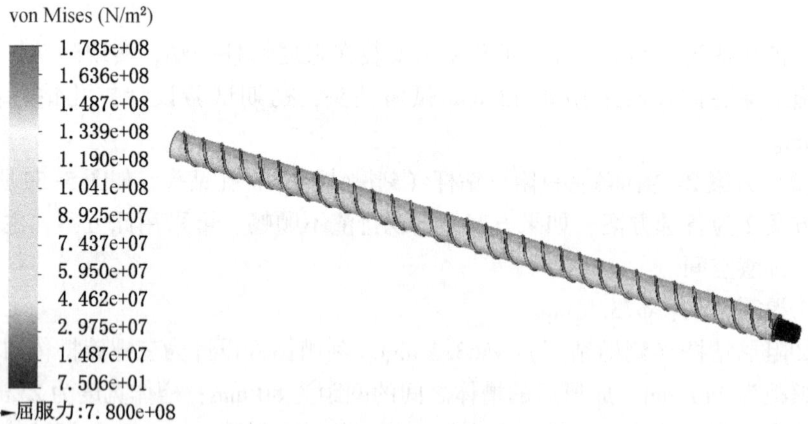

图 5-60　钻杆应力分布云图 (熔涂钻杆)

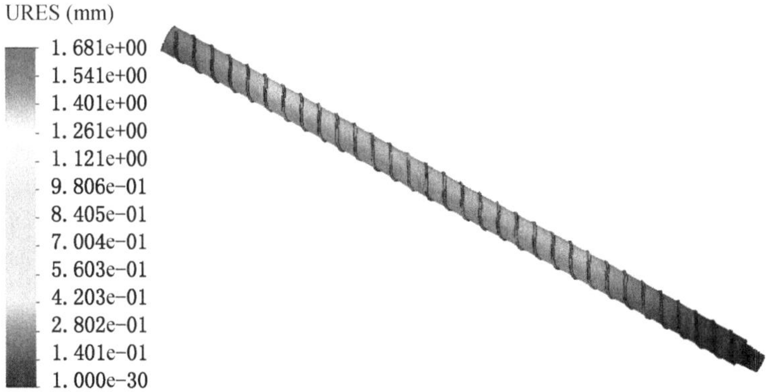

图 5-61 钻杆位移分布云图（熔涂钻杆）

5.4.2.2 钻杆观测线应力及变形分析

熔涂钻杆表面需要加工双螺旋熔涂结构，双螺旋结构与杆体接触部分会出现应力集中现象，因此，应用上述钻杆强度分析结果，以双螺旋结构与杆体接触部分为观测线，提取接触部分受力薄弱点的数据，观察其应力及变形。图 5-62 为熔涂钻杆底部螺旋线上应力分布曲线，最大应力为 1.525×10^8 N/m^2 左右；图 5-63 为熔涂钻杆底部螺旋线上位移分布曲线，最大位移为 0.3 mm 左右。基于以上分析结果，钻杆杆体强度能够满足设计要求。

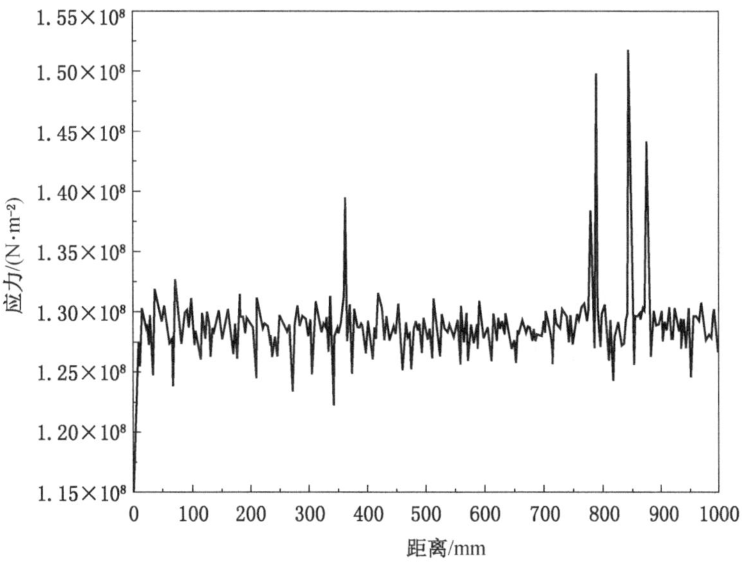

图 5-62 熔涂钻杆底部螺旋线上应力分布曲线

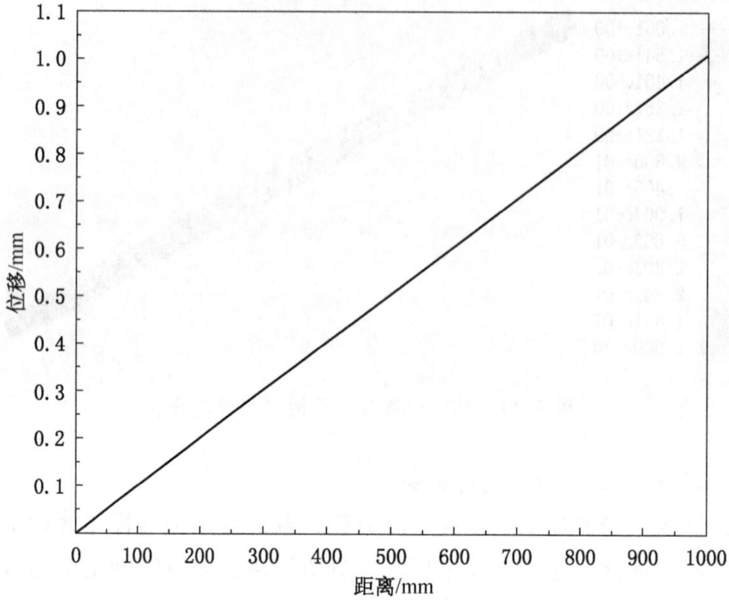

图 5-63 熔涂钻杆底部螺旋线上位移分布曲线

5.4.2.3 钻杆安全系数检查

为进一步准确判断计算结果，从材料力学的角度分析，对杆体整体受力情况进行安全系数计算，其结果如下。

（1）最大 von Mises 应力准则：

$\frac{\sigma_{\text{von Mises}}}{\sigma_{\text{Limit}}}<1$，最小安全系数为 4.37。

（2）最大抗剪应力准则：

$\frac{\tau_{\max}}{0.5\sigma_{\text{Limit}}}<1$，最小安全系数为 3.79。

（3）最大法向应力准则：

$\frac{\tau_1}{\sigma_{\text{Limit}}}<1$，最小安全系数为 5.992。

通过计算，安全系数最小为 3.79，有一定空间的安全系数保证。因此，采用 R780 地质管材，在实际应用中钻杆的整体力学性能和强度能够满足要求。

5.4.3 刻槽钻杆强度分析

为保证刻槽钻杆整体强度安全可靠，对刻槽钻杆强度进行分析。

钻杆杆体材料选择 R780 地质管材，屈服强度 7.8×10^8 Pa。钻杆加载端施加推力 50 kN，扭矩 4000 N。

5.4.3.1 钻杆应力及变形分析

图 5-64 为钻杆应力分布云图，整体上看，钻杆的最大应力出现在内螺纹端，为 $5.579\times10^8 N/m^2$，小于钻杆的屈服强度；图 5-65 为钻杆位移分布云图，最大位移出现在内螺纹端，最大值为 6.084 mm。

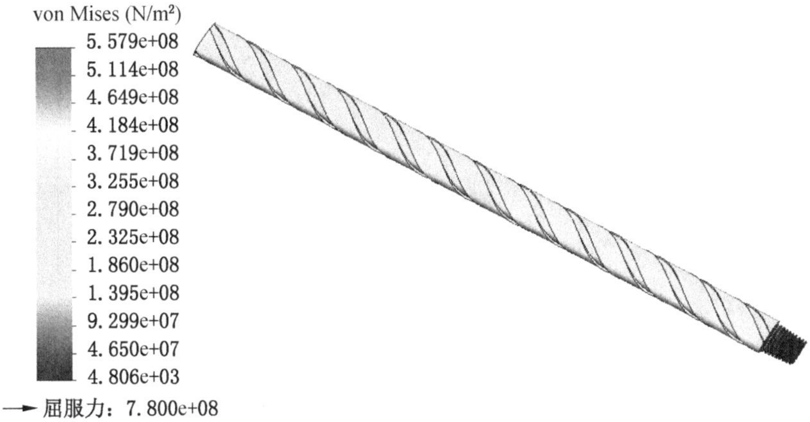

图 5-64 钻杆应力分布云图（刻槽钻杆）

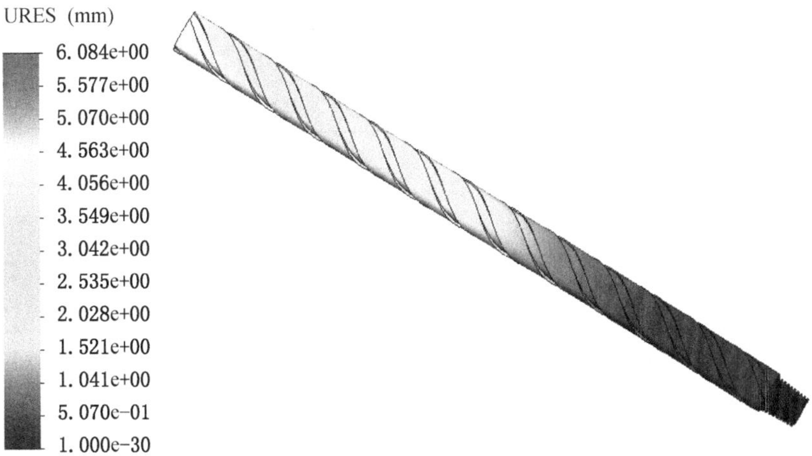

图 5-65 钻杆位移分布云图（刻槽钻杆）

5.4.3.2 钻杆观测线应力及变形分析

三螺旋刻槽钻杆表面需要加工三螺旋槽，从结构上相当于降低了杆体整体强度，因此，应用上述钻杆强度分析结果，以钻杆槽体底部螺旋线为观测线，提取螺旋线上受力薄弱点的数据，观察其应力及变形。图 5-66 为槽体底部螺旋线上应力分布曲线，最大应力为 $3.25\times10^8\ N/m^2$ 左右。图 5-67 为槽体底部螺旋线上位移分布曲线，最大位移为 6 mm 左右。基于上述分析结果，钻杆杆体强度能够满足设计要求。

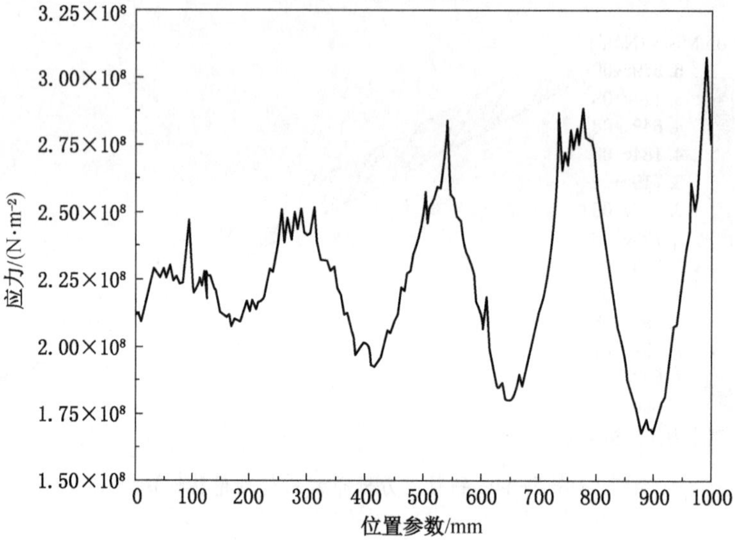

图 5-66　槽体底部螺旋线上应力分布曲线

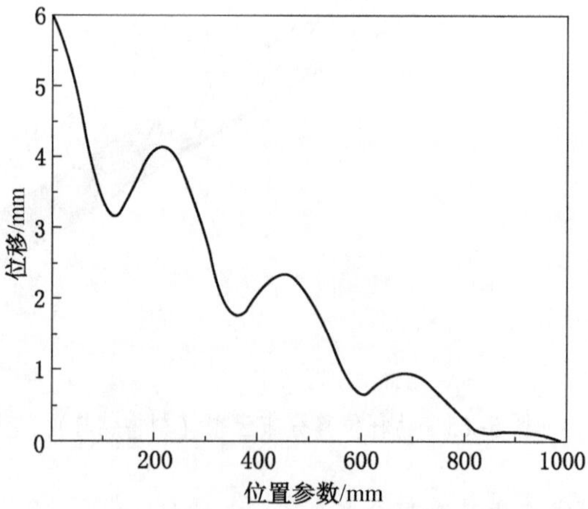

图 5-67　槽体底部螺旋线上位移分布曲线

5.4.3.3 钻杆安全系数检查

为进一步准确判断计算结果，从材料力学的角度分析，对杆体整体受力情况进行安全系数计算，其结果如下。

（1）最大 von Mises 应力准则：

$\dfrac{\sigma_{\text{von Mises}}}{\sigma_{\text{Limit}}}<1$，最小安全系数为 1.398。

（2）最大抗剪应力准则：

$\dfrac{\tau_{\max}}{0.5\sigma_{\text{Limit}}}<1$，最小安全系数为 1.623。

（3）最大法向应力准则：

$\dfrac{\tau_1}{\sigma_{\text{Limit}}}<1$，最小安全系数为 1.14。

通过计算，安全系数最小为 1.14，有一定空间的安全系数保证。在实际应用中钻杆的整体力学性能和强度能够满足要求。

5.5 孔底组合阻尼钻具的阻尼效果试验

5.5.1 试验方案

为了验证孔底组合阻尼钻具的阻尼效果，利用 3D 打印机打印两种组合阻尼钻具。打印内容包括揭露钻头、阻尼熔涂钻杆、阻尼刻槽钻杆、扩孔钻头、常规钻杆，实验室模拟相似比为 0.65，揭露钻头直径为 47.8 mm、阻尼熔涂钻杆直径为 47.4 mm、阻尼刻槽钻杆直径为 41.275 mm、扩孔钻头外径为 73.4 mm、常规钻杆直径为 47.4 mm，具体结构如图 5-68 至图 5-72 所示。

（1）组合一：揭露钻头+熔涂钻杆+扩孔钻头+常规钻杆。

（2）组合二：揭露钻头+刻槽钻杆+扩孔钻头+常规钻杆。

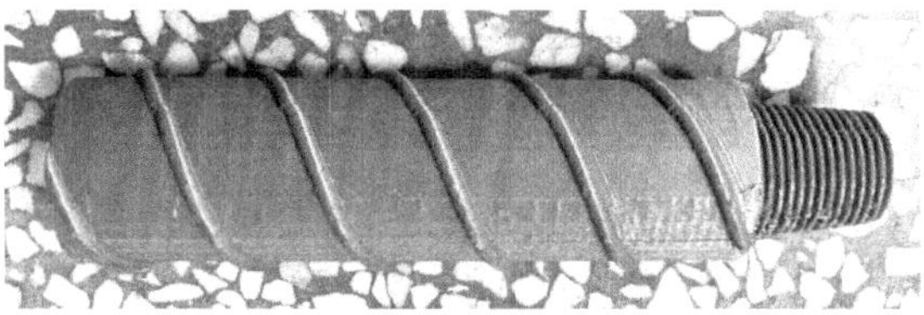

图 5-68 阻尼熔涂钻杆

采用亚克力管模拟钻孔，阻尼段长度为 640 mm，扩孔段长度为 300 mm，阻尼段钻孔直径为 48 mm，扩孔段钻孔直径为 74 mm，具体结构如图 5-73、图 5-74 所示。

图 5-69 阻尼刻槽钻杆

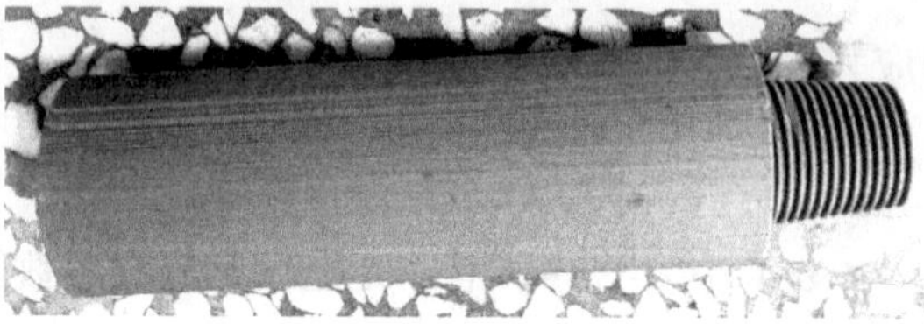

图 5-70 常规钻杆

图 5-71 揭露钻头

图 5-72 扩孔钻头

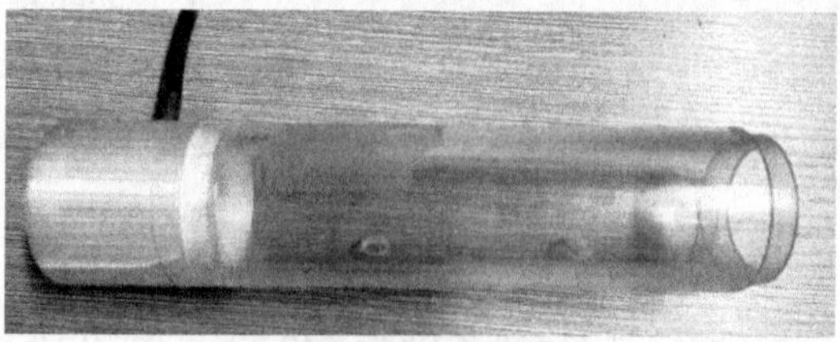

图 5-73 阻尼段钻孔

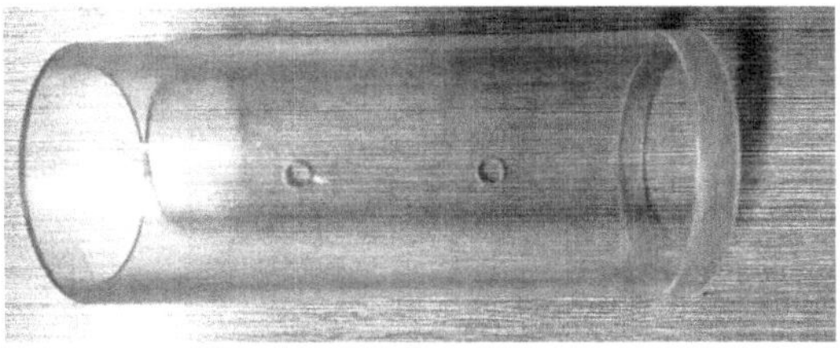

图 5-74 扩孔段钻孔

在亚克力管中间设置有压力监测接口，通过压力监测仪测量阻尼段不同位置的风压，验证阻尼熔涂钻具的阻尼效果。试验组装如图 5-75 所示。

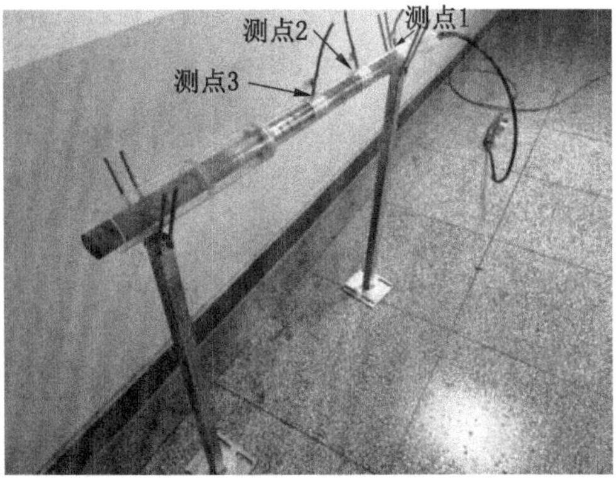

图 5-75 试验组装

当使用刻槽钻杆代替熔涂钻杆时，其他试验器材规格及实验监测设备不变，测量在阻尼刻槽钻杆各段不同位置的风压，验证阻尼刻槽钻具的阻尼效果。

5.5.2 熔涂组合钻具试验结果

在组合一的试验中共布置三个测点，测点 1 位于钻头供风处、测点 2 位于阻尼钻杆中部、测点 3 位于阻尼钻杆前段，测点间隔距离为 200 mm。测量数据见表 5-3。

表 5-3 测量数据(组合一) Pa

序号	测点 1	压差	测点 2	压差	测点 3
1	153	50	103	60	43
2	543	199	342	201	143

表 5-3(续) Pa

序号	测点 1	压差	测点 2	压差	测点 3
3	114	40	74	39	35
4	81	31	50	32	18
5	112	43	69	36	33
6	1242	578	664	389	275

不同进风压力下的阻尼效果，如图 5-76 所示。

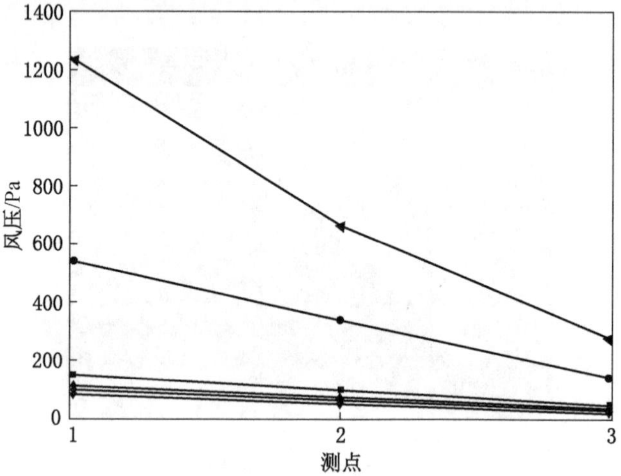

图 5-76 压力监测折线

在空气流经狭窄空间时，存在风阻系数，由于阻尼钻杆表面设置有凸起，因此，在同一条流线上存在通风空间突然扩大和减小。风量计算公式见式（5-17），风阻计算公式见式（5-18）。

$$Q = Sv = S\sqrt{\frac{P_c}{0.5\rho}} \tag{5-17}$$

式中 P_c——测点 1 钻头供风处风压；

ρ——风流密度；

v——风速。

$$h = R_f Q^2 \tag{5-18}$$

式中 h——阻力，h 为测点 1 与测点 3 的压力差；

R_f ——风阻；

Q ——风量。

由式（5-17）、式（5-18）可得

$$h = \frac{R_f S^2 P_c}{0.5\rho} \tag{5-19}$$

试验中风流过流面积 S 为 $1.9\times10^{-3}\,m^2$，空气密度 ρ 为 1.393 kg/m^3，钻杆风阻 R_f 计算结果见表5-4。

表5-4 钻杆风阻计算结果

压力 P_c/Pa	153	543	114	81	112	1242
阻力 h/Pa	110	400	79	63	79	967
风阻 R_f/(kg · m^{-7})	138712.4	142126.2	133701.5	150061.6	136089	150216.9

由表5-4可以看出，风阻在 $1.33\times10^5 \sim 1.5\times10^5$ kg/m^7 之间，考虑到试验误差，可以取平均值为 1.42×10^5 kg/m^7。

将风阻代入式（5-19）得

$$h = 0.735P_c$$

通过计算，可以看出风流经过熔涂阻尼段之后风压降低约73.5%，能够将孔底喷出的高压气体降低至26.5%。

5.5.3 刻槽组合钻具试验结果

在组合二的试验中同样布置三个测点，测点4位于钻头供风处、测点5位于阻尼钻杆中部、测点6位于阻尼钻杆前段，测点间隔距离为200 mm。测量数据见表5-5。

表5-5 测量数据(组合二) Pa

序号	测点4	压差	测点5	压差	测点6
1	223	97	126	50	76
2	1000	590	410	238	172
3	96	43	53	30	23
4	185	89	96	45	51
5	89	36	53	17	36
6	253	125	128	57	71

表 5-5（续） Pa

序号	测点 4	压差	测点 5	压差	测点 6
7	876	458	418	209	209
8	149	63	86	35	51
9	967	512	455	236	219
10	335	146	189	74	115
11	513	259	254	101	153
12	178	81	97	35	62
13	409	86	323	138	185
14	640	317	323	138	185
15	512	267	245	121	124
16	670	396	274	157	117

不同进风压力下的阻尼效果，如图 5-77 所示。试验中风流过流面积 4.715×$10^{-4}m^2$，刻槽钻杆风阻计算方法同熔涂组合钻具风阻计算方法，计算结果见表 5-6。

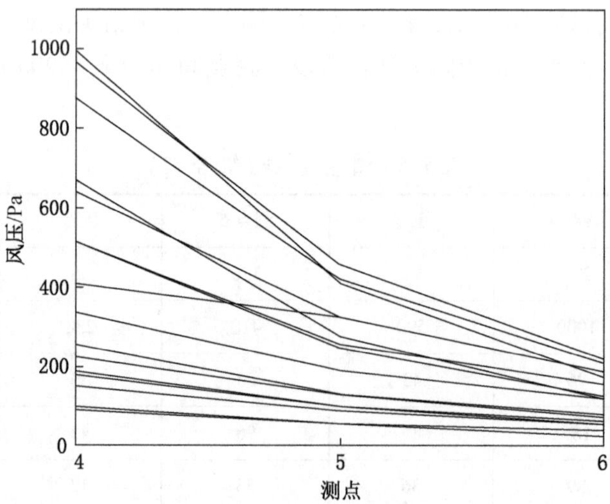

图 5-77 刻槽钻杆压力降低曲线

表 5-6　钻杆风阻计算结果

压力 P_c/Pa	223	1000	96	185	89	253	876	149	967	335	513	178	409	640	512	670
阻力 h/Pa	147	828	73	134	53	182	667	98	757	220	360	116	284	455	388	553
风阻 R_f/(kg · m^{-7})	127182	159751	146712	139748	114895	138792	146905	126898	151037	126704	135394	125734	133970	137166	146210	159244

由表 5-6 可以看出，风阻在 1.14×10^5 ~ 1.6×10^5 kg/m^7 之间，考虑到试验误差，可以取平均值为 1.38×10^5 kg/m^7，将风阻代入式（5-19）：

$$h = 0.718P_c$$

通过计算，可以看出风流经过刻槽阻尼段之后风压降低约 71.8%，能够将孔底喷出的高压气体降低至 28.2%。

5.6　现场工业性试验

工业性试验地点为山西焦煤集团有限责任公司屯兰矿 8 号煤层 18407 轨道巷，屯兰矿在 2011 年鉴定是煤与瓦斯突出矿井，在 8 号煤层施工裂隙带穿层抽采钻孔时易发生瓦斯喷孔超限事故。8 号煤层平均厚度为 2.74 m，工作面沿 8 号煤层顶板回采，8 号煤层瓦斯含量为 10.35 ~ 13.41 m^3/t，工作面走向长 2096 m，采长 235 m，煤层整体向南西倾斜，煤层倾角为 0° ~ 7°。屯兰矿 8 号煤层上覆 K2 灰岩下方为 0.15m 厚煤层，L4 灰岩下方为 0.75 m 厚煤层，瓦斯以游离状态存在于煤体和周围岩体裂缝空隙之中，K2 灰岩和 L4 灰岩局部存在高压瓦斯富集区或高压溶洞瓦斯。使用常规钻具，在 8 号煤层施工裂隙带穿层抽采钻孔时易发生瓦斯喷孔超限事故，由于常规钻具无法削弱孔内喷出瓦斯的压力，导致高压瓦斯沿常规孔口防喷装置向巷道溢散，从而造成瓦斯超限。常规孔口防喷装置难以阻止喷孔事故的发生。

山西焦煤集团有限责任公司的其他矿井也发生过瓦斯喷孔超限事故，钻进过程中的瓦斯喷孔超限已成为该公司安全生产重大隐患之一，亟须通过打钻技术创新及孔口防喷技术优化，攻克瓦斯喷孔超限难题，以保障矿井安全生产。试验针对 8 号煤层施工裂隙带穿层抽采钻孔易发生瓦斯喷孔超限事故的问题，通过钻进技术创新攻克了瓦斯喷孔超限技术难题，减少了孔内动力现象和喷孔现象。

8 号煤层顶底板综合柱状见表 5-7，在巷道同一断面设计 2 个钻孔，钻孔倾角分别为 25°和 20°，图 5-78 为 25°倾角钻孔示意图。

表 5-7 8号煤层顶底板情况

地层	层厚/m	柱状 1:200	层号	岩石名称	岩性描述
石炭系上统太原组	1.31		1	L4灰岩	灰色石灰岩，含腕足类化石
	0.75		2	7号煤层	线理-透镜状半亮煤，光泽较强，条带状结构明显，性较脆
	4.19		3	泥岩	深灰色泥岩，含黄铁矿
	2.40		4	K2灰岩	深灰色石灰岩，含海百合茎化石
	1.50		5	细粒砂岩	灰白色细砂岩，含少量绿色矿物
	0.15		6	煤线	条带状薄煤线
	5.30		7	细粒砂岩	灰白色细砂岩，局部有砂泥互层
	1.00		8	砂质泥岩与细砂岩互层	灰色砂质泥岩与灰白色细砂岩互层
	1.80		9	粉砂岩	灰白色粉砂岩，含煤粒云母
	2.40		10	细粒砂岩	灰黑色细粒砂岩，夹有泥质
	1.00		11	L1灰岩	深灰色石灰岩，有极少的裂隙，局部相变为细粒砂岩
	0.30		12	泥岩	灰黑色泥岩，质软
	1.70～3.10 2.74		13	8号煤层	似均状半亮型煤，光泽较强，具有棱角状或不平坦状断口，结构为1.95(0.34)0.45
	1.20		14	砂质泥岩	灰黑色砂质泥岩，含白云母

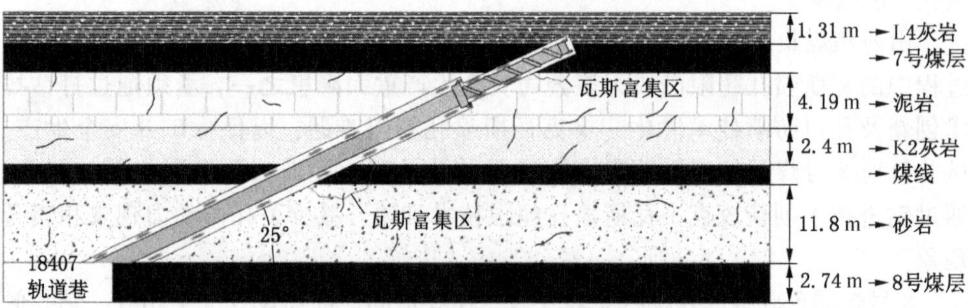

图 5-78 工业性试验25°倾角钻孔示意图

5.6.1 第一阶段工业性试验

施工地点为18407轨道巷，使用孔底组合阻尼钻具，包括 ϕ73.5 mm 钻头、ϕ73 mm 熔涂钻杆、ϕ113 mm 扩孔钻头、ϕ73 mm 刻槽钻杆，如图5-79至图5-81所示，第一阶段钻孔记录见表5-8。第一阶段工业性试验过程中，累计有效钻进时间为22天，共完成22个钻孔，累计钻进深度为2200 m。试验人员使用矿上钻具供水阀门开度约为3/4，孔口渣水汽混合体为喷出状；使用组合阻尼钻具供水阀门开度为全开，孔口渣水汽混合体为流出状，表明组合阻尼钻具对水压有明显的阻尼作用，在钻入瓦斯富集区时对喷出的瓦斯同样具有阻尼作用。从排渣效果来看，组合阻尼钻具在起到阻尼效果的同时不影响排渣。从钻进速度来看，矿上钻头平均钻进速度约为0.5 m/min，组合阻尼钻具平均钻进速度约为0.48 m/min。钻孔均穿过含有瓦斯富集区的K2灰岩和L4灰岩，未出现瓦斯喷孔现象。

图5-79 ϕ73.5 mm 钻头（第一阶段）

图5-80 ϕ113 mm 扩孔钻头（第一阶段）

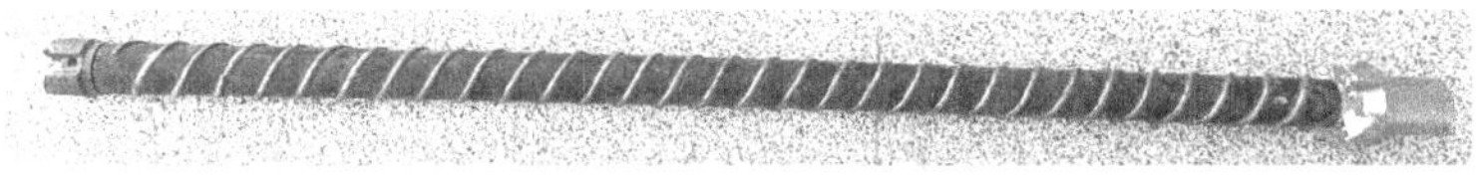

图5-81 第一阶段工业性试验组合钻具

在钻进过程中61号孔与69号孔发生动力现象。正常钻进情况下，巷道内瓦检仪数值为0~0.10%，在61号孔过K2灰岩时，钻进速度突然变慢，短时间后，钻进速度恢复正常，孔口瓦斯检测仪检测到瓦斯浓度波动，瓦斯浓度从0.11%上升到0.36%。经过分析，61号孔钻进到K2灰岩瓦斯聚积区，瓦斯压力在钻头前方形成压力区，影响钻进速度，随着瓦斯向外涌出，压力降低，钻进速度恢复正常，孔口瓦斯浓度恢复正常。69号孔过K2灰岩时，钻进速度突然变慢至接近停止，孔口瓦斯检测仪检测到瓦斯浓度波动，瓦斯浓度从0.09%上升到0.41%，钻机改为低速旋转，封闭孔口防喷装置，瓦斯涌出 5 min 后，孔口瓦斯浓度恢复正常，钻机开始钻进，钻进速度恢复正常。经过分析，69 号孔钻进到瓦斯聚积区，瓦斯含量较少，在揭露后迅速卸压直至消失。两次孔内动力现象表明，孔底组合阻尼钻具能够在钻孔揭露瓦斯聚积区时有效降低瓦斯涌出强度，预防瓦斯喷孔现象。

在施工过程中发现以下问题：

（1）组合钻具安装不方便。

（2）钻进速度偏低。

为了解决以上问题提出以下解决方案：

（1）更换 ϕ73.5 mm 钻头为 ϕ75 mm 三翼弧角钻头，增强切削能力，提高钻进效率。

（2）更换 ϕ73.5 mm 熔涂钻杆为 ϕ63.5 mm 刻槽钻杆，进行钻进试验，测试阻尼效果。

（3）改变阻尼钻杆长度，将阻尼钻杆长度调整为 0.5 m，测试阻尼效果与使用情况。

表 5-8　第一阶段工业性试验数据统计表

序号	孔号	日期	班次	施工地点	方位角/(°)	倾角/(°)	孔深/m	孔径/mm	备注
1	55	10月8日	0点班	18407 轨道巷顶板	45	25	100	113	
2	56	10月9日	0点班	18407 轨道巷顶板	35	20	100	113	
3	57	10月10日	0点班	18407 轨道巷顶板	45	25	100	113	
4	58	10月11日	0点班	18407 轨道巷顶板	35	20	100	113	
5	59	10月12日	0点班	18407 轨道巷顶板	45	25	100	113	
6	60	10月13日	0点班	18407 轨道巷顶板	35	20	100	113	
7	61	10月14日	0点班	18407 轨道巷顶板	45	25	100	113	发生动力现象
8	62	10月15日	0点班	18407 轨道巷顶板	35	20	100	113	
9	63	10月16日	0点班	18407 轨道巷顶板	45	25	100	113	
10	64	10月17日	0点班	18407 轨道巷顶板	35	20	100	113	
11	65	10月18日	0点班	18407 轨道巷顶板	45	25	100	113	
12	66	10月19日	0点班	18407 轨道巷顶板	35	20	100	113	

表 5-8（续）

序号	孔号	日期	班次	施工地点	方位角/(°)	倾角/(°)	孔深/m	孔径/mm	备注
13	67	10月20日	0点班	18407轨道巷顶板	45	25	100	113	
14	68	10月21日	0点班	18407轨道巷顶板	35	20	100	113	
15	69	10月22日	0点班	18407轨道巷顶板	45	25	100	113	发生动力现象
16	70	10月23日	0点班	18407轨道巷顶板	35	20	100	113	
17	71	10月24日	0点班	18407轨道巷顶板	45	25	100	113	
18	72	10月25日	0点班	18407轨道巷顶板	35	20	100	113	
19	73	10月26日	0点班	18407轨道巷顶板	45	25	100	113	
20	74	10月27日	0点班	18407轨道巷顶板	35	20	100	113	
21	75	10月28日	0点班	18407轨道巷顶板	45	25	100	113	
22	76	10月29日	0点班	18407轨道巷顶板	35	20	100	113	

5.6.2　第二阶段工业性试验

施工地点为18407轨道巷，使用孔底组合阻尼钻具，包括 ϕ75 mm 三翼弧角钻头、ϕ63.5 mm 刻槽钻杆、ϕ113 mm 扩孔钻头、ϕ73 mm 刻槽钻杆，如图5-82至图5-85所示，第二阶段钻孔记录见表5-9。第二阶段工业性试验过程中，累计有效钻进时间为17天，共完成20个钻孔，累计钻进深度为2000 m。在第二阶段试验后期，巷道前段新增一台钻机，两台钻机同时开工，每天钻孔2个，试验速度得到提升。应用改进后的孔底组合阻尼钻具，在不影响阻尼效果的同时，平均钻进速度提高到0.49 m/min左右，且钻具更换更加方便。试验钻进过程中未出现瓦斯喷孔现象。

在钻进过程中80号孔与93号孔发生动力现象。80号孔过L4灰岩时，钻进速度突然变慢，孔口瓦斯检测仪检测到瓦斯浓度波动，瓦斯浓度从0.17%上升到0.41%，钻机改为低速旋转，封闭孔口防喷装置，持续30 min后，孔口瓦斯浓度恢复正常。经过分析，钻进到L4灰岩瓦斯聚积区，瓦斯压力在钻头前方形成压力区，影响钻进速度，瓦斯聚积区瓦斯含量较高，需要较长时间缓慢释放瓦斯。93号孔过K2灰岩时，钻进速度突然变慢，孔口瓦斯检测仪检测到瓦斯浓度波动，瓦斯浓度从0.12%上升到0.29%，钻机改为低速旋转，封闭孔口防喷装置，孔口瓦斯很快恢复到正常浓度，钻机开始钻进，钻进速度恢复正常。经过分析，

93 号孔揭露瓦斯聚积区，瓦斯含量较少，在揭露后迅速卸压直至消失。

图 5-82 ϕ75 mm 三翼弧角钻头（第二阶段）

图 5-83 ϕ113 mm 扩孔钻头（第二阶段）

图 5-84 ϕ63 mm 刻槽钻杆（第二阶段）

图 5-85 第二阶段工业性试验组合钻具

表 5-9 第二阶段工业性试验数据统计表

序号	孔号	日期	班次	施工地点	方位角/(°)	倾角/(°)	孔深/m	孔径/mm	备注
1	77	10 月 29 日	0 点班	18407 轨道巷顶板	45	25	100	113	
2	78	10 月 30 日	0 点班	18407 轨道巷顶板	35	20	100	113	
3	79	10 月 31 日	0 点班	18407 轨道巷顶板	45	25	100	113	
4	80	11 月 1 日	0 点班	18407 轨道巷顶板	35	20	100	113	发生动力现象
5	81	11 月 2 日	0 点班	18407 轨道巷顶板	45	25	100	113	
6	82	11 月 3 日	0 点班	18407 轨道巷顶板	35	20	100	113	

表 5-9（续）

序号	孔号	日期	班次	施工地点	方位角/(°)	倾角/(°)	孔深/m	孔径/mm	备注
7	83	11 月 4 日	0 点班	18407 轨道巷顶板	45	25	100	113	
8	84	11 月 5 日	0 点班	18407 轨道巷顶板	35	20	100	113	
9	85	11 月 6 日	0 点班	18407 轨道巷顶板	45	25	100	113	
10	86	11 月 7 日	0 点班	18407 轨道巷顶板	35	20	100	113	
11	87	11 月 8 日	0 点班	18407 轨道巷顶板	45	25	100	113	
12	88	11 月 9 日	0 点班	18407 轨道巷顶板	35	20	100	113	
13	89	11 月 10 日	0 点班	18407 轨道巷顶板	45	25	100	113	
14	90	11 月 11 日	0 点班	18407 轨道巷顶板	35	20	100	113	
15	91	11 月 12 日	0 点班	18407 轨道巷顶板	45	25	100	113	
16	1	11 月 12 日	0 点班	18407 轨道巷顶板	45	25	100	113	
17	92	11 月 13 日	0 点班	18407 轨道巷顶板	35	20	100	113	
18	2	11 月 13 日	0 点班	18407 轨道巷顶板	35	20	100	113	
19	93	11 月 14 日	0 点班	18407 轨道巷顶板	45	25	100	113	发生动力现象
20	3	11 月 14 日	0 点班	18407 轨道巷顶板	45	25	100	113	

5.6.3 第三阶段工业性试验

施工地点为 18407 轨道巷，使用孔底组合阻尼钻具，包括 ϕ75 mm 三翼弧角钻头、ϕ63.5 mm 刻槽钻杆、ϕ113 mm 弧角扩孔钻头、ϕ73 mm 刻槽钻杆，如图 5-86 至图 5-89 所示，钻孔记录见表 5-10。第三阶段工业性试验过程中，累计有效钻进时间为 9 天，共完成 18 个钻孔，累计钻进深度为 1800 m。在试验过程中，巷道前段有一台钻机，巷道中后段有一台钻机，两台钻机同时开工，每天钻孔 2 个，试验速度得到提升。应用改进后的孔底组合阻尼钻具，同样不影响阻尼效果，平均钻进速度提高到 0.5 m/min 左右，钻进速度与使用矿上钻具钻进速度相当，改进效果显著。试验钻进过程中未出现瓦斯喷孔现象。

9 号孔过 L4 灰岩时，钻进速度突然变慢，根据前两个阶段的试验经验，调低钻机钻速，封闭孔口防喷装置，孔口瓦斯检测仪检测到瓦斯浓度波动，瓦斯浓度从 0.16% 上升到 0.35%，此次瓦斯涌出 7 min，随后瓦斯浓度恢复正常。经过分析，钻进到 L4 灰岩时遇到瓦斯聚积区，瓦斯压力在钻头前方形成压力区，影响钻进速度，随着瓦斯向外涌出，压力降低，钻进速度恢复正常。

图 5-86　ϕ75 mm 三翼弧角钻头（第三阶段）

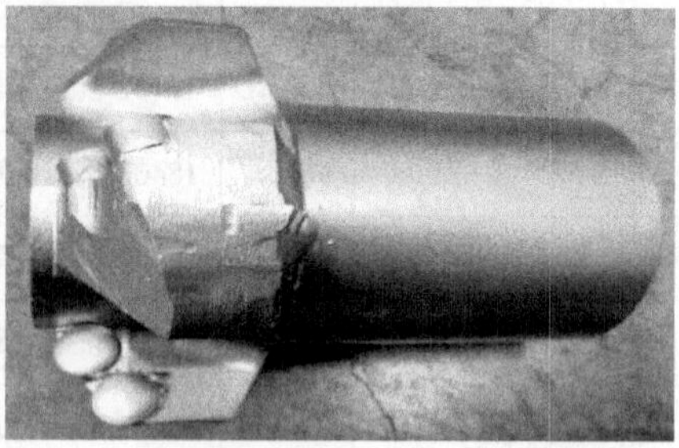

图 5-87　ϕ113 mm 弧角扩孔钻头（第三阶段）

图 5-88　ϕ63 mm 刻槽钻杆（第三阶段）

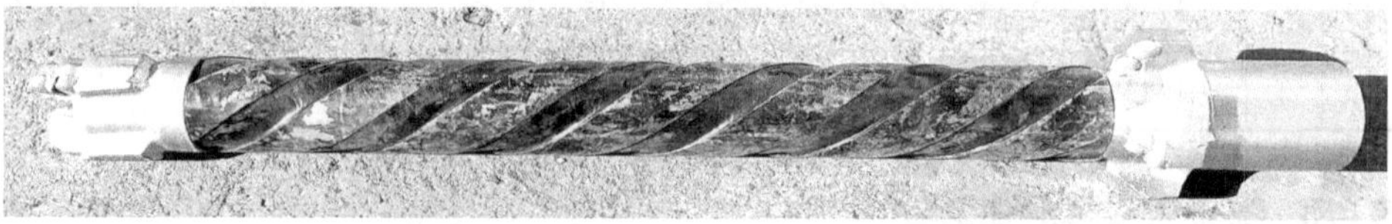

图 5-89　第三阶段工业性试验组合钻具

表 5-10　第三阶段工业性试验数据统计表

序号	孔号	日期	班次	施工地点	方位角/(°)	倾角/(°)	孔深/m	孔径/mm	备注
1	94	11 月 15 日	0 点班	18407 轨道巷顶板	35	20	100	113	
2	4	11 月 15 日	0 点班	18407 轨道巷顶板	35	20	100	113	
3	95	11 月 16 日	0 点班	18407 轨道巷顶板	45	25	100	113	
4	5	11 月 16 日	0 点班	18407 轨道巷顶板	45	25	100	113	

表 5-10 (续)

序号	孔号	日期	班次	施工地点	方位角/(°)	倾角/(°)	孔深/m	孔径/mm	备注
5	96	11 月 17 日	0 点班	18407 轨道巷顶板	35	20	100	113	
6	6	11 月 17 日	0 点班	18407 轨道巷顶板	35	20	100	113	
7	97	11 月 18 日	0 点班	18407 轨道巷顶板	45	25	100	113	
8	7	11 月 18 日	0 点班	18407 轨道巷顶板	45	25	100	113	
9	98	11 月 19 日	0 点班	18407 轨道巷顶板	35	20	100	113	
10	8	11 月 19 日	0 点班	18407 轨道巷顶板	35	20	100	113	
11	99	11 月 20 日	0 点班	18407 轨道巷顶板	45	25	100	113	
12	9	11 月 20 日	0 点班	18407 轨道巷顶板	45	25	100	113	发生动力现象
13	100	11 月 21 日	0 点班	18407 轨道巷顶板	35	20	100	113	
14	10	11 月 21 日	0 点班	18407 轨道巷顶板	35	20	100	113	
15	101	11 月 22 日	0 点班	18407 轨道巷顶板	45	25	100	113	
16	11	11 月 22 日	0 点班	18407 轨道巷顶板	45	25	100	113	
17	102	11 月 23 日	0 点班	18407 轨道巷顶板	35	20	100	113	
18	12	11 月 23 日	0 点班	18407 轨道巷顶板	35	20	100	113	

6 松软煤层护孔卸压钻进技术

6.1 护孔卸压钻进方法

保护排渣空间、预防钻孔堵塞是解决松软煤层钻进难题的关键。实践表明，保压钻进、固壁液等护壁技术应用于近水平瓦斯抽采钻孔，实施难度大，护孔效果差；现有的套管钻机配套设备庞大，且套管钻具孔内钻进阻力大，钻进工艺复杂，限制了其应用效果。受煤层地质条件影响，常用的套管钻具应用于软煤层钻进，钻杆旋转阻力和轴向钻进阻力较高，现有钻机不能满足要求。而增大钻机动力，会造成钻机成本成倍增长，同时钻机外形尺寸增大，也给钻机的放置、移动带来了诸多不便。

通过大量的现场观测，提出了护孔卸压钻进方法（Hole－protecting and Pressure Relief Drilling，HRD），该方法的核心思想是降低护孔钻杆的推进及旋转阻力，具体说明如下：

（1）减小护孔钻杆与钻孔壁的接触面积。常规的套管钻具为全封闭结构，因此，通过在套管钻具外管设置孔或间隙结构减小护孔钻杆与钻孔壁的接触面积，实现降低钻杆钻进阻力的目的。

（2）钻杆表面的孔隙结构具有卸压功能。钻杆表面的孔隙结构，使收缩的钻孔壁与钻杆处于不连续接触状态，钻杆表面的孔隙结构能够释放因孔壁流变作用对钻具产生的压力能。

6.2 套管钻具钻进摩阻力学模型

6.2.1 套管钻具旋转阻力矩分析

6.2.1.1 套管钻具旋转阻力矩求解

如图6-1所示，软煤钻进过程中，钻孔流变效应显现，钻孔变形量大，套管钻具外管直径较大，在钻孔收缩较为严重区域，套管钻具外管与孔壁之间形成一定大小的相互作用力。

基于套管钻具结构，考虑软弱地层变形收缩，假设钻孔壁与套管钻具完全接触、钻杆与钻孔中心线同轴，建立套管钻具旋转阻力矩力学模型，如图6-2所示。

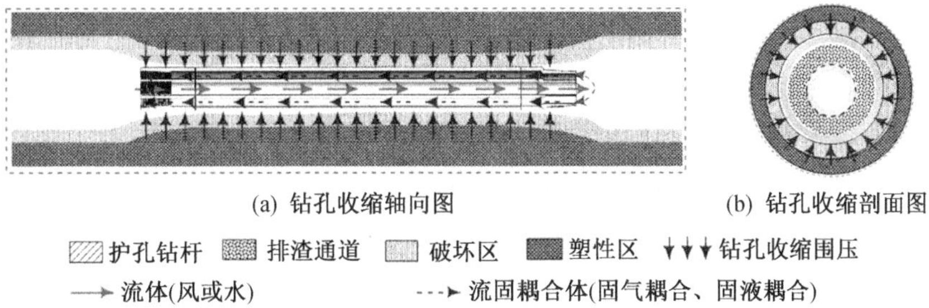

图 6-1 钻孔收缩示意图

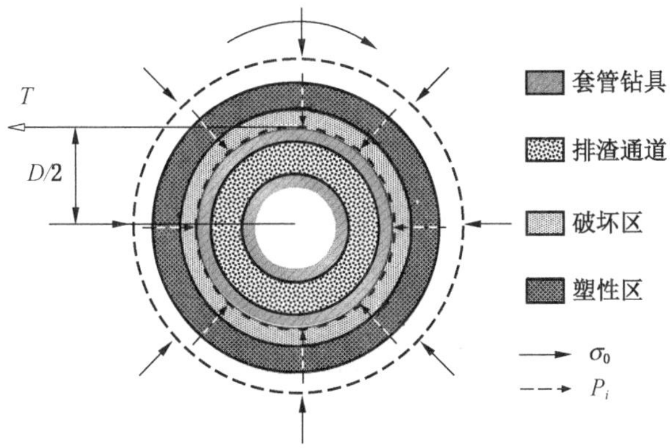

图 6-2 套管钻具旋转阻力矩力学模型

结合图 6-2，着重考虑以下两个方面。

1. 套管钻具自重引起的旋转阻力

套管钻具在自重作用下，在钻孔内以触底状态为主，设钻杆与钻孔底部接触均匀，且钻孔未发生弯曲，则套管钻具自重引起的旋转阻力为

$$d_{mf1} = Mglf_1\cos\theta \tag{6-1}$$

式中 M——套管钻具每米的质量，kg/m；

l——钻孔深度，m；

g——重力加速度，m/s^2；

f_1——套管钻具与钻孔表面的摩擦系数；

θ——钻孔倾角。

当钻杆有旋转趋势时，沿钻杆外表面切向形成阻止钻杆旋转的摩擦阻力 d_{mf1}，相对于钻杆中心轴线，形成的旋转阻力矩 T_N 求解方程为

$$T_N = \frac{1}{2}DMglf_1\cos\theta \tag{6-2}$$

式中 D——套管钻具直径，m。

2. 钻孔壁围压 p_i 引起的旋转阻力

设同一钻孔截面上套管钻具周围的均匀压力为 p_i，孔内钻杆长度为 l，钻杆有旋转趋势时，沿钻杆外表面切向形成阻止钻杆旋转的摩擦阻力，钻杆表面形成的摩擦阻力计算公式为

$$\mathrm{d}F = f_1 p_i \pi D \mathrm{d}l \tag{6-3}$$

因钻孔围压 p_i 的作用，套管钻具形成的旋转阻力矩为

$$\mathrm{d}T_C = \frac{D}{2}\mathrm{d}F \tag{6-4}$$

将式（6-3）代入式（6-4）可得

$$\mathrm{d}T_C = f_1 p_i \pi \frac{D^2}{2}\mathrm{d}l \tag{6-5}$$

积分可得钻孔围压引起的旋转阻力矩为

$$T_C = \frac{1}{2}f_1 p_i \pi D^2 l \tag{6-6}$$

基于式（6-2）、式（6-6），套管钻具在钻孔内形成的旋转阻力矩 T'_A 求解方程为

$$T'_A = T_N + T_C = \frac{1}{2}DMglf_1\cos\theta + \frac{1}{2}f_1 p_i \pi D^2 l \tag{6-7}$$

6.2.1.2 套管钻具旋转阻力矩定性分析

1. 钻孔深度对 T'_A 的影响规律

[案例] 设套管钻具外径 $D=0.105$ m，套管钻具与钻孔表面的摩擦系数 $f_1=0.3$，钻孔围压 $p_i=30000$ Pa，钻孔倾角 $\theta=5°$，套管钻具质量 $M=15$ kg/m，将基本参数代入式（6-7）可得

$$T_A = 158.09l \tag{6-8}$$

基于式（6-8），拟合套管钻具旋转阻力矩 T'_A 与钻孔深度 l 的关系曲线，如图 6-3 所示。

基于图 6-3，应用常规套管钻具钻进时，随着钻孔深度的增加，钻机需要克服的钻杆旋转阻力矩越大，例如，当应用 ZDY6000 钻机时，当 T'_A 达到钻机的最大扭矩 6000 N · m 时，基于式（6-8），可求得钻孔深度仅能达到 38 m；假设应用更大功率的钻机，钻孔深度仅能提高到 63.3 m。可见，应用常规套管钻具钻进，在上述条件下，即使应用更大功率的钻机，钻孔深度提高程度非常有限，因

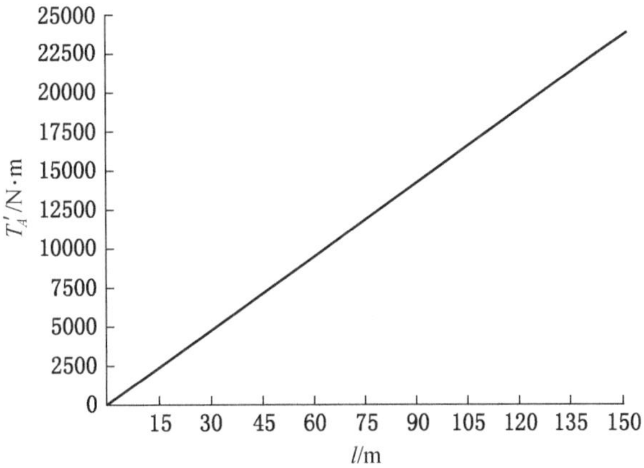

图 6-3 套管钻具旋转阻力矩 T'_A 与钻孔深度 l 的关系曲线

此，盲目提高钻机动力并不是解决常规套管钻杆应用效果的有效手段。

2. 钻孔壁围压 p_i 对 T'_A 的影响规律

在案例的基本参数条件下，设钻孔设计深度为 80 m，钻孔壁围压 p_i 分别为 $p_1=10000$ Pa、$p_2=20000$ Pa、$p_3=30000$ Pa、$p_4=40000$ Pa，将基本参数代入式（6-7）可得

$$
\begin{aligned}
T_{A_1} &= 185.22\cos\theta + 4154.22 \\
T_{A_2} &= 185.22\cos\theta + 8308.44 \\
T_{A_3} &= 185.22\cos\theta + 12462.66 \\
T_{A_4} &= 185.22\cos\theta + 16616.88
\end{aligned}
\qquad (6-9)
$$

基于式（6-9），拟合不同钻孔围压 p_i 条件下 T'_A 与钻孔倾角 θ 的关系曲线，如图 6-4 所示。

基于图 6-4，进行如下分析：

（1）相同钻孔围压 p_i 条件下，伴随钻孔倾角绝对值的增大，相应钻杆旋转阻力矩 T'_A 略有减小。对于绝大多数本煤层抽采钻孔，一般钻孔倾角 θ 为 $-\pi/4 \sim \pi/4$，钻孔倾角 θ 的变化对钻杆旋转阻力矩 T'_A 的影响并不明显。

（2）伴随钻孔围压 p_i 的增大，相同钻孔倾角条件下，相应套管钻具旋转阻力矩 T'_A 呈增大趋势。因此，对于软煤层钻进，煤体强度越低，钻孔收缩越严重，钻孔壁与套管钻具之间的围压 p_i 越大，钻杆旋转阻力矩 T'_A 会更大，钻孔将更为困难。

（3）该施工条件下，当施工水平孔时（钻孔倾角 $\theta=0°$），套管钻具旋转阻

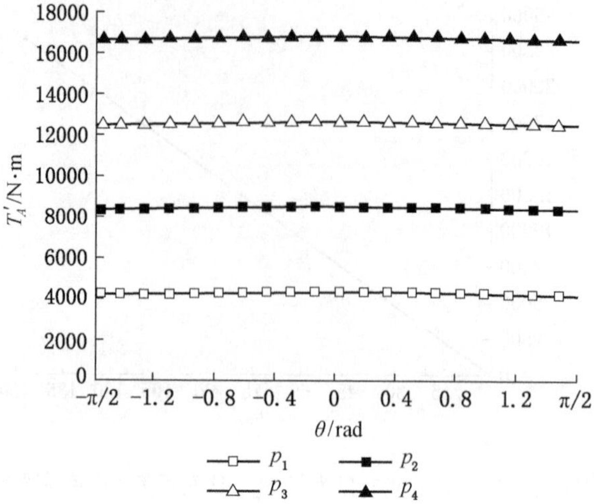

图 6-4 旋转阻力矩 T'_A 与钻孔倾角 θ 的关系曲线

力矩 T'_A 达到极值，如图 6-4 所示，对于不同的钻孔围压 p_i 条件下，相应套管钻具旋转阻力矩 T'_A 分别为 4339 N · m、8494 N · m、12648 N · m、16802 N · m。当 $p_1 = 10000$ Pa、$p_2 = 20000$ Pa 时，应用 ZDY10000 钻机，钻孔深度基本能够达到设计深度；当 $p_1 = 30000$ Pa、$p_2 = 40000$ Pa 时，相应最小套管钻具旋转阻力矩 T'_A 达到 12462 N · m，目前，对于井下坑道钻机，钻机最大扭矩很少超过 12000 N · m，因此，该条件下，现有钻机不能满足钻孔设计深度的要求。

6.2.2 套管钻具轴向钻进阻力分析

6.2.2.1 套管钻具轴向阻力求解

应用套管钻具在软煤层中钻进，受钻孔壁围压 p_i 作用，钻杆在推进、退钻时，钻杆表面将形成阻止钻杆移动的阻力，称为轴向钻进阻力 d_{af}。参考王永龙等关于瓦斯抽采钻孔堵塞段“退钻阻力”的分析，结合图 6-1，套管钻具沿轴向钻进阻力 d_{af} 的求解方法如下：

参考式（6-1），套管钻具重力作用与钻孔底部的轴向摩擦阻力为

$$d_{af1} = Mglf_1\cos\theta \tag{6-10}$$

钻孔壁围压 p_i 作用在套管钻具表面形成的轴向摩擦阻力为

$$d_{af2} = f_1 p_i \pi Dl \tag{6-11}$$

结合式（6-10）、式（6-11），套管钻具轴向阻力求解方程为

$$d_{af} = Mglf_1\cos\theta + f_1 p_i \pi Dl \tag{6-12}$$

6.2.2.2 套管钻具轴向阻力定性分析

基本参数与案例设置相同，设钻孔壁围压 p_i 分别为 $p_1 = 10000$ Pa、$p_2 =$

20000 Pa、$p_3=30000$ Pa、$p_4=40000$ Pa，将基本参数代入式（6-12）可得：

$$\begin{aligned} d_{af-1} &= 1033.02l \\ d_{af-2} &= 2002.12l \\ d_{af-3} &= 3011.22l \\ d_{af-4} &= 4000.32l \end{aligned} \tag{6-13}$$

基于式（6-13），拟合套管钻具轴向阻力 d_{af}与钻孔深度 l 的关系曲线，如图 6-5 所示。

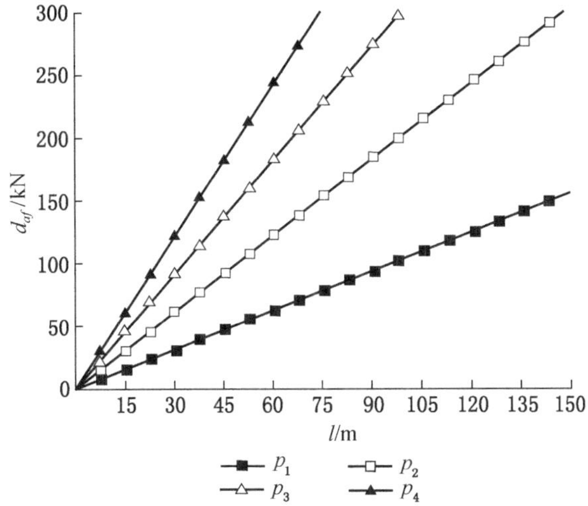

图 6-5 轴向阻力 d_{af}与钻孔深度 l 的关系曲线

基于图 6-5，进行如下分析：

（1）伴随钻孔深度 l 向煤体深部延深，相应套管钻具轴向钻进阻力 d_{af}呈增大趋势。

（2）伴随钻孔围压 p_i 的增大，施工相同钻孔深度，相应套管钻具轴向钻进阻力 d_{af}呈增大趋势。例如，当钻孔设计深度为 80 m、$p_1=10000$ Pa 时，套管钻具轴向阻力 $d_{af}=83$ kN，当应用 ZDY4000S 钻机时，钻机最大起拔力 $F_c=150$ kN，钻杆能够正常给进和退钻，而当围压增大到 $p_2=20000$ Pa 时，d_{af}增长到 162 kN，该条件下，应用该钻机不能完成设计深度。

6.3 护孔卸压力学机制

6.3.1 护孔面积比 S_k

设开有卸压孔的外套管展开后为带孔的矩形结构，如图 6-6 所示，设未开孔时，钻杆表面积为 S，假设在钻杆表面开 n 个孔，且开孔面积分别为 S_1，S_2，S_3，…，S_n。

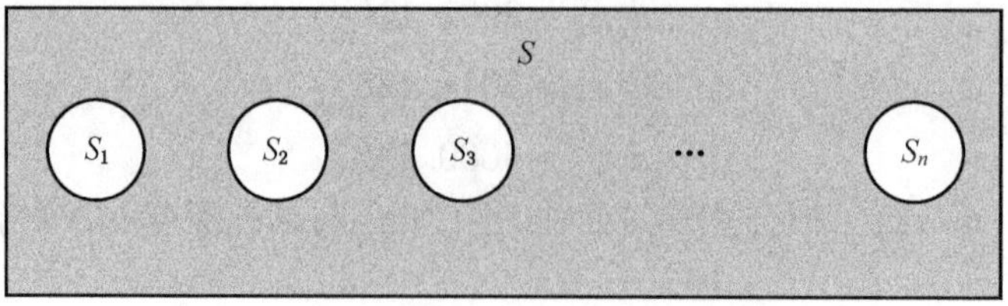

图 6-6 钻杆表面展开模型

为了衡量钻杆表面开孔的总面积大小，提出护孔面积比 S_k 的概念，即开孔后钻杆剩余总面积与钻杆未开孔时总面积的比值，其数学表达式为

$$S_k = \frac{S - \sum_{1}^{n} S_n}{S} \tag{6-14}$$

6.3.2 旋转阻力定性分析

6.3.2.1 求解方程

参考式（6-7），引入式（6-14），利用护孔卸压原理护孔钻杆旋转阻力矩求解方程：

$$T_{A-S} = \frac{1}{2}DMglf_1\cos\theta S_k + \frac{1}{2}f_1 p_i \pi D^2 l S_k \tag{6-15}$$

6.3.2.2 定性分析

设 S_k 为 0.4、0.6、0.8，其他参数与常规套管钻具旋转阻力的参数设置相同。将参数代入式（6-15）可得

$$\begin{cases} T_{A_1-S} = 62.24l \\ T_{A_2-S} = 94.85l \\ T_{A_3-S} = 126.47l \end{cases} \tag{6-16}$$

当 $S_k=1$ 时，为常规套管钻具情况，基于式（6-8）、式（6-16），拟合钻杆旋转阻力矩与钻孔深度 l 的关系曲线，如图 6-7 所示。

基于图 6-7、图 6-8，进行如下分析：

（1）伴随护孔面积比 S_k 的减小，相同钻孔长度 l 条件下，钻杆旋转阻力矩 T_{A-S} 呈减小趋势，表明护孔卸压原理护孔钻杆的设计方法能够有效降低钻杆旋转阻力。例如，钻孔设计深度为 80 m，当 $S_k=0.4$ 时，旋转阻力矩 $T_{A-S}=5059$ N·m；当 $S_k=1$ 时，旋转阻力矩 $T_{A-S}=12647$ N·m，因此，该条件下，“护

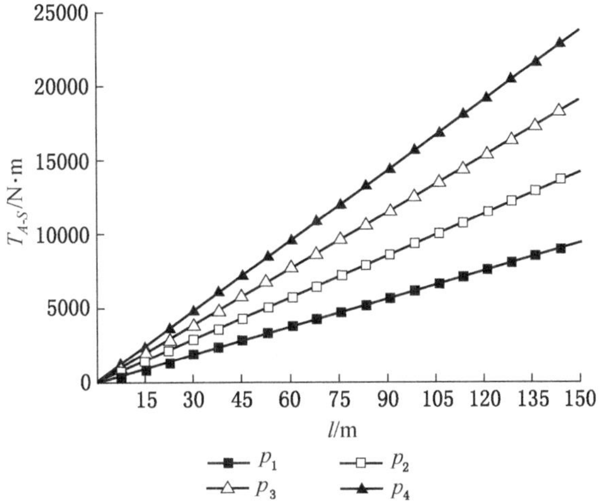

图 6-7 旋转阻力矩 T_{A-S} 与钻孔深度 l 的关系曲线

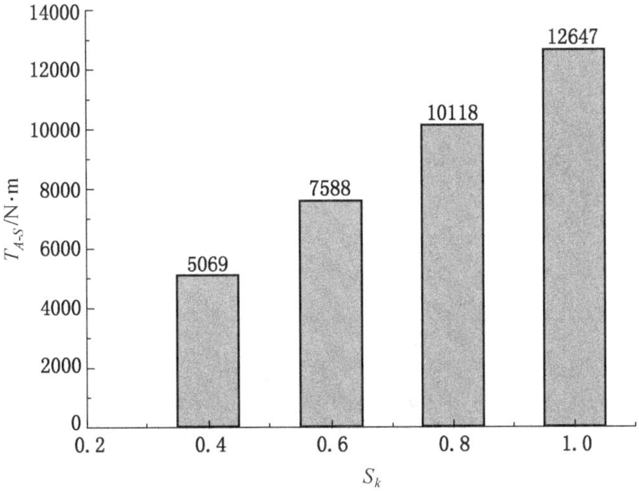

图 6-8 旋转阻力矩 T_{A-S} 与护孔面积比 S_k 对比

孔卸压”原理护孔钻杆旋转阻力矩 T_{A-S} 降幅为 60%。

(2) 当合理调整护孔面积比 S_k 时，能够大幅度提高钻孔施工长度。例如，当 $S_k=0.4$ 时，应用 ZDY6000 钻机施工，其最大扭矩为 6000 N·m，基于式(6-16)，可求得钻孔深度能达到 96.4 m，而该条件下应用常规套管钻具钻进钻孔深度仅能达到 38 m，理论上，护孔卸压原理护孔钻杆钻进深度是常规套管钻具的 2.54 倍。

6.3.2.3 轴向钻进阻力定性分析

1. 求解方程

参考常规护孔钻杆旋转阻力求解方法，引入护孔面积比 S_k，参考式（6-12），护孔卸压原理护孔钻杆轴向阻力求解方程为

$$d_{af-S} = Mglf_1\cos\theta S_k + f_1 p_i \pi D l S_k \tag{6-17}$$

2. 定性分析

设 S_k 为 0.4、0.6、0.8，钻孔壁围压 p_i 为 30000 Pa，其他参数与分析常规套管钻具轴向阻力的参数设置相同。将参数代入式（6-17）可得

$$\begin{aligned} d_{af1-S} &= 1024.49l \\ d_{af2-S} &= 1806.73l \\ d_{af3-S} &= 2408.98l \end{aligned} \tag{6-18}$$

当 $S_k = 1$ 时，为常规套管钻具情况，基于式（6-13）方程 d_{af-3}、式（6-18），拟合护孔钻杆轴向阻力与钻孔深度 l 的关系曲线，如图 6-9 所示。

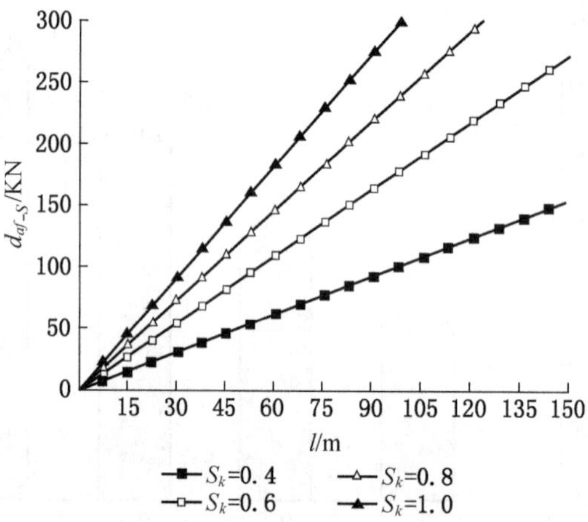

图 6-9 轴向阻力 d_{af-S} 与钻孔深度 l 的关系曲线

如图 6-9、图 6-10 所示，伴随护孔面积比 S_k 的减小，相同钻孔长度 l，钻杆轴向钻进阻力 d_{af-S} 呈减小的趋势，表明当钻杆表面设置孔隙结构时，能够有效降低钻杆的轴向阻力。例如，当钻孔设计深度为 80 m，$S_k = 0.4$，$p_i = 30000$ Pa 时，护孔卸压原理护孔钻杆轴向阻力 $d_{af-S} = 96$ kN；当应用 ZDY4000S 钻机时，钻机最大起拔力 $F_c = 150$ kN；当使用护孔卸压原理护孔钻杆进行施工时，尽管因

钻孔收缩在钻杆周边产生的围压很大，但钻杆依然能够正常给进和退钻，可保证钻孔施工达到设计深度。当应用常规套管钻具钻进时，即 $S_k=1$，该条件下常规套管钻具轴向阻力 d_{af}达到241 kN，ZDY4000S钻机动力严重不足，不可能完成设计深度。如图6-10所示，护孔卸压原理护孔钻杆轴向钻进阻力 d_{af-S}降幅为60.2%。

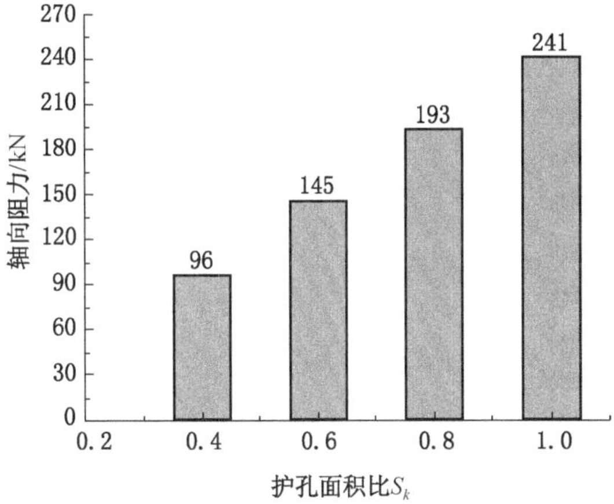

图6-10 轴向阻力 d_{af-S}与护孔面积比 S_k 对比

6.4 护孔卸压原理数值计算

6.4.1 计算模型及材料参数

基于弹塑性“支护-围岩”体系理论，采用有限元方法，应用Phase2软件对钻孔开挖进行数值计算。基于护孔卸压原理，仅考虑钻孔径向平面，假设在钻孔壁不同位置给予一定的内压，可以近似模拟因钻孔收缩在孔壁与钻杆体之间产生的压力，从而间接验证护孔卸压原理的科学性。

设护孔钻杆外钻杆直径为0.105 m，煤层埋深为500 m。网格划分类型为三节点的三角形网格，针对较为松软煤层进行数值模拟，因此，对于煤体力学参数的设定，参照姚向荣、申卫兵、王永龙等对煤体力学参数的研究和选择，基于Hoek-Brown准则的煤体材料力学参数见表6-1。

表6-1 材料力学参数

岩块单轴抗压强度/MPa	地质强度指标（GSI）	岩石常数 m_i	m_b	s	a
6	36	13	1.322	0.0008	0.52

假设钻进过程中，某一时间点，钻孔壁与护孔钻杆接触面之间的应力为 0.2 MPa，建立护孔面积比 S_k 分别为 1/4、1/2、3/4、1 四种模型。图 6-11 为不同护孔面积比钻孔计算模型。

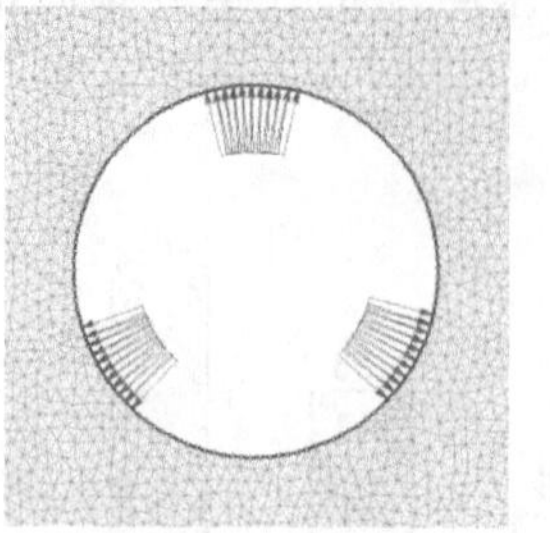

(a) S_k=1/4

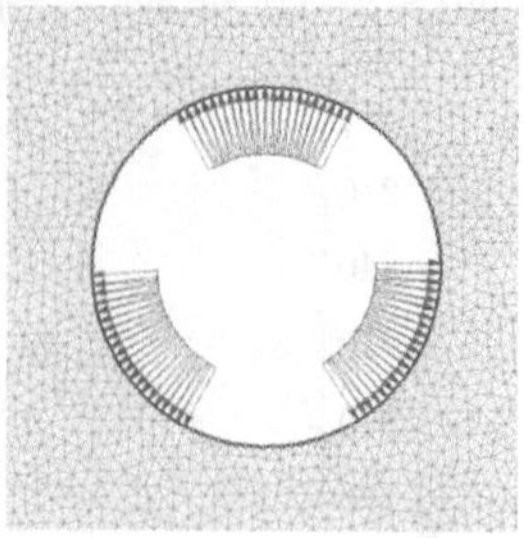

(b) S_k=1/2

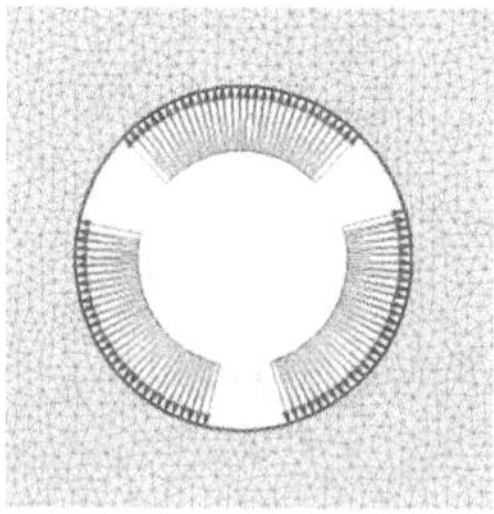

(c) S_k=3/4

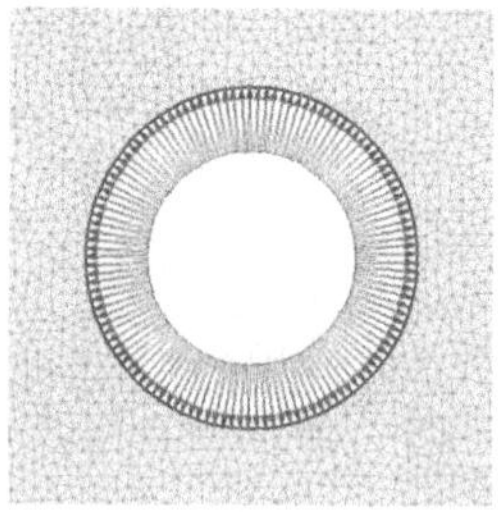

(d) S_k=1

图 6-11　钻孔计算模型

6.4.2　结果分析

以钻孔壁为观测线，提取数值计算数据，图 6-12 为变形量与钻孔壁观测线长度的关系图，图 6-13 为最大主应力与钻孔壁观测线长度的关系图。如图 6-12 所示，钻孔护孔区之间的空隙形成卸压区，卸压区钻孔壁具有较大的变形量，能够有效释放煤体膨胀应力。如图 6-13 所示，钻孔护孔区短期会产生应力升高现象，受地应力、瓦斯压力等因素的影响，钻孔流变效应显现，伴随煤体膨胀变形并沿卸压区进入钻杆排渣空间，旋转的钻杆不断切除膨胀的煤体，能够有效降低软煤钻孔膨胀变形对钻杆产生的摩擦阻力；此外，护孔面积比 S_k 越小，钻孔的卸压效果越好，但会有更多的煤渣进入护孔钻具的排渣空间，造成排渣通道堵塞。因此，在进行护孔卸压原理钻具结构设计时，应结合施工地点的煤岩力学参数，合理设计护孔面积比 S_k。

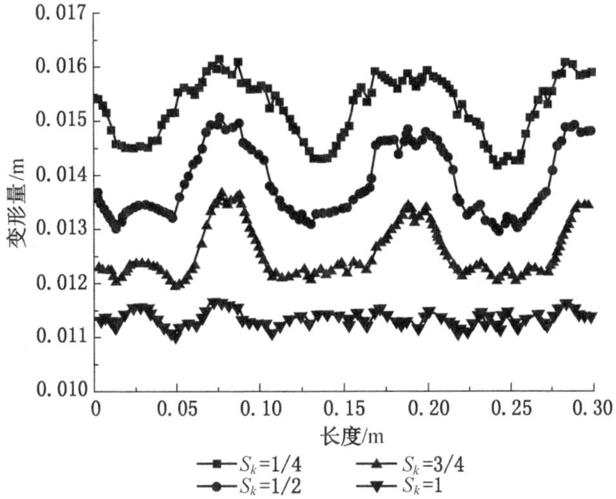

图 6-12 变形量与钻孔壁观测线长度的关系

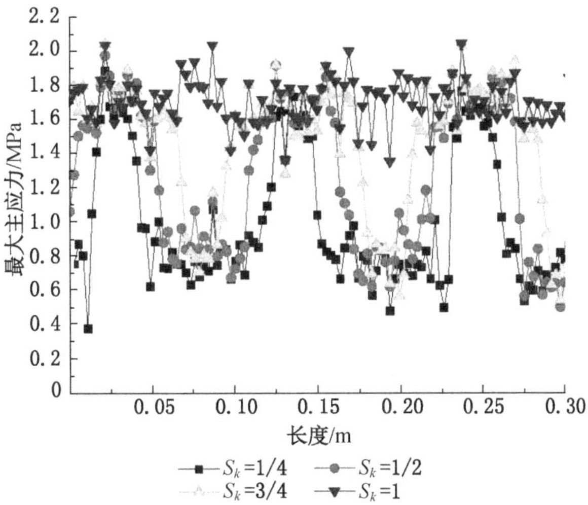

图 6-13 最大主应力与钻孔壁观测线长度的关系

6.5 基于护孔卸压原理钻具造型

护孔卸压原理，为护孔钻具结构创新提供了广阔的思路。如图 6-14 所示，通过设计薄而宽的螺旋护孔叶片、窄而高的支撑螺旋叶片，将支撑螺旋叶片焊接在圆钻杆表面，将螺旋护孔叶片焊接在支撑螺旋叶片上形成螺旋护孔钻杆模型。软煤层钻孔收缩对钻杆产生的围压 p_i 作用于螺旋护孔叶片上；通过调整螺旋护孔叶片 L_1、L_2 的宽度，控制护孔面积比 S_k 的大小，调节螺旋护孔钻杆表面的卸压区间范围，基于式（6-14），该结构螺旋护孔钻杆的护孔面积比 $S_k=L_1/(L_1+L_2)$。新型螺旋护孔钻杆模型相比常规套管式护孔钻杆，具有以下优势：在钻进过程中，能够充分发挥螺旋护孔叶片与杆体之间螺旋幅的机械排渣作用，将护孔功能与钻进排渣融为一体，有利于提高排渣效率；在螺旋护孔叶片与杆体之间的螺旋叶片上开设通气孔，能够发挥流体动力的排渣效果，从而进一步提升钻杆的排渣效果；螺旋护孔叶片 L_2 的设计，使螺旋护孔钻杆具备卸压功能，可有效降低因钻孔收缩对钻杆形成的钻进阻力。

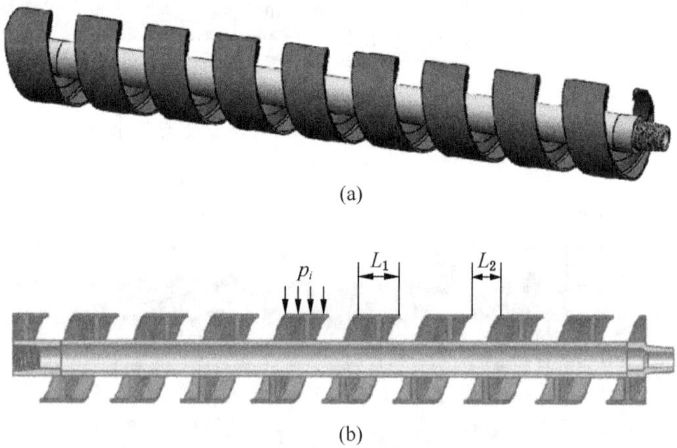

图 6-14　螺旋护孔钻杆结构模型

如图 6-15 所示，通过在套管钻具外钻杆体上设计孔结构，形成另一种新型的护孔卸压原理护孔钻具，根据其结构特征，称为多孔结构护孔钻杆模型。外钻杆体上孔结构的平均面积为 S_0，孔数量为 n，外钻杆体直径为 D，长度为 L，可通过调节孔面积 S_0 的大小及数量控制护孔面积比 S_k 的大小，基于式（6-14），该结构螺旋护孔钻杆的护孔面积比 $S_k=(\pi DL-nS_0)/\pi DL$。在易收缩、破碎的软煤岩钻进过程中，当孔外钻杆体被包裹时，钻杆表面的多孔特征，使孔壁少量煤渣沿钻杆表面小孔进入外钻杆体与内管之间的排渣通道，能够有效释放杆体与煤渣之间形成的应力，降低钻杆旋转的切向摩擦力。此外，气体动力排渣时，气流沿钻杆表面的多孔内外穿梭，使钻杆表面的钻屑颗粒与气流形成强紊流状态，钻屑颗粒处于松散运动状态中，有利于预防钻屑堆积造成的排渣通道堵塞现象。同时钻屑颗粒与气流形成强紊流状态，有利于钻杆表面散热，可辅助预防钻杆表面高温形成的钻孔瓦斯燃烧、CO 中毒及钻杆烧断等钻孔事故。

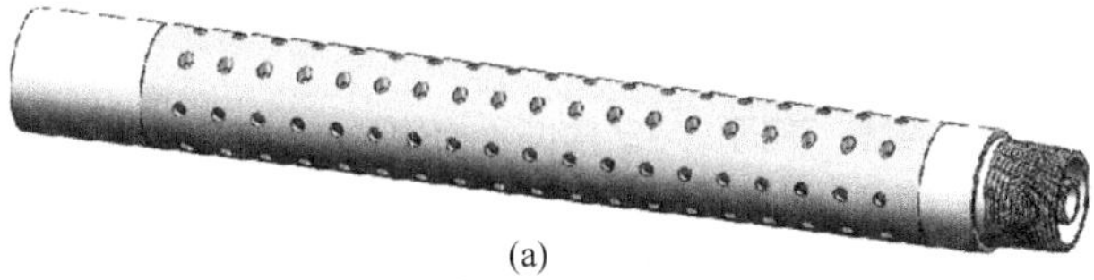

(a)

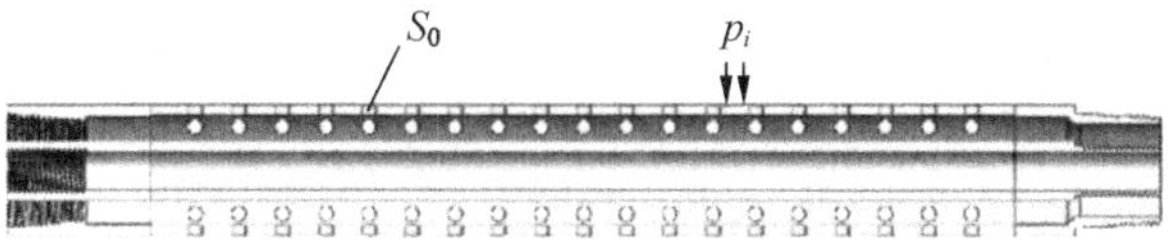

(b)

图 6-15　多孔护孔钻杆模型

参 考 文 献

[1] 刘春. 松软煤层瓦斯抽采钻孔塌孔失效特性及控制技术基础 [D]. 徐州：中国矿业大学，2014.

[2] 汤友谊，张国成，孙四清. 不同煤体结构煤的 f 值分布特征 [J]. 焦作工学院学报（自然科学版），2004，23（2）：81-84.

[3] LIU C，ZHOU F，YANG K，et al. Failure analysis of borehole liners in soft coal seam for gas drainage [J]. Engineering Failure Analysis，2014，42（4）：274-283.

[4] 高魁，刘泽功，刘健，等. 构造软煤的物理力学特性及其对煤与瓦斯突出的影响 [J]. 中国安全科学学报，2013，23（2）：129-133.

[5] 郭德勇，吕鹏飞，单智勇，等. 瓦斯抽放煤层增透深孔聚能爆破钻孔参数 [J]. 北京科技大学学报，2013，35（1）：16-20.

[6] 李贤忠，林柏泉，翟成，等. 单一低透煤层脉动水力压裂脉动波破煤岩机理 [J]. 煤炭学报，2013，38（6）：918-923.

[7] 张建国，林柏泉，翟成. 穿层钻孔高压旋转水射流割缝增透防突技术研究与应用 [J]. 采矿与安全工程学报，2012，29（3）：411-415.

[8] LU Tingkan，YU Hong，ZHOU Tingyang，et al. Improvement of methane drainage in high gassy coal seam using waterjet technique [J]. International Journal of Coal Geology，2009，79（1/2）：40-48.

[9] 胡杰，孙臣. 穿层水力冲孔措施在低透煤层中有效影响半径效果考察 [J]. 中国安全生产科学技术，2017，13（10）：48-52.

[10] 王永龙，翟新献，孙玉宁. 刻槽钻杆应用于突出煤层钻进的合理参数研究 [J]. 煤炭学报，2011，36（2）：304-307.

[11] 王海锋，李增华，杨永良，等. 钻孔风力排渣最小风速及压力损失研究 [J]. 煤矿安全，2005，36（3）：4-6.

[12] GENTZIS T，DEISMAN N，CHALATURNYK R J. A method to predict geomechanical properties and model well stability in horizontal boreholes [J]. International Journal of Coal Geology，2009，78（2）：149-160.

[13] 张明杰，杨硕. 松软煤层螺旋钻杆钻进中的吸钻卡钻力学机理 [J]. 煤田地质与勘探，2015，43（5）：121-124.

[14] 王永龙，宋维宾，孙玉宁，等. 瓦斯抽采钻孔堵塞段卡钻扭矩力学模型分析 [J]. 中国安全科学学报，2014，24（6）：92-98.

[15] 张淑同，李秋林，康建宁，等. 钻孔施工过程中 CO 中毒事故的分析及预防措施 [J]. 矿业安全与环保，2013，40（2）：89-91，95.

[16] 薛纯运，韩晶晶. 煤矿施工钻孔着火事故分析及防治对策 [J]. 中州煤炭，2010（12）：98-100.

[17] 李桂云. 钻孔瓦斯燃烧防治技术 [J]. 煤矿安全，2009（7）：40-42.

[18] 洪木银，魏民涛，杨晓东，等．钻孔瓦斯引燃煤墙事故救护得到的启示［J］．煤炭工程，2008（10）：46-47.
[19] 高国栋，杨青合，刘新现，等．告成煤矿一起钻场火灾的原因分析［J］．江西煤炭科技，2006（2）：11-12.
[20] 余明高，潘荣锟，刘志超，等．钻孔瓦斯燃烧影响因素评价研究［J］．河南理工大学学报（自然科学版），2005，24（6）：421-425.
[21] 翟华．一起典型火灾事故原因分析［J］．西北煤炭，2005（3）：25-27.
[22] LI D. A new technology for the drilling of long boreholes for gas drainage in a soft coal seam［J］. Journal of Petroleum Science and Engineering, 2016（137）：107-112.
[23] DING L P, SUN Y N, WANG Z M, et al. Parameter optimization of drilling cuttings entering into sieve holes on a surface Multi-Hole（smh）drill pipe［J］. Energies, 2022, 15（10）：3763.
[24] 陆云飞．松软煤层钻进孔内钻屑运移特征研究与应用［D］．焦作：河南理工大学，2021.
[25] 王永龙，孙玉宁，翟新献，等．松软突出煤层新型钻进技术研究［J］．采矿与安全工程学报，2012，29（2）：289-294.
[26] 姚宁平，王毅，姚亚峰，等．我国煤矿井下复杂地质条件下钻探技术与装备进展［J］．煤田地质与勘探，2020，48（2）：1-7.
[27] 石智军，李泉新，姚克．煤矿井下智能化定向钻探发展路径与关键技术分析［J］．煤炭学报，2020，45（6）：2217-2224.
[28] 田宏亮，陈建，张杰，等．淮南矿区软煤气动定向钻进技术与装备研究及应用［J］．煤田地质与勘探，2022，50（10）：151-158.
[29] 石智军，姚克，姚宁平，等．我国煤矿井下坑道钻探技术装备40年发展与展望［J］．煤炭科学技术，2020，48（4）：1-34.
[30] 方俊，李泉新，许超，等．松软突出煤层瓦斯抽采钻孔施工技术及发展趋势［J］．煤炭科学技术，2018，46（5）：130-137，17.
[31] WANG Yonglong, YU Zaijiang, WANG Zhenfeng. A mechanical model of gas drainage borehole clogging under confining pressure and its application［J］. Energies, 2018, 11（10）：1-16.
[32] 李松涛，孙玉宁，王永龙，等．基于Hoke-Brown准则的瓦斯抽采钻孔稳定性分析及封孔技术［J］．安全与环境学报，2016，16（3）：135-139.
[33] 郝晋伟，张春华．构造松软煤层钻孔多应力耦合分区失稳机理研究［J］．世界科技研究与发展，2016，38（2）：386-391.
[34] 孙玉宁，王永龙，翟新献，等．松软突出煤层钻进困难的原因分析［J］．煤炭学报，2012，37（1）：117-121.
[35] 韩颖，张飞燕，刘晓，等．基于Hoek-Brown准则的煤层钻孔失稳破坏类型数值模拟研究［J］．煤炭学报，2020，45（S1）：308-318.
[36] LIU H, LIU T, MENG Y, et al. Experimental study and evaluation for borehole stability of fractured limestone formation［J］. Journal of Petroleum Science and Engineering, 2019（180）：130-137.

[37] ZHAO H, LI J, LIU Y, et al. Experimental and measured research on three-dimensional deformation law of gas drainage borehole in coal seam [J]. International Journal of Mining Science and Technology, 2020, 30 (3): 397-403.

[38] DING L, WANG Z, LIU B, et al. Assessing borehole stability in bedding-parallel strata: Validity of three models [J]. Journal of Petroleum Science and Engineering, 2019 (173): 690-704.

[39] 冀前辉. 松软煤层中风压空气钻进供风参数研究及除尘装置研制 [D]. 西安: 煤炭科学研究总院, 2009.

[40] 秦长江. 顺层钻孔预抽煤层瓦斯区域防突关键技术研究 [D]. 武汉: 中国地质大学, 2012.

[41] 张杰, 王毅, 黄寒静. 软煤气动螺杆钻具定向钻进技术与装备 [J]. 煤田地质与勘探, 2020, 48 (2): 36-41.

[42] 聂超. 碎软煤层双管定向钻进携粉模拟及成孔工艺研究 [D]. 北京: 煤炭科学研究总院, 2022.

[43] 姚亚峰, 姚宁平, 沙翠翠, 等. 煤矿井下双动力头定向钻机关键技术研究 [J]. 煤矿机械, 2020, 41 (11): 30-32.

[44] 刘建林, 方俊, 褚志伟, 等. 碎软煤层空气泡沫复合定向钻进技术应用研究 [J]. 煤田地质与勘探, 2021, 49 (5): 278-285.

[45] 吴晋军, 罗华贵, 崔建峰. 顺层钻孔氮气排渣复合定向钻进试验研究 [J]. 能源与节能, 2021 (1): 146-147.

[46] 殷新胜, 刘建林, 冀前辉. 松软煤层中风压空气钻进技术与装备 [J]. 煤矿安全, 2012, 43 (7): 63-65.

[47] 冀前辉, 董萌萌, 刘建林, 等. 煤矿井下碎软煤层泡沫钻进技术及应用 [J]. 煤田地质与勘探, 2020, 48 (2): 25-29.

[48] WANG K, LOU Z, GUAN L, et al. Experimental study on the performance of drilling fluid for coal seam methane drainage boreholes [J]. Process Safety and Environmental Protection, 2020 (138): 246-255.

[49] 伍清, 牛宜辉. 特殊地质条件下深钻孔排渣技术及应用 [J]. 中国安全生产科学技术, 2016, 12 (5): 146-150.

[50] 王超杰. 煤巷工作面突出危险性预测模型构建及辨识体系研究 [D]. 徐州: 中国矿业大学, 2019.

[51] 黄长国. 松软煤层钻孔施工三通道反循环排渣动力学机制研究 [D]. 淮南: 安徽理工大学, 2020.

[52] 欧建春, 王恩元, 徐文全, 等. 钻孔施工诱发煤与瓦斯突出的机理研究 [J]. 中国矿业大学学报, 2012 (5): 739-745.

[53] 王振, 梁运培, 金洪伟. 防突钻孔失稳的力学条件分析 [J]. 采矿与安全工程学报, 2008, 25 (4): 444-448.

[54] 梁运培．煤层钻孔喷孔的发生机理探讨［J］. 煤矿安全，2007（10）：61-65.
[55] 周红星．突出煤层穿层钻孔诱导喷孔孔群增透机理及其在瓦斯抽采中的应用［D］. 徐州：中国矿业大学，2009.
[56] 姚倩，林柏泉，孟凡伟．高突煤层钻孔喷孔理论模型的建立及应用［J］. 矿业安全与环保，2011，38（2）：6-9.
[57] 黄旭超，程建圣，何清．高瓦斯突出煤层穿层钻孔喷孔发生机理探讨［J］. 煤矿安全，2011，42（6）：122-124.
[58] 浑宝炬，程远平，周红星．穿层钻孔喷孔周围煤体应力与变形数值模拟研究［J］. 煤炭科学技术，2013，41（10）：81-85.
[59] 武世亮，翟成，向贤伟，等．钻孔内静态破碎剂喷孔实验研究［J］. 煤炭技术，2015，34（9）：142-145.
[60] 王超杰，杨胜强，蒋承林，等．煤巷工作面突出预测钻孔动力现象演化机制及关联性探讨［J］. 煤炭学报，2017，42（9）：2327-2336.
[61] 李胜，杨鸿智，罗明坤，等．深部条件下的煤岩钻孔喷孔试验研究［J］. 中国安全生产科学技术，2017，13（11）：34-40.
[62] 沈春明，林柏泉，王维华，等．水力切槽高瓦斯煤体失稳发生机制与试验分析［J］. 岩石力学与工程学报，2019，38（10）：1979-1988.
[63] 沈春明，汪东，张浪，等．水射流切槽诱导高瓦斯煤体失稳喷出机制与应用［J］. 煤炭学报，2015，40（9）：2097-2104.
[64] 浑宝炬，周红星．水力诱导穿层钻孔喷孔煤层增透技术及工程应用［J］. 煤炭科学技术，2011，39（9）：46-49，80.
[65] ZHOU H，GAO J，HAN K，et al. Permeability enhancements of borehole outburst cavitation in outburst-prone coal seams［J］. International Journal of Rock Mechanics and Mining Sciences，2018（111）：12-20.
[66] 张继周，李剑锋，许洪亮．深部高地应力突出煤层瓦斯喷孔防治技术［J］. 煤炭工程，2016，48（5）：62-64.
[67] 周二元．高瓦斯极松软强突出煤层穿层钻孔防喷孔施工工艺研究与应用［J］. 煤炭技术，2016，35（5）：243-244.
[68] 孟战成，王胜利，连少鹏，等．穿层钻孔防喷孔技术和装置研究与应用［J］. 煤炭工程，2017，49（7）：78-80，83.
[69] 赵发军，郝富昌，刘明举．突出煤层先注后冲防喷孔消突技术研究［J］. 中国安全生产科学技术，2017，13（4）：16-20.
[70] 刘东，马耕，宋志敏．含水率对煤层喷孔影响的试验研究［J］. 煤炭技术，2017，36（9）：141-144.
[71] 侯红，金新，童碧．强突出煤层穿层抽采钻孔套管护孔钻进技术［J］. 煤炭科学技术，2018，46（11）：140-144.
[72] 郝殿，李学臣，魏培瑾．突出煤层钻孔施工防瓦斯超限技术及装备［J］. 煤矿安全，

2021，52（3）：148-151.
[73] 程合玉，刘小华，丁华忠，等．孔口瓦斯自动防控系统的设计［J］. 煤炭技术，2021，40（9）：84-86.
[74] 杜杰，焦治平，宋波．屯兰矿钻孔施工防喷孔经验分析［J］. 山西焦煤科技，2016，40（8）：4-7.
[75] 秦如雷，段隆臣．地质钻探中孔内复杂情况的应对措施［J］. 探矿工程（岩土钻掘工程），2011，38（10）：6-9.
[76] HOEK E，KAISER P K，BAWDEN W F. Support of underground excavations in hard rock［M］. Rotterdam：A. A. Balkema，1995.
[77] LEE Y，PIETRUSZCZAK S. A new numerical procedure for elasto-plastic analysis of a circular opening excavated in a strain-softening rock mass［J］. Tunnelling and Underground Space Technology，2008，23（5）：588-599.
[78] 王永龙，翟新献，孙玉宁．松软突出煤层钻孔护壁力学作用机理分析［J］. 安徽理工大学学报（自然科学版），2012，32（4）：50-55.
[79] 赵阳升，郤保平，万志军，等．高温高压下花岗岩中钻孔变形失稳临界条件研究［J］. 岩石力学与工程学报，2009（5）：865-874.
[80] LU A，XU G，SUN F，et al. Elasto-plastic analysis of a circular tunnel including the effect of the axial in situ stress［J］. International Journal of Rock Mechanics and Mining Sciences，2010，47（1）：50-59.
[81] ZHANG Q，JIANG B，WANG S，et al. Elasto-plastic analysis of a circular opening in strain-softening rock mass［J］. International Journal of Rock Mechanics and Mining Sciences，2012（50）：38-46.
[82] 尤明庆．岩样三轴压缩的破坏形式和 Coulomb 强度准则［J］. 地质力学学报，2002（2）：179-185.
[83] AL-AJMI A M，ZIMMERMAN R W. Relation between the Mogi and the Coulomb failure criteria［J］. International Journal of Rock Mechanics and Mining Sciences，2005，42（3）：431-439.
[84] HOEK E，BROWN E T. Underground excavations in rock［M］. London：Institution of Mining and Metallurgy，1980.
[85] 桂祥友，徐佑林，孟絮屹，等．钻屑量与钻屑瓦斯解吸指标在防突预测的应用［J］. 北京科技大学学报，2009，31（3）：285-289.
[86] 尹光志，李晓泉，赵洪宝，等．钻屑量与矿山压力及瓦斯压力关系现场实验研究［J］. 北京科技大学学报，2010，32（1）：1-7.
[87] 张传庆，周辉，冯夏庭，等．基于屈服接近度的围岩安全性随机分析［J］. 岩石力学与工程学报，2007，26（2）：292-299.
[88] 张哲，唐春安，于庆磊，等．侧压系数对圆孔周边松动区破坏模式影响的数值试验研究［J］. 岩土力学，2009，30（2）：413-418.
[89] 李俊平，连民杰．矿山岩石力学［M］. 北京：冶金工业出版社，2011.

[90] 李义朝，郝彦斌．浅析焦作矿区突出煤层区域验证及效果检验方法 [J]．煤矿安全，2010，41 (11)：86-88.

[91] 吕冰．ZYW-1200 煤矿用全液压钻机动力头的设计 [J]．矿业安全与环保，2010，37 (4)：51-52，55.

[92] 吕冰，王清峰，史春宝．ZY-6000 煤矿用全液压坑道钻机动力头设计 [J]．矿业安全与环保，2007，34 (2)：29-30.

[93] 吕冰，王清峰，史春宝．ZY-3500 煤矿用全液压坑道钻机的研制 [J]．矿业安全与环保，2007，34 (1)：8-10.

[94] 顾广耀，王家玉．大直径钻孔钻屑指标法临界值的研究 [J]．煤炭技术，2007 (3)：60-62.

[95] 杨永良，李增华，高文举，等．煤层钻孔风力排渣模拟实验研究 [J]．采矿与安全工程学报，2006 (4)：415-418.

[96] 刘俊杰．采场前方应力分布参数的分析与模拟计算 [J]．煤炭学报，2008，33 (7)：743-747.

[97] 刘红岗，贺永年，徐金海，等．深井煤巷钻孔卸压技术的数值模拟与工业试验 [J]．煤炭学报，2007，32 (1)：33-37.

[98] 姚尚文．改进抽放方法提高瓦斯抽放效果 [J]．煤炭学报，2006，31 (6)：721-726.

[99] 刘清泉，程远平，王海锋，等．顺层钻孔有效瓦斯抽采半径数值解算方法研究 [J]．煤矿开采，2012，17 (2)：5-7，37.

[100] CARRANZA-TORRESA C，FAIRHURSTB C. The elasto-plastic response of underground excavations in rock masses that satisfy the Hoek-Brown failure criterion [J]. International Journal of Rock Mechanics and Mining，1999，36 (5)：777-809.

[101] 康红普，司林坡，苏波．煤岩体钻孔结构观测方法及应用 [J]．煤炭学报，2010，35 (12)：1949-1956.

[102] 苏波．煤岩体结构观测及对巷道围岩稳定性的影响研究 [D]．北京：煤炭科学研究总院，2007.

[103] 黄远东，魏雷．悬浮气力输送临界风速的方程及其求解 [J]．通风除尘，1994 (3)：4-9.

[104] 王贡献．气固二相流螺旋输送与分离机理研究 [D]．武汉：武汉理工大学，2002.

[105] 杨辉．气力输送计算机设计计算系统的研制与开发 [D]．杭州：浙江大学，2004.

[106] 塔娜，张志耀，秀荣．基于图像法的粮食物料悬浮速度研究 [J]．粮食与饲料工业，2008 (7)：8-10.

[107] 何明川．顺层长钻孔成孔工艺技术 [J]．煤矿安全，2005，36 (3)：9-12.

[108] SIMSEK，ERDEM，SUDBROCK，et al. Influence of particle diameter and material properties on mixing of monodisperse spheres on a grate：Experiments and discrete element simulation [J]. Powder Technology，2012 (221)：144-154.

[109] 黄标．气力输送 [M]．上海：上海科学技术出版社，1984.

[110] 杨伦，谢一华．气力输送工程［M］. 北京：机械工业出版社，2006.
[111] 北京钢铁学院热工，水力学教研组．气力输送装置［M］. 北京：人民交通出版社，1974.
[112] 宋国良，周俊虎，刘建忠，等．浓相气力输送中变径管道优化设计方法的研究［J］. 浙江大学学报（工学版），2005，39（11）：1788-1792.
[113] 李持久，周晓君．气力输送理论与应用［M］. 北京：机械工业出版社，1992.
[114] 陆厚根．粉体技术导论［M］. 上海：同济大学出版社，1998.
[115] 戴兴国，古德生．散体中侧压系数的理论分析与计算［J］. 有色金属，1992，44（3）：19-23.
[116] 解本铭，朱晨，崔大妍．料仓压力的理论分析和实验研究［J］. 辽宁工程技术大学学报，2007，26（4）：226-227.
[117] 白金锋，李娜，钟祥云，等．堆积密度对炼焦煤膨胀性能影响的研究［J］. 煤炭学报，2012，37（2）：332-335.
[118] 史世庄，雷耀辉，曹素梅，等．堆积密度对捣固炼焦焦炭性能的影响［J］. 武汉科技大学学报，2011，34（4）：285-288.
[119] 杨伦，谢一华．气力输送工程［M］. 北京：机械工业出版社，2006.
[120] 姚宁平，孙荣军，叶根飞．我国煤矿井下瓦斯抽放钻孔施工装备与技术［J］. 煤炭科学技术，2008，36（3）：12-16.
[121] 赵红霞，王淑珍．螺旋输送机螺距优化及效率研究［J］. 拖拉机与农用运输车，2005（2）：37-39.
[122] 王永龙，孙玉宁，刘春，等．软煤层钻进钻穴区钻屑运移动态特征及应用［J］. 采矿与安全工程学报，2016，33（6）：1138-1144.
[123] 刘鸣放，张文平，温少安，等．一种助排屑耐磨螺旋钻杆熔覆设备：中国，201020662863.2［P］. 2010-12-16.
[124] 孙玉宁，王永龙．多棱热熔涂耐磨钻杆：中国，201020144937.3［P］. 2011-01-12.
[125] 孙玉宁，王永龙，宋维宾，等．非对称异型截面钻杆：中国，200910064223.3［P］. 2012-07-04.
[126] 孙玉宁，王永龙，李帜一．异型多棱刻槽钻杆：中国，200910064973.0［P］. 2012-07-25.
[127] 袁士豪，殷晨波，叶仪，等．异型分压阀口节流槽节流特性研究［J］. 农业机械学报，2014，45（1）：321-327.
[128] 石鑫，向阳，文利雄，等．基于离散相模型的旋转填充床内的流场分析［J］. 高校化学工程学报，2012，26（3）：388-394.
[129] 赵涛，陈伟东，邱秀云．浑水水力分离清水装置进口及底孔对流场影响的数值模拟［J］. 四川大学学报（工程科学版），2012，44（1）：1-6.
[130] 蔡文祥，赵坚行，胡好生，等．数值研究环形回流燃烧室紊流燃烧流场［J］. 航空动力学报，2010，25（5）：993-998.

[131] 蒲文灏，赵长遂，熊源泉，等．水平管加压密相煤粉气力输送数值模拟 [J]. 化工学报，2008，59（10）：2601-2607.

[132] 蒲文灏，熊源泉，赵长遂，等．垂直管煤粉高压密相气力输送特性的模拟研究 [J]. 中国电机工程学报，2008，28（17）：21-25.

[133] 徐三民，吴自立．煤电钻用螺旋钻杆合理螺旋升角的探讨 [J]. 煤炭工程师，1995（5）：40-43，11，4.

[134] 王永龙，孙玉宁，翟新献，等．基于 GSI 原理瓦斯抽采钻孔收缩比评估方法及其应用 [J]. 中国安全生产科学技术，2015，11（2）：105-111.

[135] 赵大军．JSL-30 型卵砾石地层地震勘探孔钻机、钻具及钻进参数检测系统的研究 [D]. 长春：吉林大学，2005.

[136] 王永龙，宋维宾，孙玉宁，等．瓦斯抽采钻孔堵塞段力学模型及其应用 [J]. 重庆大学学报，2014，37（9）：119-127.

[137] 姚向荣，程功林，石必明．深部围岩遇弱结构瓦斯抽采钻孔失稳分析与成孔方法 [J]. 煤炭学报，2010，35（12）：2073-2081.

[138] 申卫兵，张保平．不同煤阶煤岩力学参数测试 [J]. 岩石力学与工程学报，2000，19（S1）：860-862.

[139] 王永龙，孙玉宁，王振锋，等．用于松软煤层钻进封闭式螺旋护孔钻具及其使用方法：中国，201410567089. X [P]. 2014-10-23.

[140] 王永龙，孙玉宁，宋维宾．用于软煤岩钻进双通道多孔紊流卸压钻具及其施工方法：中国，201310568692. 5 [P]. 2013-11-15.

2. 加强营养

加强营养可缓解机体组织及器官退行性变。

3. 体育锻炼

适当体育锻炼，增强腰背肌肌力，以增加脊柱稳定性。参加剧烈运动时，运动前应有预备活动，运动后有恢复活动，切忌活动突起突止，应循序渐进。

参 考 文 献

[1] 尤黎明，吴瑛 . 内科护理学 [M].7 版 . 北京：人民卫生出版社，2022.

[2] 杨蓉，周东 . 神经内科护理手册 [M]. 北京：科学出版社，2011.

[3] 闻曲，成芳，李莉 . 实用肿瘤护理学 [M].2 版 . 北京：人民卫生出版社，2015.

[4] 黄健，王建业，孔垂泽 . 中国泌尿外科和男科疾病诊断治疗指南 [M].6 版 . 北京：科学出版社，2019.

[5] 李乐之，路潜 . 外科护理学 [M].7 版 . 北京：人民卫生出版社，2022.

[6] 陈孝平，汪建平 . 外科学 [M].8 版 . 北京：人民卫生出版社，2013.

[7] 席淑新，赵佛容 . 眼耳鼻咽喉口腔科护理学 [M].4 版 . 北京：人民卫生出版社，2021.

[8] 魏文斌 . 同仁眼科诊疗指南 [M]. 北京：人民卫生出版社，2014.

[9] 邱蔚六 . 口腔颌面外科学 [M].6 版 . 北京：人民卫生出版社，2008.

[10] 安力彬，陆虹 . 妇产科护理学 [M].6 版 . 北京：人民卫生出版社，2019.

[11] 谢幸，孔北华，段涛 . 妇产科学 [M].9 版 . 北京：人民卫生出版社，2019.

[12] 王卫平，孙锟，常立文 . 儿科学 [M].9 版 . 北京：人民卫生出版社，2018.

[13] 崔焱，仰曙芬 . 儿科护理学 [M].6 版 . 北京：人民卫生出版社，2019.

[14] 邵肖梅，叶鸿瑁，丘小汕 . 实用新生儿学 [M].5 版 . 北京：人民卫生出版社，2019.

[15] 王绍锋，彭宏伟 . 传染病护理学 [M].2 版 . 北京：科学出版社，2017.

[16] 安锐，黄钢 . 核医学 [M].3 版 . 北京：人民卫生出版社，2017.

[17] 燕铁斌，尹安春 . 康复护理学 [M].4 版 . 北京：人民卫生出版社，2021.

[18] 华前珍，胡秀英 . 老年护理学 [M].4 版 . 北京：人民卫生出版社，2021.

[19] 孙秋华 . 中医护理学 [M].4 版 . 北京：北京大学医学出版社，2021.

[20] 徐梅 . 北京协和医院手术室护理工作指南 [M]. 北京：人民卫生出版社，2016.

[21] 孙育红 . 手术室护理操作指南 [M]. 北京：人民卫生出版社，2021.

[22] 陈香美 . 血液净化标准操作规程 [M]. 北京：人民卫生出版社，2021.

[23] 林惠凤，实用血液净化护理 [M].2 版 . 上海：上海科学技术出版社，2016.

[24] 刘凤侠，梁军利，刘晋 . 危急重症护理常规 [M]. 北京：世界图书出版公司，2016.

[25] 张波，桂莉 . 急危重症护理学 [M].4 版 . 北京：人民卫生出版社，2019.